Free – Kostenlos

Chris Anderson hat Physik und Wissenschaftsjournalismus studiert und ist seit 2001 Chefredakteur der renommierten Zeitschrift *Wired*. Vorher hat er für die Magazine *The Economist, Nature* und *Science* geschrieben. Sein letztes Buch, *The Long Tail*, war ein Bestseller.

Chris Anderson

Free –
Kostenlos

Geschäftsmodelle für die Herausforderungen des Internets

Aus dem Englischen von Birgit Schöbitz und Dzifa Vode

Campus Verlag
Frankfurt / New York

Die englischsprachige Ausgabe erschien 2009 unter dem Titel *Free. The Future of a Radical Price* bei Hyperion.

Bibliografische Information der Deutschen Nationalbibliothek:
Die Deutsche Nationalbibliothek verzeichnet diese Publikation in der Deutschen Nationalbibliografie. Detaillierte bibliografische Daten sind im Internet unter http://dnb.d-nb.de abrufbar.
ISBN 978-3-593-39088-8

Umschlaggestaltung: Anne Strasser, Hamburg
Satz: Publikations Atelier, Dreieich
Druck und Bindung: Druckhaus »Thomas Müntzer«, Bad Langensalza
Gedruckt auf säurefreiem und chlorfrei gebleichtem Papier.
Printed in Germany

Besuchen Sie uns im Internet: www.campus.de

Für Anne

Inhalt

Vorwort

Im November 2008 reichte es den noch lebenden Mitgliedern der britischen Komikertruppe Monty Python endgültig. Sie waren die digitale Piraterie ihrer Videos leid und veröffentlichten auf der Clip-Plattform YouTube folgende Schimpftirade:

> Drei Jahre lang habt ihr YouTube-Nutzer uns abgezogen, denn ihr habt an die 10000 Videos von uns einfach so auf YouTube hochgeladen. Doch das Blatt hat sich gewendet. Nun sind wir an der Reihe und werden diese leidige Angelegenheit ein für alle Mal aus der Welt schaffen.
> Wir wissen, wer ihr seid, wir wissen, wo ihr wohnt, und wir könnten euch unzählige Nächte des Grauens bereiten. Doch da wir nun einmal eine furchtbar liebenswerte und nette Truppe sind, haben wir uns etwas Besseres überlegt, um uns zu rächen: Wir haben unseren eigenen Monty-Python-Kanal auf YouTube ins Leben gerufen.
> Und somit ist endlich Schluss mit dieser lausigen Qualität unserer Videoclips. Wir stellen euch nämlich die Originalaufnahmen zur Verfügung – Videos in brillanter Qualität, direkt aus unserer Schatzkammer! Doch es kommt noch besser: Wir zeigen euch unsere beliebtesten Clips und stellen die jeweils aktuellen Aufnahmen ins Netz. Und das Beste zum Schluss: All das gibt es zum absoluten Nulltarif! Kaum zu glauben, oder? Doch wir erwarten eine Gegenleistung.
> Erspart euch und uns eure hirn- und gedankenlosen Kommentare. Klickt stattdessen auf die Links, kauft unsere Filme und TV-Serien, und lindert den Schmerz und Ekel, den uns der jahrelange Diebstahl bereitet hat.[1]

Schon drei Monate später lagen die Ergebnisse dieses kühnen Unterfangens vor. Die DVDs von Monty Python lagen in der Rubrik Filme und

Fernsehserien nunmehr auf Platz 2 der Verkaufshits bei Amazon, die Verkaufszahlen hatten sich um sagenhafte 23 000 Prozent erhöht.

Da haben wir es wieder.

Das Konzept »Free« hat funktioniert, und das mehr als gut. Über 2 Millionen Anwender sahen sich die Clips auf YouTube an, nachdem die Botschaft von Monty Python die Runde gemacht hatte. Eltern zeigten ihren begeisterten Kindern die Sketche von dem schwarzen Ritter oder dem toten Papagei. Mit einem Mal erinnerten sich Tausende von Zuschauern daran, wie viel Spaß sie mit den Monty Pythons schon gehabt hatten, wollten wieder mehr von ihnen sehen und bestellten die DVDs. Videoantworten, neue Sketch-Zusammenstellungen und Remixe verbreiteten sich, und eine neue Generation lernte die wahre Bedeutung von Killerkaninchen kennen. Und für all das musste Monty Python nicht einen Cent ausgeben, da YouTube die anfallenden Bandbreite- und Speicherkosten übernahm.

Das Überraschende an diesem Beispiel ist, wie wenig überraschend es im Grunde ist. Im Internet tummeln sich unzählige vergleichbare Fälle, das heißt, nahezu alles wird gratis angeboten – in der Hoffnung, dafür im Gegenzug etwas anderes zu verkaufen, oder noch häufiger ohne jede Erwartung einer Gegenleistung.

Ich schreibe diese Zeilen auf einem »Netbook«-Computer für 250 US-Dollar, der neuesten Laptop-Generation mit rasanten Zuwachszahlen. Das Betriebssystem ist eine Gratisversion von Linux, obwohl das für mich gar keine Rolle spielt, da ich mit keinem anderen Programm arbeite als mit dem freien Webbrowser von Firefox – selbstverständlich auch Freeware. Anstatt mit Microsoft Word arbeite ich mit dem kostenlosen Programm Google Docs, was die entscheidenden Vorteile hat, dass ich meine Dateien von jedem beliebigen Ort aus bearbeiten kann und mir keine Gedanken über Sicherungskopien machen muss, weil das freundlicherweise Google für mich übernimmt. Kein Programm auf meinem PC hat mich auch nur einen Cent gekostet, ganz gleich, ob ich damit E-Mails oder Twitter-Nachrichten versende. Auch der drahtlose Internetzugang kostet mich nichts, denn das übernimmt das Internet-Café, in dem ich gerade sitze.

Und dennoch: Google gehört zu den profitabelsten amerikanischen Unternehmen, das »Linux-Ökosystem« ist 350 Milliarden US-Dollar schwer, und das Internet-Café scheint Café Latte zu 3 US-Dollar genauso schnell zu verkaufen, wie sie hergestellt werden.

Und das ist ja das Paradoxe an »Free«: Die Unternehmen verdienen sich eine goldene Nase, obwohl ihre Produkte oder Dienstleistungen nichts kosten. Natürlich ist nicht alles kostenlos erhältlich, doch immerhin ist ein Markt für Produkte zum Preis von 0,00 US-Dollar entstanden, der dem eines relativ großen Staates entspricht. Wie war diese Entwicklung möglich, und wohin führt sie noch?

Genau darum geht es in diesem Buch.

Für mich fing alles mit einer offenen Frage aus *The Long Tail – Der lange Schwanz* an. In meinem ersten Buch setzte ich mich mit der neuen Ausprägung der Nachfrage in einer Zeit auseinander, in der es alles Denkbare irgendwo zu kaufen gibt, und unsere Auswahl sich nicht auf die Auslage mit gut nachgefragten Artikeln beschränkt, sondern uns eine nahezu unbegrenzte Regalfläche zur Verfügung steht. Dieses Überangebot entsteht durch die unendlichen Weiten des Internets, dem ersten Vertriebssystem in der Geschichte des Verkaufs, das sowohl Raum für die Nische als auch für die Masse bietet – für obskure Geheimtipps und für sämtliche Mainstream-Produkte. Damit entstand zugleich eine neue, unglaublich vielschichtige Kultur, aber auch eine Bedrohung für die alteingesessenen Institutionen wie Mainstream-Medien oder Musiklabels.

Eine unbegrenzte Regalfläche ist nur in einem einzigen Fall denkbar: Sie darf nichts kosten. Die »Marginalkosten« des digitalen Vertriebs liegen bei knapp Null (womit die zusätzlichen Kosten des Versands eines weiteren Stücks gemeint sind und nicht die Fixkosten für die dafür erforderliche Hardware) und ermöglichen uns so dessen ungebremste Nutzung. Kein Controller muss entscheiden, ob ein Produkt tatsächlich global angeboten werden soll oder nicht. Diese neue Denkweise, das Motto »Kostenlos für alle«, hat im Wesentlichen zur Entstehung des Internets in seiner heutigen Form geführt – der größten Ansammlung von Wissen, Erfahrungen und Selbstdarstellungen in der Geschichte der Menschheit. Der Ausgangspunkt dafür ist das Konzept der unbegrenzten Regalfläche. Während ich über die Konsequenzen nachdachte, fiel mir wie Schuppen von den Augen, wie weitverbreitet »Free« schon ist. Damit lässt sich nicht nur das immense Online-Angebot erklären, sondern auch die Preisgestaltung. Und mir fiel auf, dass es sich bei diesem Gratiskonzept um weitaus mehr handelt als um die üblichen Marketinggimmicks der kostenlosen Warenproben und der den Produkten beigelegten Geschenke, wie wir sie alle aus dem traditionellen Einzelhandel kennen. Da gab es keinen Haken, dieses neue »Kostenlos« stellte keinen Anreiz für einen späteren Kauf dar, sondern es war schlicht und einfach nur kostenlos und sonst nichts. Die meisten von uns nutzen Google mindestens einmal täglich, doch auf unseren Kontoauszügen taucht dieser Posten nicht auf. Niemand hört bei Facebook einen Gebührenzähler ticken. Das Wissen bei Wikipedia ist völlig kostenlos zu haben.

Das »Free« des 21. Jahrhunderts hat mit dem aus dem vergangenen Jahrhundert so gut wie nichts gemein. Irgendwann im Zuge der Umwandlung von Atomen in Bits hat sich auch ein Phänomen geändert, von dem wir glaubten, es aus dem Effeff zu kennen. »Kostenlos« kostet nichts mehr.

Bei meiner Arbeit an dem Buch war ich mir sicher, dass es Wirtschaftswissenschaftler gibt, die zu diesem Thema etwas zu sagen hätten. Doch meine Recherchen blieben ergebnislos. Ich stieß weder auf Theorien über das »Gratiskonzept« noch auf Preismodelle, die gegen Null führten. (Der Fairness halber sollte erwähnt werden, dass es doch einige Theorien über dieses Phänomen gibt, wie spätere Recherchen zeigten. In den meisten Fällen handelte es sich dabei jedoch um abgehobene akademische Debatten über »zweiseitige« Märkte oder – wie Sie später erfahren werden – um angestaubte Theorien aus dem 19. Jahrhundert.) Auf irgendeine Weise ist rund um »Free« ein Ökosystem entstanden, bevor eine entsprechende Theorie die Entwicklung erläutern konnte.

Im Prinzip beschreibt dieses Buch nichts anderes als die Erforschung eines Konzepts, das sich inmitten einer radikalen Evolution befindet. Wie ich im Laufe meiner Recherchen herausfand, ist das »Konzept Kostenlos«, also »Free«, einerseits gut bekannt und andererseits ein völliges Mysterium. Es hat weitreichende Folgen und wird dennoch häufig missverstanden. Das »Free«, das im Laufe des letzten Jahrzehnts entstand, unterscheidet sich erheblich von seinem Vorgängermodell, doch inwieweit und weshalb das so ist, ist noch gänzlich unerforscht. Doch das ist noch nicht alles. Das jetzige Konzept wimmelt vor offensichtlichen Widersprüchen: Sie *können* Geld damit verdienen, dass Sie Produkte oder Dienstleistungen kostenlos, *for free*, anbieten. Manchmal bekommt man eben doch etwas *geschenkt*. Oder *mehr* als das, wofür man bezahlt hat.

Es hat mir Spaß bereitet, dieses Buch zu schreiben. Die Spannbreite der darin beschriebenen Themen reicht von amerikanischen Medikamentenproduzenten Ende des 19. Jahrhunderts zur Produktpiraterie in China, von den psychologischen Aspekten von Geschenken bis hin zur moralischen Seite unserer Wegwerfgesellschaft. Nebenbei habe ich noch ein Projekt ins Leben gerufen, in dem ich neue Geschäftsmodelle für elektronische Geräte teste, deren Baupläne kostenlos genutzt werden dürfen (dieses Modell ist auch unter der Bezeichnung »Freie Hardware« bekannt). In langen Brainstorming-Sitzungen überlegten der Verlag und ich, wie wir dieses

Buch in den meisten seiner Formen gratis vertreiben und zugleich alle an seiner Entstehung beteiligten Menschen bezahlen können.

In so mancher Hinsicht ist dieses Buch ebenso wie *The Long Tail – Der lange Schwanz* ein Forschungsprojekt. Ich veröffentlichte meine hier beschriebene Theorie in dem Technologie-Magazin *Wired* und in meinem Blog, ebenso wie ich es auch mit meinem Konzept aus *The Long Tail – Der lange Schwanz* getan hatte. Doch anders als damals musste ich einen neuen Weg beschreiten – zumindest gedanklich –, nur die vielen Gespräche mit Internet-Anwendern reichten dieses Mal nicht. In dieses Buch sind wesentlich mehr Episoden mit geschichtlichem Hintergrund und mehr Erfahrungsberichte eingeflossen, und es geht ebenso um die Vergangenheit von »Free« wie um seine Zukunft. Bei meinen Recherchen landete ich mehr als ein paar Male in den Stadtarchiven, las psychologische Texte aus dem 18. Jahrhundert, setzte mich aber auch mit den aktuellen Phänomenen des Internets auseinander. Letztlich schlüpfte ich auch immer wieder in die Rolle des klassischen Autors, der alleine vor sich hin werkelt und bestenfalls mit Ohrstöpseln bewaffnet bei Starbucks auf seine Tastatur einhämmert – Gott allein weiß, dass ich mir das ganz anders vorgestellt hatte.

Meine schöpferischen Pausen nutzte ich für Reisen, um mit anderen über »Free« zu sprechen. Mir war klar, dass die Idee, man könne ein gewaltiges Ökosystem rund um einen Preis von Null schaffen, zwangsläufig polarisierte, aber im Laufe der Zeit stellte sich heraus, dass wirklich fast jeder seine Zweifel daran hatte. Selbst auf die Gefahr hin, man könne mir die Diskriminierung von Älteren vorwerfen, bleibt mir nichts anderes übrig, als zu berichten, dass sich die Zweifler im Wesentlichen in zwei Lager einteilen ließen: die über 30- und die unter 30-Jährigen. Die ältere Generation, die mit dem »Free« des 20. Jahrhunderts aufgewachsen war, hegte die größeren Vorbehalte: Es gibt nichts kostenlos, früher oder später zahlen wir den Preis dafür. Das ist doch nichts Neues, sondern der älteste Marketingtrick aller Zeiten. Wer immer das Wort »kostenlos« hört, zücke am besten sofort seinen Geldbeutel.

Die Kritik der jüngeren Generation hörte sich ganz anders an: »Na und?!«. Das ist die Google-Generation, sie ist mit der Online-Welt aufgewachsen und erliegt dem Glauben, dass alles Digitale kostenlos sein müsse. Sie haben die subtile Dynamik von Märkten rund um ein Nullkosten-Ökosystem ebenso verinnerlicht, wie wir die Newtonschen Gesetze der Schwerkraft verinnerlichen, wenn wir lernen, einen Ball zu fangen. Die Tatsache, dass wir derzeit alle an der Entstehung eines globalen Ökosystems zum Nulltarif beteiligt sind, ist so offenkundig, dass es niemand so recht bemerkt.

Somit wurde mir klar, dass ich auf ein perfektes Thema für ein Buch gestoßen war. Ist es nicht so, dass jedes Thema, das seine Kritiker in zwei gleich große Lager spaltet – »völliger Blödsinn« und »Klar, was sonst?« – interessant ist? Ich selbst würde wollen, dass jeder Leser, der sich bereits jetzt eine Meinung zu diesem Thema gebildet hat und einem der beschriebenen Lager angehört, anschließend keinem mehr zugehörig ist. »Kostenlos« ist nichts Neues, aber es hat sich geändert und wird seine Gestalt noch oft ändern. Möglicherweise derart, dass uns nichts anderes übrig bleibt, als unsere grundlegenden Überzeugungen über unser Kaufverhalten und unsere wirtschaftlichen Anreize zu überdenken.

Diejenigen unter uns, die das neue »Free« von A bis Z verstehen, werden den Markt von morgen beherrschen und ein Störfaktor des heutigen Marktes sein – sofern dies nicht schon der Fall ist. In diesem Buch geht es um solche Menschen und darum, was wir von ihnen lernen können. Es geht um die Vergangenheit und die Zukunft eines radikalen Preiskonzepts.

Kapitel 1

»Free« kommt auf die Welt

Da gibt es keine Ausflüchte: Gelatine wird aus Knochen und Bindegewebe hergestellt. Gelatine ist nichts anderes als diese durchsichtige, zähflüssige Substanz, die sich beim Kochen von Fleisch oben am Topf absetzt. Doch wird eine ausreichende Menge von diesem Glibberzeug gereinigt und mit Farb- und Geschmacksstoffen versehen, entsteht etwas ganz anderes: Jell-O, die Basis für Wackelpudding, Götterspeise und andere leckere Desserts. Das hübsch verpackte, saubere Pulver hat rein gar nichts mehr mit den Schlachtabfällen zu tun, aus denen es gewonnen wird.

Heutzutage macht sich wohl nur noch eine Hand voll Menschen Gedanken über den Ursprung von Gelatine. Doch Ende des 18. Jahrhunderts war das noch ganz anders: Wem der Sinn nach einer wackeligen Süßspeise stand, dem blieb nur die harte Tour. Man gebe Knochenstücke in einen Schmortopf und lasse das Ganze einen halben Tag vor sich hin köcheln, bis sich das Kollagen vom Knorpel abspaltet.

Im Jahr 1895 saß Pearle Wait an seinem Küchentisch und stocherte in einer Schüssel mit Gelatine herum. Der Zimmermann, der nebenberuflich Medikamentenverpackungen herstellte, hatte den Traum, in das damals brandneue Geschäft mit gebrauchsfertig verpackten Lebensmitteln einzusteigen, und für ihn war Gelatine ein vielversprechendes Produkt. Wenn er nur wüsste, wie man es ansehnlicher gestalten könnte. Für die Leimmacher war Gelatine schon jahrelang ein Nebenprodukt der Kadaververwertung, beim amerikanischen Verbraucher aber war sie alles andere als populär. Und das aus gutem Grund: Die Herstellung von Gelatine war mit einem erheblichen Aufwand verbunden, und was bei all der Schinderei herauskam, war nicht gerade beeindruckend.[1]

Wait fragte sich, ob es eine Möglichkeit gebe, Gelatine an den Geschmack der breiten Massen anzupassen. Auch der Erfinder des Herstellungsprozesses von Gelatine, Peter Cooper (Gründer von Cooper Union) hatte schon versucht, abgepackte, unbehandelte und nicht mit Geschmacksstoffen versehene Gelatine an die Frau zu bringen, und verließ sich, wie andere auch, in seiner Verkaufsstrategie ganz auf das Argument, so sei das Produkt am flexibelsten, und die Köche könnten es ganz nach Belieben würzen und verwenden. Doch Waits war davon überzeugt, dass sich Gelatine in verschiedenen Geschmacksrichtungen besser verkaufen würde, und fügte ihr Fruchtsäfte, Zucker und Farbstoffe bei. Zunächst war das Produkt in den Geschmacksrichtungen Orange, Zitrone, Himbeere und Erdbeere erhältlich, sah ansehnlich aus und roch und schmeckte lecker. Mit diesem farbenfrohen und leichten Etwas konnte man nach Herzenslust spielen. Um die Assoziation mit Abfallprodukten aus dem Schlachthof endgültig zu kappen, gab Waits Frau May dem neuen Produkt den Namen Jell-O. Nun musste nur noch die Verpackungsfrage geklärt werden, und dann wollte das Paar mit dem Verkauf durchstarten.

Doch das Produkt verkaufte sich nicht. Die Verbraucher aus der Zeit der Jahrhundertwende kannten weder ein solches Produkt noch die Marke. Die damaligen Kochmethoden und Rezepte stammten noch aus der Zeit Königin Victorias, als jedes Nahrungsmittel seinen angestammten Platz hatte. Niemand wusste so recht, ob man Jell-O zum Salat geben sollte oder ob es sich um ein leckeres Dessert handelte.

Zwei Jahre lang versuchte Wait, das Interesse der Verbraucher an Jell-O zu wecken – mit mäßigem Erfolg. 1899 hatte er schließlich genug und verkaufte die Handelsmarke – Name, Bindestrich und alles – an den Kaufmann Orator Frank Woodward zu einem Spottpreis von 450 US-Dollar.

Woodward war der geborene Verkäufer und zur rechten Zeit am rechten Ort. LeRoy war im 19. Jahrhundert so etwas wie die Brutstätte von Handelsvertretern und Krämern und bekannt für die Fertigung von patentrechtlich geschützten Medikamenten. Woodward brachte Wundermittel und Heiltränke ebenso unters Volk wie Originalpflastersteine aus Paris. Er vertrieb Zielscheiben aus Gips an Scharfschützen und erfand ein Hühnergelege, das mit einem Anti-Lauspulver bestreut war.

Doch selbst Woodwards Firma Genesee Pure Food Company tat sich schwer damit, einen Markt für bunte Gelatine in Pulverform zu finden. Diese neue Produktkategorie mit unbekanntem Markennamen musste zur damaligen Zeit mit anderen Waren konkurrieren, die man im Kaufladen erwarb, indem man den Namen des Produkts nannte, das der Händler dann über den Tresen reichte. Jell-O wurde in einer Fabrik in der Nähe produziert, die von Andrew Samuel Nico geleitet wurde. Der Verkauf war so schleppend und entmutigend, dass Woodward an einem düsteren Tag, den er damit zugebracht hatte, trübsinnig auf die Stapel unverkaufter Jell-O-Kisten zu stieren, Nico das ganze Geschäft zum Preis von lediglich 35 US-Dollar anbot. Doch Nico lehnte dankend ab.

Das größte Problem war, dass die Kunden nicht wussten, was sie mit Jell-O anfangen sollten. Und da die Kundennachfrage mehr oder weniger ausblieb, wollten die Kaufleute dieses Produkt nicht auf Lager nehmen. Die Hersteller anderer Fertigzutaten wie dem Backpulver von Arm & Hammer oder der Trockenhefe von Fleischmann verkauften ihre Waren oft zusammen mit Rezeptheften. Woodward überlegte sich, dass eine Beschreibung der unterschiedlichen Anwendungsbereiche von Jell-O die Nachfrage danach erhöhen könnte, doch er hatte keine Ahnung, wie er diese Anleitung unter das Volk bringen konnte – schließlich kaufte so gut wie niemand Jell-O.

Erst 1902 probierten Woodward und sein Marketingleiter William E. Humelbaugh eine neue Verkaufsstrategie aus. So entwarfen sie eine 10 x 10 Zentimeter große Anzeige, die sie für 336 US-Dollar im *Ladies' Home Journal* schalteten. Ziemlich kühn wurde dort behauptet, dass Jell-O »Amerikas berühmteste Nachspeise« sei. Außerdem wurde beschrieben, was sich damit alles zubereiten ließe: »Dieses neuartige Dessert lässt sich mit einem Klecks Schlagsahne oder Vanillesauce verfeinern. Der cleveren Hausfrau, die ihre Lieben immer aufs Neue verwöhnen möchte, stehen Hunderte weitere leckere Kombinationen zur Verfügung. Und das Beste daran, sie alle lassen sich im Handumdrehen zaubern.«

Genesee ließ Zehntausende von Werbebroschüren mit anschaulichen Abbildungen der unterschiedlich zubereiteten Nachspeisen sowie den entsprechenden Rezepten drucken und gab sie seinen Handelsvertretern mit, die sie kostenlos an die Hausfrauen verteilen sollten.

Auf diese Weise wurde noch ein weiteres Problem der Vertriebsleute aus der Welt geschafft. Vielerorts war ihnen der Verkauf von Tür zu Tür untersagt, es sei denn, sie konnten eine kostspielige Lizenz dafür vorweisen. Doch bei den Kochbüchern war die Sachlage ja anders – sie kostenlos zu verteilen stellte kein Haustürgeschäft dar. Nun konnten die Handelsvertreter getrost an die Tür klopfen und der überraschten Hausfrau ein Kochbuch in die Hand drücken – es gab keinen Haken an der Sache. Im Vergleich zu den Herstellungskosten von Jell-O waren die Druckkosten geradezu billig. Es hätte sich nicht gerechnet, Jell-O kostenlos zu verteilen, weshalb auf die zweitbeste Lösung zugegriffen wurde: Der Verbraucher wurde zwar kostenlos über die Produktneuheit informiert, doch erst mit dem Kauf des Produkts konnte er seine neuen Kenntnisse auch anwenden.

Nachdem die Handelsvertreter eine Stadt mit diesen Broschüren überschwemmt hatten, statteten sie den ansässigen Kaufleuten einen Besuch ab und teilten ihnen mit, dass sie in Kürze von einer Nachfrage nach einem neuen Produkt namens Jell-O überrollt werden würden, und dass sie es am besten sofort auf Lager nehmen sollten. Endlich leerten sich ihre mit Jell-O-Kisten vollgestopften Karren.

Schon 1904 hatte sich diese Kampagne zu einem absoluten Renner entwickelt. Zwei Jahre später überschritt der Jahresumsatz von Jell-O die magische Grenze von 1 Million US-Dollar. Das Unternehmen ersann die Werbefigur des »Jell-O-Girls«, und aus den dünnen Broschüren wurden Kochbücher mit den besten Rezepten. In so manchem Geschäftsjahr betrug die Auflage mehr als 15 Millionen, und in den ersten 25 Jahren nach der Unternehmensgründung wurde wohl in ganz Amerika eine knappe Viertelmilliarde dieser Kochbücher kostenlos von Tür zu Tür verteilt. Namhafte Künstler wie Norman Rockwell, Linn Ball und Angus MacDonald erstellten farbige Zeichnungen für die Kochbücher. Jell-O hatte es geschafft und war aus den typisch amerikanischen Küchen nicht mehr wegzudenken.[2]

Jell-O legte wohl den Grundstein für eines der effizientesten Werbemittel des 20. Jahrhunderts: Indem man etwas verschenkt, schafft man Bedarf nach etwas anderem. Woodward erkannte wie kaum ein anderer zu seiner Zeit, dass »kostenlos« eine Art Zauberwort war, mit dessen Hilfe man das Konsumverhalten beeinflussen, neue Märkte schaffen, alte aufbrechen und nahezu jedem Produkt gesteigerte Attraktivität verleihen konnte. Außerdem hatte er herausgefunden, dass »kostenlos« nicht unbedingt bedeutete, keinen Gewinn erzielen zu können, sondern lediglich meinte, dass der Weg vom Produkt zum Profit mit einem kleinen Umweg verbunden war. Später würde diese Methode als »Lockartikel« in die Handbücher der Marketingexperten eingehen.

King Gillette

Zur selben Zeit befand sich das wohl bekannteste Beispiel dieser neuen Marketingmethode in Boston, nur ein paar hundert Meilen nördlich, in der Mache. Im Alter von 40 Jahren war aus dem Erfinder King Gillette ein frustrierter, verbitterter Antikapitalist geworden, der seinen Lebensunterhalt als Handelsvertreter für Kronkorken bestritt. Obwohl es ihm weder an Ideen noch an wohlhabenden Eltern mangelte und er überdies vor Tatendrang strotzte, wollte sich der berufliche Erfolg nicht einstellen. Schuld daran war in seinen Augen allein das Übel der Konkurrenz. Bereits 1894 hatte er das Buch *The Human Drift* veröffentlicht, in dem er dafür eintrat, dass die gesamte Industrie von einem Unternehmen übernommen werden sollte, das sich im Volkseigentum befand. Ganz Amerika sollte in einer gigantischen Stadt namens Metropolis leben, deren Energiebedarf von den Niagarafällen gedeckt werden sollte. Sein Vorgesetzter in der Kronkorkenfabrik gab ihm einen letzten Rat: Erfinde etwas, was nach Gebrauch weggeworfen wird.

Eines Morgens, als sich Gillette gerade mit einem Rasiermesser rasierte, das so abgenutzt war, dass es sich nicht mehr schärfen ließ, kam ihm die zündende Idee. Wäre es möglich, die Klinge durch ein dünnes Stück Metall zu ersetzen? Damit wäre endlich Schluss mit dem lästigen und zeitaufwändigem Schleifen stumpfer Messer, denn seine neuartige Klinge würde nach häufigem Gebrauch einfach entsorgt. Nach einigen Jahren Entwicklungsarbeit und zahlreichen metallurgischen Experimenten war es soweit, und der erste Einmalrasierer kam auf den Markt.

Doch auch dieses Produkt war kein Senkrechtstarter. Im ersten Jahr nach seiner Markteinführung verkaufte Gillette gerade mal 51 Rasierer und 168 Ersatzklingen. In den darauffolgenden zwei Jahrzehnten probierte er jeden denkbaren Marketingtrick aus. Er ließ sein eigenes Konterfei auf die Packung drucken, was ihn zur Legende machte und einige Menschen glauben ließ, er wäre eine fiktionale Gestalt. Er verkaufte Millionen seiner Rasierer mit einem enormen Preisnachlass an die US-amerikanische Armee, da er hoffte, die Soldaten würden auch in Friedenszeiten nicht mehr auf das Produkt verzichten wollen, an das sie sich im Krieg gewöhnt hatten. Er verkaufte Unmengen davon an Banken, die die Rasierer ihren Kunden bei der Eröffnung eines Kontos als Werbegeschenk überreichten. Die Rasierer wurden mit allen möglichen anderen Produkten wie Kaugummi, Kaffee, Tee, Gewürzen und sogar Marshmallows gebündelt.

Mithilfe dieser Werbeaktionen kam der Verkauf der Rasierer allmählich ins Rollen, denn seine Taktik war Gold wert. Schließlich verkaufte er seine Rasierer zu günstigen Konditionen an seine Geschäftspartner, die sie kostenlos an den Mann brachten. Doch was nützt ein Rasierer ohne Klinge?

Auf diese Weise schuf er die Nachfrage nach seinen Einmalklingen. Im Prinzip war die Taktik die Gleiche wie im Fall von Jell-O (hier entsprachen die Kochbücher den Rasierern und die Gelatine den Klingen), außer dass das eine ohne das andere nicht funktionierte. Wer einmal überzeugt von dem Einmalrasierer war, blieb bis zum Ende seiner Tage ein treuer Kunde von Gillette.

Das Interessante an dieser Geschichte ist, dass sich die Vorstellung, das Unternehmen Gillette würde seine Rasierer kostenlos unter das Volk bringen, hartnäckig hält, obwohl es nichts anderes als ein moderner Mythos ist. Nur ein einziges Mal in seiner Firmengeschichte, bei der Einführung von Trak II in den 1970er Jahren, hat Gillette eine billige Version mit einer nicht austauschbaren Klinge verschenkt. Ansonsten basierte Gillettes Geschäftsmodell darauf, die Rasierer als Werbegeschenke zu günstigen Konditionen an Geschäftspartner wie Banken zu verkaufen. Den wahren Profit machte Gillette mit der hohen Gewinnspanne der Einmalklingen.

Ein paar Millionen Klingen später bildet dieses Geschäftsmodell die Grundlage für ganze Branchen: Man verschenkt das Mobiltelefon und verdient kräftig an den Handyverträgen, man verkauft die Spielkonsole zu einem günstigen Preis und macht den Profit mit den teuren Spielen; man stellt Kaffeemaschinen in originellem Design gratis in den Büroetagen auf und verdient sich eine goldene Nase an den teuren Kaffeepads.

Seit den ersten Experimenten zu Beginn des 20. Jahrhunderts hat dieses Geschäftsmodell eine Verbraucherrevolution ins Rollen gebracht, die an die 100 Jahre andauern sollte. Der Aufstieg der Werbebranche und der Bau der ersten Supermärkte machten aus der Erforschung des Konsumverhaltens eine Wissenschaft für sich und »Free« zur Werbestrategie der Ersten Wahl. Für jedermann kostenlos empfangbare Rundfunk- und Fernsehsender vereinten das US-amerikanische Volk und riefen den Massenmarkt ins Leben. »Kostenlos« war der Lockruf der modernen Werbeexperten, und die Verbraucher reagierten darauf wie gewünscht.[3]

Kostenlos im 21. Jahrhundert

Nun, Anfang des 21. Jahrhunderts, kommt eine neue Variante von »Kostenlos« ins Spiel, und sie wird die nächste Ära von Grund auf neu definieren. Bei dieser neuartigen Form handelt es sich eben nicht nur um ein Werbegeschenk, es ist auch kein weiterer Trick, Kunden das Geld aus der Tasche zu locken. Sie wird vielmehr getrieben von der außergewöhnlichen und einmaligen Fähigkeit, die Preise für Waren und Dienstleistungen auf fast null Kosten zu senken. Im vergangenen Jahrhundert war »Free« eine effiziente Marketingmethode, doch in diesem Jahrhundert ist daraus ein gänzlich neues Wirtschaftsmodell geworden.

Die neue Variante von »Kostenlos« basiert auf der Ökonomie der Bits, nicht mehr der Atome. Unsere Generation ist die erste, die in den einmaligen Genuss kommt, dass alles, was sich in Bits und Bytes umwandeln lässt, irgendwann einmal Teil des »Konzepts Kostenlos« wird – daran führt kein Weg vorbei – entweder, was die Fertigungskosten oder was den Verkaufspreis anbelangt. (Übertragen auf Gillette würde das bedeuten, dass der Preis für Stahl auf knapp 0 US-Dollar gesunken wäre, dass King Gillette beides – Rasierer und Einmalklinge – hätte verschenken und sein Geld mit einem ganz anderen Produkt hätte verdienen können, vielleicht mit Rasierschaum?) Doch damit nicht genug: Dieses neue Konzept erzeugt einen mehrere Milliarden US-Dollar schweren Markt, in dem sich – einmalig in der Geschichte des Konsums – alles um einen Preis von Null dreht.

In der Ökonomie der Atome, und damit meine ich nahezu alle Produkte des Alltags, ist es ganz normal, dass alles im Laufe der Zeit immer teurer wird. Anders dagegen in der Ökonomie der Bits: In der Online-Welt wird alles immer günstiger. Man könnte auch sagen, die Ökonomie der Atome ist inflationär, und die der Bits deflationär.

Das 20. Jahrhundert war zum großen Teil eine Ökonomie der Atome, während das 21. Jahrhundert sich überwiegend wohl zu einer Ökonomie der Bits entwickeln wird. In der Ökonomie der Atome gilt jedoch das eherne Gesetz, dass man für alles, was einem auf der einen Seite geschenkt wird, auf der anderen bezahlen muss. Deshalb denken wir bei dem Schlagwort »Free« zuerst an eine Lockvogeltaktik – denn am Ende zahlt immer der Verbraucher die Zeche. In der Welt der Bits und Bytes verhält es sich jedoch anders: Hier kann kostenlos *tatsächlich* kostenlos bedeuten, mitunter wurde der Faktor Geld komplett aus der Gleichung herausgenommen. Wir Verbraucher sind in der Ökonomie der Atome zu Recht skeptisch, wenn der Begriff »Kostenlos« fällt, während wir diesem Konzept in der Online-Welt getrost vertrauen können. Denn rein intuitiv erfassen die meisten von uns den Unterschied dieser beiden Wirtschaftssysteme und können nachvollziehen, weshalb »Free« in der Online-Welt einwandfrei funktioniert.

Es hat lediglich an die 15 Jahre gedauert, bis sich »Free« bei dem großen Online-Experiment als Standard durchgesetzt hat und Bezahlen zum Auslaufmodell wurde. 2007 wurde die Online-Ausgabe der *New York Times* gratis ins Netz gestellt, das *Wall Street Journal* zog bald darauf nach. Beide Magazine nutzten ein durchdachtes Hybridmodell, bei dem den interessierten Lesern Artikel zur Verfügung gestellt wurden, die sie wiederum in Blogs oder sozialen Online-Netzwerken mit anderen teilen können. Musikgruppen wie Radiohead oder Nine Inch Nails stellen ihre Songs routinemäßig ins Netz, weil ihnen bewusst ist, dass sie damit mehr Menschen erreichen, aus denen Fans werden können, die dann ihre Konzerte besuchen oder – wer hätte das gedacht? – gutes Geld für ihre Sammelalben und Sondereditionen hinlegen. Am schnellsten wachsen zwei Segmente der Spielebranche, zum einen werbebannerfinanzierte Online-Spiele für Einzelkämpfer und kostenlose Massively Multiplayer Online Role-Playing Games, bei denen viele Spieler online gegeneinander antreten.

Der Aufstieg der »Freeconomics« (zusammengesetzt aus »free« für gratis und »economics« für Wirtschaft) ist in erster Linie den dieser Entwicklung zugrunde liegenden Technologien des digitalen Zeitalters zu verdanken. Das Mooresche Gesetz besagt, dass sich die Preise für Prozessoren alle zwei Jahre halbieren, während sich die Rechnerleistung in dieser Zeitspanne verdoppelt, was an sich schon eine erstaunliche Entwicklung ist, doch im Vergleich dazu sinken die Kosten für Bandbreite und Speicherung noch schneller. Das Internet tut nun sein Übriges dazu, indem es alle drei Komponenten kombiniert, das heißt, der Preisverfall basiert auf einem Spiel mit drei Mitspielern: Prozessoren, Bandbreite und Speicherung. Infolgedessen liegt die jährliche Deflationsrate der Online-Welt bei knapp 50 Prozent, was bedeutet, dass es YouTube in zwei Jahren nur mehr rund die Hälfte kosten wird, einen Video-Clip ins Netz zu stellen. Sämtliche Faktoren, die die Kosten von Online-Geschäften bestimmen, weisen in dieselbe Richtung: gegen Null. Kein Wunder, dass auch die Online-Preise in dieselbe Richtung zeigen.

George Gilder, der bereits 1990 in seinem Buch *Microcosm*[4] die Ökonomie der Bits erforscht hat, sieht diese Entwicklung vor einem historischen Hintergrund:

> In jeder industriellen Revolution haben sich die Kosten eines bestimmten Produktionsfaktors drastisch reduziert. Im Verhältnis zu der Summe,

die man bislang hinblättern musste, um eine bestimmte Funktion zu erzielen, kostet der neue Faktor so gut wie nichts mehr. [Der Nutzung von Dampf ist es zu verdanken,] dass physische Kraft in der industriellen Revolution quasi zum Nulltarif erhältlich war, wenn man als Vergleichsgröße die Muskelkraft von Zugtieren oder die Kraft von Menschen heranzieht. Mit einem Mal konnte man Dinge tun, die man sich vorher niemals hätte leisten können. So konnten die Maschinen einer Fabrik 24 Stunden am Tag laufen und am laufenden Band Produkte ausspucken, was man vorher nicht zu träumen gewagt hatte.

Die wohl interessantesten Geschäftsmodelle unserer Zeit befassen sich mit der Frage, wie sich im Rahmen des Gratiskonzepts Geld verdienen lässt. Früher oder später muss sich jedes Unternehmen mit der Möglichkeit auseinandersetzen, »Free« für sich zu nutzen oder in Konkurrenzkampf mit ihm zu treten – auf die eine oder andere Weise. In diesem Buch erfahren Sie, welche Optionen Sie haben.

Zunächst einmal wollen wir einen Blick in die Geschichte des »Konzepts Kostenlos« werfen. Anschließend befassen wir uns damit, wie die digitale Wirtschaft dieses Konzept revolutioniert hat, indem es aus einem simplen Marketingtrick eine Wirtschaftsmacht mit enormem Potenzial geschaffen hat. Natürlich werden wir uns auch mit den dazugehörigen Geschäftsmodellen auseinandersetzen. Zu guter Letzt tauchen wir ein in die faszinierenden Prinzipien der Freeconomics: Wie funktioniert dieses System, wo funktioniert es, weshalb gibt es so viele Missverständnisse darüber und weshalb haben so viele Angst davor? Doch zunächst einmal müssen wir uns die Frage aller Fragen stellen: Was bedeutet »Free« eigentlich?

Was bedeutet »Free« eigentlich?

Kapitel 2

101 Sorten von »Free«

Kurze Einführung zu einem häufig missverstandenen Wort

Das englische Wort »free« kann so manches bedeuten, und mit der Zeit hat sich seine Bedeutung geändert. Wer dieses Wort hört, den beschleichen gewisse Zweifel und doch erregt es unsere Aufmerksamkeit wie kein anderes. Nie ist es so einfach, wie es scheint, und doch beschreibt es die natürlichste Transaktion der Welt. Auch wenn der Markt rund um das Konzept »Free« wächst und wächst, sollten wir uns dennoch zunächst damit befassen, was es im Grunde bedeutet und wie es funktioniert.

Zunächst wollen wir den Begriff klären. Im Englischen hat das Wort »free« zwei Bedeutungen, was für das Marketing entscheidende Vorteile hat: Die positive Konnotation von »Freiheit« senkt unser Misstrauen gegenüber gängigen Werbetricks. Andererseits ist und bleibt dieser Begriff zweideutig. (Aus diesem Grund verwendet man im Englischen gerne das Wörtchen »gratis«, wenn man betonen will, dass etwas *wirklich* kostenlos zu haben ist.)

In der Welt der Open-Source-Software, die sowohl frei (das heißt, man darf den Programmcode nach Belieben nutzen und weiterentwickeln) als auch kostenlos ist, werden die beiden Bedeutungen anhand des Satzes »Free as in beer vs. free as in speech« unterschieden. (Klar, dass es ein paar Schlaumeier für witzig hielten, diese Doppelbedeutung noch weiter auszubauen, und ein Bierrezept unter freier Lizenz veröffentlichten, dessen Endprodukt sie auf Software-Konferenzen verkauften. Computer-Geeks!)

Im Deutschen und auch in anderen Sprachen, wie zum Beispiel den romanischen, besteht das Problem nicht, da es für die beiden Bedeutungen von »free« verschiedene Wörter gibt, zum einen »frei« und zum anderen aus dem Lateinischen stammend das Wort »gratis« (die Kurzform von »*gratiis*«, zu deutsch »gerne doch«, das heißt »ohne Gegenleistung«, also ohne Kosten), oder eben »kostenlos« beziehungsweise »umsonst«. Im Deutschen ist

»frei« immer eine gute Sache (man denke nur an die Redefreiheit und so weiter), während bei »gratis« Misstrauen mitschwingt und ein Marketingtrick vermutet wird.

Wie ist es also dazu gekommen, dass das Englische beide Bedeutungen in einem Wort vereint, und warum lautet es ausgerechnet *free*? Überraschenderweise hat das Wort denselben Ursprung wie das Altenglische *friend*. Dazu der Etymologe Douglas Harper:

> [Beide Begriffe stammen] von dem altenglischen freon, freogan ab, was »freien, lieben« bedeutet. Überwiegend wurde es im Sinne von »Geliebter, Freund« verwendet, woraus in manchen Sprachen (besonders im Germanischen und Keltischen) die Bedeutung »frei« wurde. Möglicherweise ist dies darauf zurückzuführen, dass nur die freien Mitglieder des eigenen Stamms mit Ausdrücken wie »Geliebter« und »Freund« belegt wurden (und niemals die unfreien Sklaven).
> Die Bedeutung von »free« im Sinne von kostenlos, unentgeltlich stammt aus dem Jahr 1585, als es im Sinne von kostenfrei gebraucht wurde.[1]

In »free« schwingt also sowohl die Freiheit von Kosten als auch die Freiheit von Sklaverei mit.

In diesem Buch beschäftigen wir uns jedoch ausschließlich mit der Bedeutung: Frei, wie in Freibier. Kostenlos. Umsonst. Gratis.

Verschiedenste Sorten von »Kostenlos«

Selbst in der kommerziellen Verwendung von »free« im Sinne von kostenlos hat dieser Begriff mehrere Bedeutungen – und Geschäftsmodelle. In manchen Fällen bedeutet »gratis« eben nicht »gratis«. »Zwei zum Preis von einem« ist nichts anderes als das Angebot eines Preisnachlasses von 50 Prozent. »Kostenloses Werbegeschenk in der Packung« bedeutet nichts weiter, als dass die Kosten für dieses Werbegeschenk bereits in die Gesamtproduktkosten eingeflossen sind. Beim »kostenlosen Versand« wurden die Transportkosten längst auf den Verkaufspreis aufgeschlagen.

Sicherlich gibt es die seltenen Fälle, in denen »gratis« keine andere Bedeutung hat als »kostenlos«, aber auch dabei handelt es sich nicht um ein neues Wirtschaftsmodell. Ein »kostenloses Warenmuster« ist ein

Kniff aus der Trickkiste des Marketings, damit soll zum einen die Einführung des Produkts auf dem Markt einfacher gemacht und zum anderen beim Verbraucher das Gefühl erzeugt werden, nun schulde er dem Hersteller etwas, was ihn beim nächsten Einkauf dazu verleiten könnte, dieses Produkt zum vollen Preis zu erwerben. Ein »kostenloses Probeabonnement« ist möglicherweise wirklich kostenlos, doch es gilt garantiert nur eine bestimmte Zeit, und es kann sich als schwierig erweisen, aus diesem Abonnement wieder herauszukommen, bevor es kostenpflichtig wird. Das »kostenlose Prüfen des Luftdrucks« an der Tankstelle ist nichts anderes als das, was von Wirtschaftswissenschaftlern als Komplementärprodukt bezeichnet wird – eine kostenlose Draufgabe, die darauf abzielt, das Interesse des Kunden an kostenpflichtiger Ware (alles andere, was es an der Tankstelle zu kaufen gibt, vom Kaugummi bis zum Kraftstoff) zu verstärken.

Nicht zu vergessen ist die Welt der werbegestützten Medien, von freien Rundfunk- und Fernsehsendern bis zu den meisten Internetseiten. Auf der eigenen Homepage veröffentlichtes Wissen, umgeben von Werbebannern, ist ein Geschäftsmodell, das es schon im vergangenen Jahrhundert gab: Ein Dritter (der Werbende) zahlt für eine andere Partei (den Konsumenten), der den Inhalt der Seite kostenfrei nutzen kann.

Und schließlich gibt es die Fälle, in denen »gratis« keine andere Bedeutung hat als »kostenlos« und dies zugleich ein neues Geschäftsmodell darstellt. Die Mehrheit dieser Fälle findet online statt, wo die digitale Wirtschaft mit Grenzkosten, die gegen Null tendieren, den Ton angibt. Das Webportal Flickr, auf dem Benutzer anderen Nutzern digitale Bilder zur Verfügung stellen, ist tatsächlich kostenlos (zumindest für die Mehrheit seiner Nutzer), und auch auf Werbung wird verzichtet. Ähnlich werden auch die meisten Dienste von Google entweder kostenlos und werbefrei angeboten oder aber von kontextabhängigen Werbeanzeigen begleitet (wie zum Beispiel Gmail), die jedoch keinen Einfluss auf den Inhalt der Seiten haben. Nicht zu vergessen die erstaunliche »Geschenkwirtschaft« von Wikipedia und die Blogosphäre, in der die Anreize nicht monetärer Natur sind, sondern darin bestehen, sich einen guten Namen zu verschaffen, Aufmerksamkeit zu erregen, sich selbst zu verwirklichen und Ähnliches.

In meinen Augen lässt sich »Free« in vier Kategorien einteilen: zwei davon gibt es schon seit längerer Zeit, doch sie entwickeln sich noch immer weiter, und die anderen zwei entstehen innerhalb der digitalen Öko-

Wie ist es möglich, dass Flugreisen nichts kosten?

Jahr für Jahr fliegen etwa 1,3 Millionen Passagiere von London nach Barcelona. Ein Ticket der Fluggesellschaft Ryanair mit Sitz in Dublin kostet lediglich 20 US-Dollar. Auch andere Flugstrecken werden zu einem vergleichbar günstigen Tarif angeboten. Der CEO von Ryanair hat in einem Interview gesagt, er hoffe, in Zukunft kostenlose Flüge anbieten zu können (denkbar wären zum Beispiel Gewinnspiele in der Luft, sodass aus den Flugzeugen dieser Linie fliegende Kasinos würden). Doch wie ist es möglich, dass ein Flug über den Britischen Kanal weniger kostet als das Taxi zum nächsten Hotel?

Ryanair kalkuliert die Beförderungskosten je Passagier für die Strecke von London nach Barcelona auf 70 US-Dollar. Die folgende Grafik veranschaulicht, wie Ryanair diese Kosten wieder hereinholt.

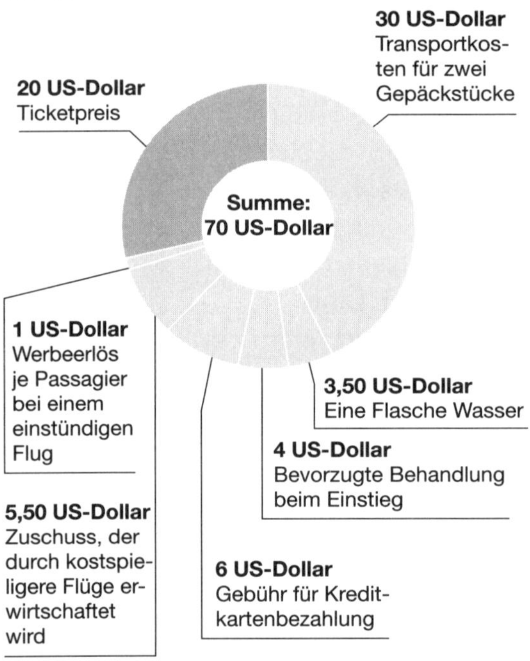

- **Kosteneinsparungen.** Bei Ryanair erfolgt das Boarding der Fluggäste am Rollfeld, um die Gate-Gebühren zu senken. Die Fluggesellschaft ist dafür bekannt, dass sie mit Flughäfen mit niedrigen Passagierzahlen über niedrigere Flughafengebühren verhandelt.
- **Aufstocken der Zusatzgebühren.** Bei Ryanair gibt es Zuschläge auf folgende Leistungen: Verpflegung an Bord, Preboarding, Gepäckaufgabe, Mitnehmen von Kindern. Außerdem wird Mietwagenverleihfirmen und Hotels eine Provision berechnet, sofern die Buchung über die Ryanair-Website erfolgt ist, Werbepartnern Kosten für die Werbung an Bord in Rechnung gestellt und eine Kreditkartengebühr für alle damit bezahlten Flüge erhoben.
- **Ausgleich von Verlusten durch höhere Flugpreise.** An beliebten Reisetagen kann derselbe Flug über 100 US-Dollar kosten.

nomie. Doch bevor wir uns diesen Kategorien zuwenden, wollen wir doch einmal festhalten, dass sämtliche Ausprägungen des »Konzepts Kostenlos« auf das Gleiche hinauslaufen: Geld wird zwischen Produkten, zwischen Personen und zwischen jetzt und später verschoben, oder es landet in nicht-kommerziellen Märkten und verlässt diese wieder. Wirtschaftsexperten bezeichnen dieses Phänomen als Quersubvention.

Die Welt, eine Quersubvention

Quersubventionen sind der Kern der Aussage »Nichts ist umsonst«. Gemeint ist, dass auch ein Geschenk von jemandem bezahlt werden muss, und wenn nicht von Ihnen selbst, dann von demjenigen, dem daran gelegen ist, Ihnen etwas zu schenken.

Wie ist es möglich, dass ein digitaler Videorekorder nichts kostet?

Telefongesellschaften verdienen an unseren Telefonaten; und die Elektronikbranche verkauft die passenden Geräte. Der riesige US-amerikanische Kabelanbieter Comcast ist in beiden Branchen vertreten, und auch in so manch anderem Industriezweig. Mit dieser Strategie ist der Konzern flexibel genug, seine Produkte quer zu subventionieren, das heißt, er kann es sich sogar leisten, ein Produkt kostenlos unter das Volk zu bringen, damit er an einem anderen verdienen kann. Dieses Ziel vor Augen hat Comcast seinen 9 Millionen Kunden einen kostenlosen digitalen Videorekorder (DVR) spendiert. Wie erhält der Konzern nun sein Geld zurück?

Comcast holt diese Investition in 18 Monaten wieder herein.

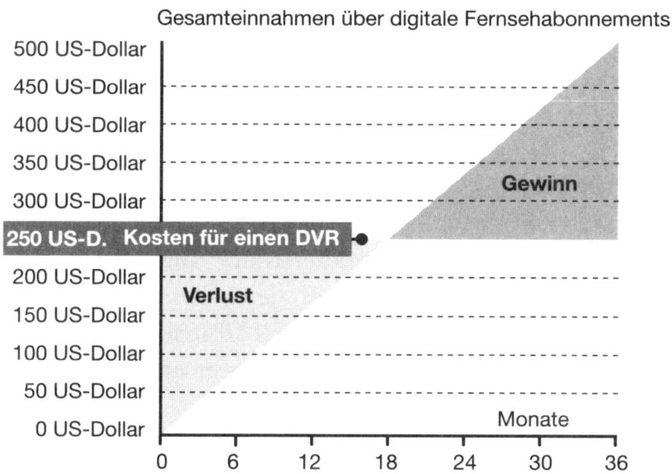

▸ **Versteckte Gebühren.** Comcast berechnet 20 US-Dollar Installationsgebühren für jeden neuen DVR-Kunden.

▸ **Monatsgebühr.** Die Kunden von Comcast zahlen eine monatliche Grundgebühr von 14 US-Dollar für das digitale Fernseh-Abo. Selbst wenn Comcast Stückkosten in Höhe von 250 US-Dollar je DVR bezahlt hätte (was sehr hoch angesetzt ist), hätte sich die Investition bereits nach 18 Monaten amortisiert.

▸ **Umstieg auf höherwertige Dienste.** Comcast möchte mit seinem kostenlosen DVR natürlich neue Kunden gewinnen, denen dann Dienste wie ein Hochgeschwindigkeits-Internetanschluss (43 US-Dollar/Monat für 8 Mbit/s) oder digitale Telefonie (40 US-Dollar/Monat) offeriert werden. In diesen Preisen sind Pay-per-View-Spielfilme übrigens nicht inbegriffen, diese schlagen mit weiteren 5 US-Dollar das Stück zu Buche.

Quelle: Comcast, Forrester Research

Manchmal zahlen wir Verbraucher indirekt für etwas. Die Gratiszeitung etwa wird durch Werbeanzeigen finanziert, die Teil des Marketingbudgets eines Einzelhändlers sind, welches wiederum bereits in die Endpreise einkalkuliert ist, die Sie (oder Ihre Mitmenschen) mit Ihrem gutem Geld bezahlen. Außerdem bezahlen Sie das Lesen mit Ihrer Zeit und, wenn Sie es in der Öffentlichkeit tun, mit Ihrem guten Ruf. Auch das kostenlose Parken vor dem Supermarkt ist längst in die Preiskalkulation der dort angebotenen Waren eingeflossen. Gratisproben werden von den Kunden subventioniert, die für die reguläre Ware bezahlen.

In der Geschenkökonomie (siehe Seite 38 f.) ist die Quersubventionierung nicht so offensichtlich. Blogs kosten nichts und enthalten in der Regel keine Werbung, doch das bedeutet selbstverständlich nicht, dass bei einem Blog-Besuch keine Werte ausgetauscht werden. Die Gegenleistung für den kostenlosen Inhalt der Website liegt in der Aufmerksamkeit, die Sie dem Blogger widmen, indem Sie sein Blog besuchen oder verlinken. Dadurch erhöht sich seine Chance, einen besseren Job zu finden, sein Netzwerk auszubauen oder neue Kunden zu gewinnen. Gut möglich, dass sich dieser Imagegewinn in bare Münze wandelt, doch wie genau, lässt sich nicht vorhersagen.

Quersubventionen funktionieren auf unterschiedliche Weise:

- **Kostenlose Produkte werden über bezahlte Produkte subventioniert.** In nahezu jeder Branche wird sogenannte Lockware eingesetzt, vom Popcorn, mit dem die miesen Besucherzahlen des Kinos ausgeglichen werden sollen, bis hin zum teuren Wein, mit dem das preisgünstige Menü in einem Restaurant subventioniert wird. Das Gratiskonzept geht noch einen Schritt weiter, denn hier wird das Produkt nicht einmal zu einem Bruchteil der Kosten verkauft, sondern gratis verteilt, entweder als Werbegeschenk (Spielzeug in der Packung Cornflakes) oder als Gratisprobe. Diese Ausprägung von »Free« ist uralt, bekannt und als betriebswirtschaftliches Modell ziemlich offenkundig, weshalb wir darauf nicht weiter eingehen.

- **Folgekosten subventionieren das Gratisprodukt.** Das kostenlose Handy, das es bei Abschluss eines Zwei-Jahres-Vertrags gibt, ist das klassische Beispiel für dieses Geschäftsmodell. In diesem Fall wird das Handy nicht gleich im Laden bezahlt, sondern durch monatliche Raten, die in Ihrer Telefonrechnung versteckt sind. Ihr zukünftiges Ich subventioniert also Ihr heutiges Ich. Der Anbieter hofft natürlich, dass Sie nicht nachrechnen, wie viel Sie jedes Jahr für das Telefonieren bezahlen, sondern sich von dem schicken neuen Handy blenden lassen, dass Sie noch heute mitnehmen dürfen.

- **Zahlende Kunden subventionieren nicht-zahlende.** Bei dieser konventionellen Methode werden Kunden auf der Grundlage ihrer Bereitschaft oder Fähigkeit, bestimmte Kosten zu tragen, in Gruppen eingeteilt. Typische Beispiele hierfür sind die Disco, in die Frauen kostenlos hineingelassen werden, während Männer Eintritt zahlen müssen, oder der Gratiseintritt von Kindern in Vergnügungsparks, aber auch die Steuerprogression, durch die Wohlhabenden eine größere Steuerlast aufgebürdet wird als Geringverdienern. Beim Gratiskonzept nimmt dieses Modell eine extreme Form an, da ein bestimmtes Kundensegment gar nichts für ein gewisses Produkt oder eine Dienstleistung bezahlt. Das geschieht natürlich in der Hoffnung, dass die Kunden, die in den Genuss dieser Subvention gekommen sind, zahlende Kunden anziehen (das dürfte für das Beispiel mit der Diskothek gelten) oder gar mitbringen (wie Kinder ihre Eltern) oder dass aus manchen dieser Kunden später zahlende werden. Wer durch die fantastischen Hotelanlagen in Las Vegas bummelt, kann die prachtvolle Ausstattung kostenlos genießen, doch natürlich spekulieren die Hotelbesitzer darauf, dass sich viele Hotelgäste an den Spieltischen niederlassen oder auf Shoppingtour gehen (im Idealfall beides!).

Innerhalb dieser großen Gruppe der Quersubventionen fällt das Konzept »Free« in vier Kategorien:

Free 1: Direkte Quersubventionen

Was gibt es kostenlos? Jedes Produkt, das Sie dazu verführt, für etwas anderes zu zahlen.
Wer kommt in diesen Genuss? Jeder, der bereit ist, letzten Endes doch auf die eine oder andere Weise dafür zu bezahlen.

Wenn Wal-Mart stapelweise DVDs unter dem Motto »2 zum Preis für 1« anbietet, ist das ein typisches Lockangebot. Mit diesem Schnäppchen sollen scharenweise Kunden in den Supermarkt gelockt werden, die mit etwas

Glück auch gleich die neue Waschmaschine oder einen ganzen Einkaufswagen voll Lebensmittel mitnehmen, mit denen sich ein satter Gewinn erwirtschaften lässt. Bei jedem Produkt- oder Dienstleistungspaket, seien es die Kontogebühren oder der Handyvertrag, wird der Preis der einzelnen Komponenten weniger anhand der Kosten, sondern vielmehr aufgrund psychologischer Überlegungen kalkuliert. Mag schon sein, dass Ihr Mobilfunkanbieter an Handygesprächen so gut wie nichts verdient – schließlich wurden die Gebühren dafür bewusst niedrig angesetzt, weil der Anbieter genau weiß, dass der normale Verbraucher an diesem Punkt unterschiedliche Anbieter vergleicht –, doch wenn Sie Ihre Mailbox abhören, verdient er kräftig daran. Die Unternehmen wählen aus ihrer Produktpalette gezielt bestimmte Waren aus, deren Preis dann gegen Null tendiert, weil sie auf diese Weise andere Produkte, die weitaus mehr Gewinn abwerfen, attraktiver machen.

Free 1: Direkte Quersubventionen

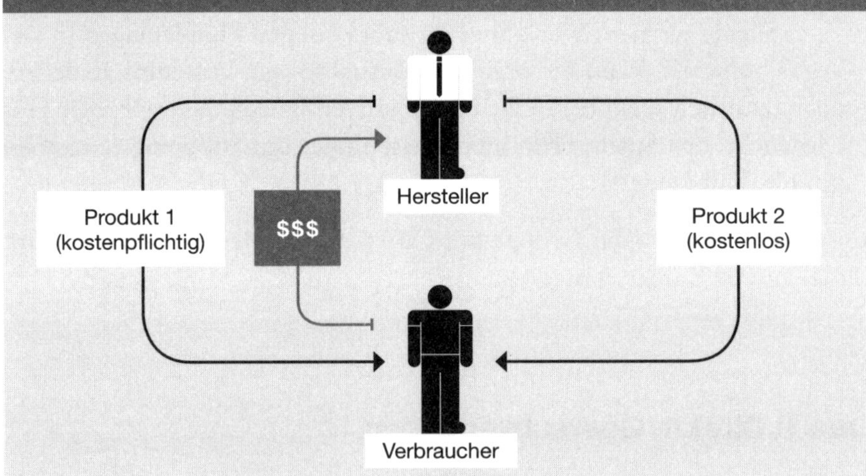

Im Grunde ist das nichts anderes als King Gillettes Marketingmodell, das sich im Laufe der Jahre weiterentwickelt und vor keiner Branche Halt gemacht hat. Durch die entsprechenden technischen Errungenschaften sind die Unternehmen noch flexibler bei der Definierung ihrer Märkte, wodurch sie noch mehr Spielraum gewinnen und sich zum Beispiel dafür entscheiden können, ein bestimmtes Produkt gratis abzugeben, um den Verkauf anderer Waren damit anzukurbeln. Ryanair hat mächtig Staub in der Flugbranche aufgewirbelt, da sich das Unternehmen als Komplettdienstleister in der Reisebranche definiert und nicht damit begnügt, Flugtickets zu verkaufen (siehe Abbildung auf Seite 30). Ihre Kreditkarte kostet Sie nur deshalb nichts, weil das Kreditkartenunternehmen entsprechende Gebühren von den Einzelhändlern verlangt, bei denen Sie mit Ihrer Kreditkarte zahlen. Es versteht sich von selbst, dass die Ladenbesitzer diese Gebühren wieder bei Ihnen hereinholen. (Und die Bank reibt sich die Hände, wenn Sie Ihre monatliche Kreditkartenabrechnung nicht begleichen und kräftig Verzugszinsen zahlen.)

Free 2: Der Drei-Parteien-Markt

Was gibt es kostenlos? Inhalte, Dienstleistungen, Software und vieles mehr.
Wer kommt in diesen Genuss? Jeder.

Der Drei-Parteien-Markt ist das am weitesten verbreitete Modell rund um das »Free«. Was versteht man darunter? Ein Dritter lässt es sich etwas kosten, Teil eines Marktes zu werden, der aufgrund des kostenlosen Tauschhandels zwischen zwei anderen Parteien entstanden ist. Klingt das kompliziert? Nun, Sie werden tagein, tagaus damit konfrontiert. Schließlich ist das die Grundlage für praktisch alle Medien.

Beim herkömmlichen Medienmodell stellt der Herausgeber den Verbrauchern sein Produkt kostenlos (oder fast kostenlos) zur Verfügung, und finanziert das Ganze durch seine Werbekunden. So verhält es sich mit frei empfangbaren Rundfunk- und Fernsehsendern. Die Herausgeber verkaufen ihre Zeitungen und Zeitschriften in etwa zum Selbstkostenpreis, das heißt in die Preisgestaltung fließen lediglich die Kosten für die Herstellung, den Druck und den Vertrieb ein. Schließlich besteht ihr Geschäft nicht darin, Druckware an ihre Leser zu verkaufen, sondern ihre Leser an ihre Werbekunden. Und genau dann spricht man von einem Drei-Parteien-Markt.

In gewisser Weise ist das Internet die Erweiterung des Geschäftmodells der Medien. Das bedeutet jedoch weitaus mehr als die Feststellung, dass Werbung alles finanziert.

Medienunternehmen verdienen ihr Geld rund um die kostenlosen Inhalte auf unterschiedlichste Weise, zum Beispiel, indem sie Kundendaten verkaufen oder durch Markenlizenzierung, Abonnements mit Zusatzleistungen oder direkten E-Kommerz (eine vollständige Aufzählung finden Sie in Kapitel 9 und den Ausführungen am Ende dieses Buchs). Mittlerweile ist ein ganzes Ökosystem aus Web-Unternehmen entstanden, die alle auf dieselben Modelle zurückgreifen.

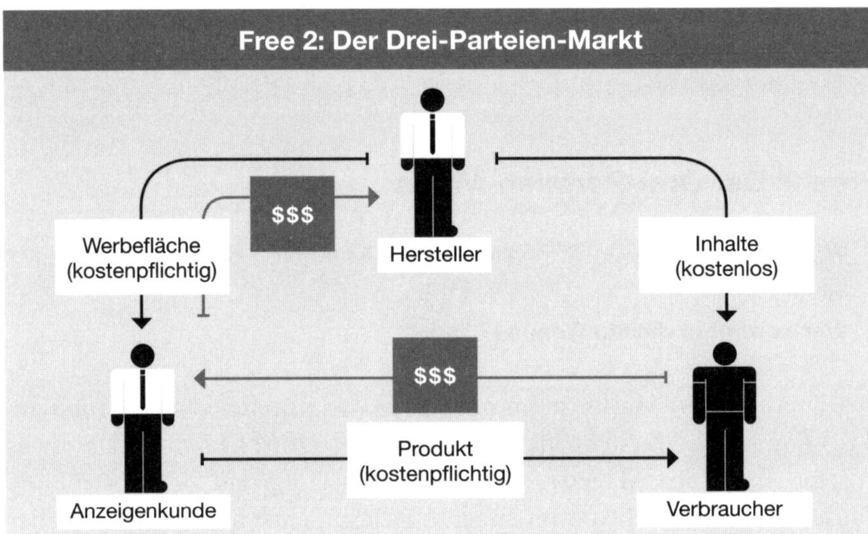

Wirtschaftswissenschaftler bezeichnen diese Modelle als zweiseitige Märkte, womit die Wechselbeziehung verschiedener Kundengruppen einer Plattform gemeint ist. Es wird also zwischen mindestens zwei unterschiedlichen Kundengruppen differenziert, die voneinander profitieren: Werbekunden geben ihr Geld für die Medien aus, mit denen Kunden angesprochen werden, die im Gegenzug eine der Einnahmequellen der Werbekunden darstellen. Letztlich sind es die Verbraucher, die die Rechnung zahlen, doch diese Marketingkosten sind gut in den Produktpreisen versteckt. Dieses Prinzip gilt natürlich auch für Nichtmedienmärkte wie zum Beispiel im Kreditkartengeschäft (kostenlose Kreditkarten erleichtern dem Verbraucher das Geldausgeben, und die kreditkartenausstellenden Banken freuen sich über die Gebühren, die der Einzelhandel zahlt) oder in der IT-Branche, wenn Programmierern Betriebssystem-Tools kostenlos überlassen werden, damit diese Anwendungen entwickeln, die wiederum die Attraktivität der Plattform erhöhen. Auf alle Fälle werden die Kosten dafür umgelegt beziehungsweise sind so gut versteckt, dass die Produkte für den Verbraucher kostenlos erscheinen.

Free 3: Freemium

Was gibt es kostenlos? Jedes Produkt, das mit einer kostenpflichtigen Produktvariante verknüpft ist.
Wer kommt in diesen Genuss? Jeder Anwender mit einem Basis-Account.

Der Begriff Freemium, der auf den Venture-Kapitalisten Fred Wilson zurückgeht, ist ein weitverbreitetes Geschäftsmodell im Internet. Freemium kann die unterschiedlichsten Formen annehmen: Inhalte auf mehreren Ebenen von kostenlos bis teuer oder kostenpflichtige Premium-Versionen von Websites oder Software, die im Vergleich zu den kostenlosen Basisversionen erweiterte Funktionen bereithalten (denken Sie an Flickr und die kostenpflichtige Flickr-Pro-Mitgliedschaft).

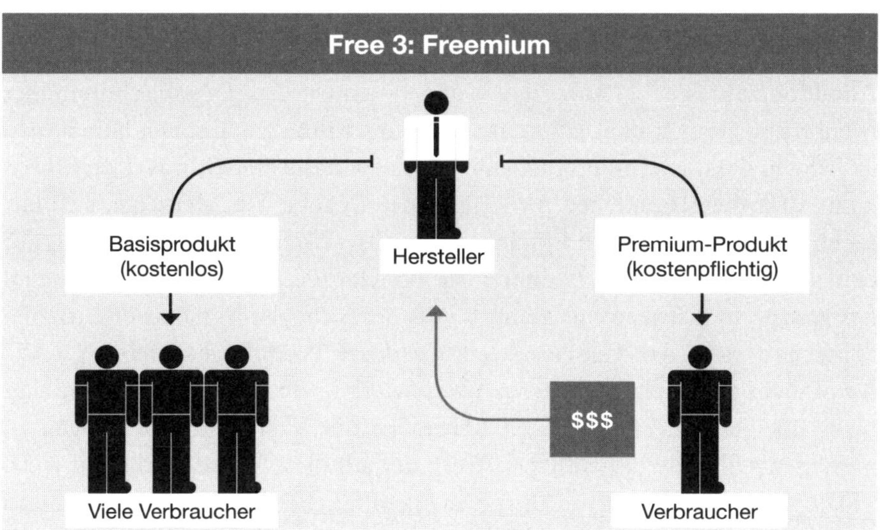

Auch dieses Konzept erscheint ziemlich vertraut. Entspricht das nicht genau dem Geschäftsmodell, auf das man in jeder Parfümerie, an jeder Straßenecke stößt? Doch, aber es hat eine beachtliche Wandlung erlebt. Früher durfte man einen neuen Müsliriegel im Supermarkt naschen, oder frisch gebackene Mütter bekamen Windeln zum Ausprobieren ins Haus geschickt. Da dies jedoch mit realen Kosten verbunden war, verschenkten Hersteller nur winzige Mengen – und hofften darauf, die Verbraucher damit zu ködern und die Nachfrage nach mehr davon zu wecken.

Free 4: Nichtmonetäre Märkte

Was gibt es kostenlos? Alles, was andere verschenken, ohne dafür eine Bezahlung zu erwarten.
Wer kommt in diesen Genuss? Jeder.

Auch hier gibt es wieder mehrere Erscheinungsformen:

Die Geschenkökonomie

Mittlerweile machen wir des Öfteren die Erfahrung, dass Geld nicht alles ist. Denken Sie doch bloß an die zwölf Millionen Artikel auf Wikipedia, an die Millionen Gegenstände, die über das Verschenknetzwerk Freecycle (siehe Abbildung auf Seite 219) kostenlos angeboten werden. Es gab schon immer Menschen, die sich den Altruismus auf ihre Fahne geschrieben haben, neu ist jedoch, dass sich im Internet eine Plattform dafür findet, was dazu führen kann, dass die gebündelten Aktionen einer Gruppe von Menschen sich tatsächlich global auswirken können. In gewisser Weise hat dieser Markt, auf dem alles Mögliche zum Nulltarif den Besitzer wechselt, zur Entstehung eines ganzen Industriezweigs geführt. Aus der Sicht der monetär-orientierten Wirtschaft sieht das Ganze nach kostenloser Produktverschieberei aus – wenn nicht gar nach unlauterem Wettbewerb –, doch diese Sichtweise sagt mehr über unsere kurzsichtigen Methoden aus, den Wert von Dingen zu messen, als über den eigentlichen Wert, der auf diese Weise geschaffen wird.

Die Anreize dafür, etwas zu verschenken, reichen von Imagegewinn und Aufmerksamkeit zu weniger leicht messbaren Faktoren wie Selbstdarstellung, Spaß, gutes Karma, Zufriedenheit oder schlicht und einfach auch Eigeninteresse (wer seine Sachen über ein Netzwerk wie Freecycle oder Craigslist verschenkt, muss sie schließlich nicht selbst zum Müllplatz karren). Manchmal erfolgt das Geben auch unabsichtlich beziehungsweise passiv. Wenn Sie beispielsweise über eine öffentlich zugängliche Homepage verfügen, liefern Sie Daten an Google, ob Sie wollen oder nicht. Wenn Sie eine Getränkedose in den Abfallkorb werfen, kann es gut sein, dass ein Obdachloser sie einsammelt – auch wenn Sie das gar nicht beabsichtigten.

Austausch von Arbeit

Es gibt Webseiten, die Ihnen den freien Zugang zu Pornoseiten ermöglichen, vorausgesetzt, Sie lösen einige Captchas – Sie wissen schon, diese durch Bildfilter verzerrten Textfelder. Ironischerweise ist das, was Sie in diesem Moment wirklich tun, Ihre menschliche Fähigkeit der Mustererkennung dafür zu nutzen, Captchas, die ursprünglich von einer anderen, für Spammer interessanten, aber für Spambots gesperrten Website stammen, zu entziffern. Durch das Lösen der Captchas ermöglichen Sie den Spambots den Zugang zu diesen Seiten – und das ist für diese weitaus mehr wert als das bisschen Bandbreite, die für das Anzeigen erotischer Bilder erforderlich ist. Für die Spambots handelt es sich in gewisser Weise

Gratiskonzept 4: Nichtmonetäre Märkte

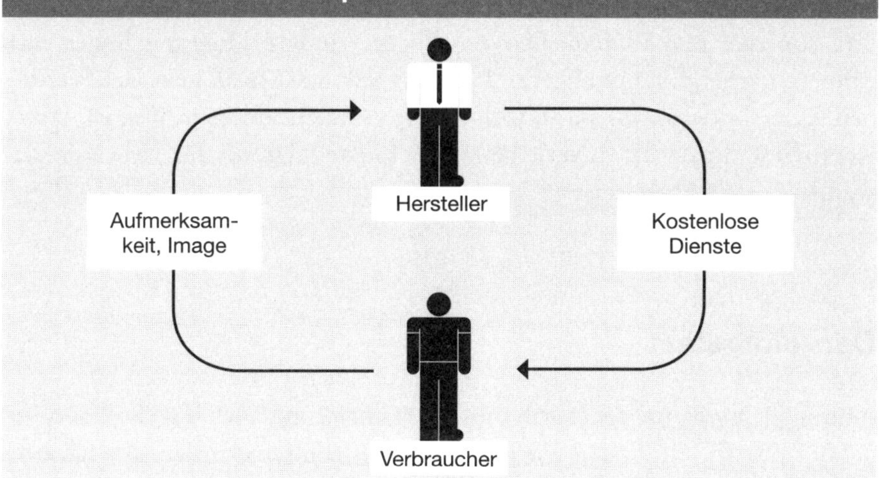

um eine Black Box, in die Captchas hineingegeben werden und aus der lesbarer Text herauskommt. Aber in der Box befindet sich die unfreiwillige Arbeit von Tausenden von Menschen. Dieses Prinzip gilt auch, wenn Sie bei Digg Verweise setzen, Yahoo Answers bewerten oder Googles Service 411 verwenden (siehe Seite 144). Jedes Mal, wenn Sie über Google etwas suchen, tragen Sie dazu bei, dass das Unternehmen seine Algorithmen besser auf seine Werbezielgruppen abstimmen kann. Jede Nutzung eines solchen Dienstes schafft also einen Wert, entweder indem der Dienst an sich verbessert wird oder indem Daten erzeugt werden, die an anderer Stelle nützlich sind. Gut möglich, dass Ihnen das nicht bewusst ist, aber Sie bezahlen mit Ihrer Arbeitskraft für etwas, was kostenlos angeboten wird.

Piraterie

Produktpiraterie – wer denkt da nicht an Online-Musik? Die Möglichkeiten der digitalen Vervielfältigung und Weitergabe von Musik haben dazu geführt, dass die Kosten für den Vertrieb von Musikstücken im Keller angekommen sind. In diesem Fall wird das Produkt nur aufgrund der wirtschaftlichen Schwerkraft kostenlos vertrieben – ein Geschäftsmodell spielt dabei keine Rolle. Diese Kraft ist so stark, dass selbst Gesetze, Urheberrecht, Schuldgefühle und sämtliche anderen Mittel, die Piraterie verhindern sollen, auf der ganzen Linie versagt haben (und sich daran bis heute nichts geändert hat). Manche Künstler stellen ihre Musik ins Netz, um damit die Werbetrommel für Konzerte, Merchandise-Artikel, Lizenzen und sonstige Einnahmequellen zu rühren. Andere hingegen haben sich zähneknirschend damit abgefunden, dass sich mit Musik kein Geld verdienen lässt, sondern dass sie einfach nur Spaß macht oder ein Weg ist, seiner Kreativität Ausdruck zu verleihen. Eine Einstellung, die für viele Künstler wahrhaft nichts Neues ist.

Der Alltagstest

Nun wollen wir mal sehen, ob diese Klassifizierung auch auf die Gratisangebote zutrifft, mit denen wir im Alltag konfrontiert werden. Als ich neulich an einem Kiosk vorbeikam, stach mir folgende Schlagzeile der Zeitschrift *Real Simple* ins Auge: »36 überraschende Angebote – zum Nulltarif«. Solche und ähnlich lautende Schlagzeilen finden sich wöchentlich in den unterschiedlichsten Zeitschriften, weshalb ich dachte, dass sie sich gut für einen repräsentativen Test eignet. Unten sehen Sie, auf welche Kategorien sich die erste Hälfte der in *Real Simple* genannten Beispiele verteilt.

Es fällt auf, dass einige Beispiele Elemente aus mehreren Kategorien aufweisen und es für andere Beispiele Wettbewerber gibt, die auf Modelle zurückgreifen, für die andere Kategorien gelten (zum Beispiel wird Google 411, die direkte Konkurrenz von 1-800-FREE411, nicht durch Werbung finanziert). Dienstleistungen von Behörden stellen eine Sonderform der Quersubventionierung dar, da die Verbindung zwischen den Zahlungen des Steuerpflichtigen und den angebotenen Dienstleistungen indirekt und diffus ist.

Free-Beispiel	Free-Modell
	Free 1: Direkte Quersubvention
Apple Seminare & Veranstaltungen	Man verlässt sich darauf, dass Sie etwas kaufen.
Probewochen im Fitnesscenter	Man verlässt sich darauf, dass Sie etwas kaufen.
Musikunterricht für Kleinkinder	Man verlässt sich darauf, dass Sie etwas kaufen.
Ben & Jerry's Free Cone Day (An einem Dienstag im April gibt es Ben & Jerry's Eis kostenlos.)	Man verlässt sich darauf, dass Sie etwas kaufen.
Online-Fotodruck	Man verlässt sich darauf, dass Sie etwas kaufen.
Seminare für Existenzgründer	Wird über Ihre Steuern finanziert.
BBC-Sprachunterricht (Podcasts)	Quersubvention, wenn Sie britischer Staatsangehöriger und steuerpflichtig sind; anderenfalls Geschenkökonomie
Popularity-Dialer (Telefondienst, der Anrufe vortäuscht, mit denen Sie z. B. einen hohen sozialen Status vorgaukeln können.)	**Free 2: Werbegestützt**
Kostenlose Erinnerungs-E-Mail	

Free-Beispiel	Free-Modell
	Free 3: Freemium (kostenlose und kostenpflichtige Varianten)
Skype	(Bei den kostenpflichtigen Varianten ist der Verbindungsaufbau zu Handys möglich.)
Kinder-Nacht am Broadway	(Eltern subventionieren ihre Kinder.)
MIT OpenCourseWare (kostenlose Online-Vorlesungen)	
Kostenlose Haustiere bei Craigslist	
Freecycle-Tausch	**Free 4: Nichtmonetäre Märkte**
Museum (spendenfinanziert)	
PaperbackSwap.com (Online-Tauschbörse für Bücher)	

Wie vermutet hat mein Klassifizierungsmodell den Alltagstest bestanden. Auch mein Modell ist wie alle anderen Theorien sicherlich nicht perfekt, und es mag die eine oder andere Ausnahme oder Mischform geben, doch im Grunde hat es sich bewährt, weshalb ich in den folgenden Kapiteln darauf zurückgreifen werde.

Die drei Preise

In diesem Buch unterscheide ich im Grunde genommen zwischen zwei Preisen: *kostenlos* und *nicht kostenlos*. Auch wenn es merkwürdig klingt, es gibt noch eine dritte Möglichkeit, und zwar: *weniger als nichts*. Ja, Sie haben schon richtig gelesen: ein negativer Preis, das heißt, Sie werden dafür bezahlt, dass Sie ein Produkt oder eine Dienstleistung in Anspruch nehmen und nicht umgekehrt.

Dieses Konzept ist häufiger verbreitet als Sie glauben. Im Internet, wenn zum Beispiel Microsoft Anwender dafür bezahlt, die Microsoft-Suchmaschine zu benutzen, aber tatsächlich hat diese Art Preis eine langjährige Tradition im konventionellen Marketing. Denken Sie an Preisnachlässe oder die (bislang vorwiegend in den USA üblichen) Cashback-Aktionen, wobei sich letztere dadurch auszeichnen, dass der Kunde erst den vollen Preis bezahlt und den beworbenen Rabatt später in Form eines Verrechnungsschecks zurückerhält. Im Supermarkt gibt es die Bonuskarte, bei Fluggesellschaften Vielfliegermeilen. Auch Kreditkartenunternehmen locken Sie mit Prämien, die Kreditkarte häufiger einzusetzen.

In den meisten dieser Fälle müssen Sie früher oder später die Zeche zahlen, von weniger als nichts kann hier nicht die Rede sein. Das Interessante daran ist jedoch, dass der Verbraucher so tut, als hätte man ihm Bargeld in die Hand gedrückt, auch wenn dies wirklich nicht zutrifft.

Bei Cashback greifen ganz andere psychologische Muster, als wenn man eine Summe derselben Höhe auf die Seite legt. Studien haben gezeigt, dass die Käufer eines Geländewagens, die einen Cashback-Scheck über 1 000 US-Dollar erhalten hatten, mit dem gesparten Geld (besser gesagt, mit dem Geld, das sie nicht mühsam über einen Kredit abstottern mussten) ebenso verschwenderisch umgingen, als hätten sie es im Lotto gewonnen. Sie reagierten nicht anders als auf einen völlig unerhofften Geldsegen und verprassten dieses »Geschenk« sofort wieder. Die Männer kauften sich teure Golfschläger, was ihre Frauen normalerweise nicht zugelassen hätten, aber in dem Fall blieb das Veto aus, obwohl sie alle *wussten*, dass sie dieses Geld – nicht anders als bei Kreditkartenschulden – noch jahrelang zurückzahlen mussten.

In Dan Arielys Buch *Denken hilft zwar, nützt aber nichts*[2] findet sich ein großartiges Beispiel für negative Preisgestaltung. So erzählte Ariely seinen Studenten an der MIT School of Business, dass er eine Dichterlesung (Walt Whitmans *Grashalme*) veranstalten wolle, aber nicht wüsste, welchen Preis er dafür verlangen solle. Er verteilte einen Fragebogen unter seinen Studenten und wollte von der Hälfte von ihnen wissen, ob sie bereit wären, dafür 10 US-Dollar zu zahlen. Bei der anderen Hälfte lautete die Frage jedoch, ob sie bereit wären, diese Veranstaltung zu besuchen, wenn er *ihnen* dafür 10 US-Dollar zahlen würde. Anschließend wurde allen Studenten die gleiche Frage gestellt: Was wäre jeweils ein angemessener Preis dafür, wenn er ihnen eine kurze Form, eine etwas längere und eine lange Version dieses Gedichts vortragen würde?

Die erste Frage ist genau das, was Verhaltensökonomen als »Anker« bezeichnen, das heißt, in diesem Fall wurde das Gespür der Studenten, was ein fairer Preis wäre, in gewisser Weise neu kalibriert. Diese Kalibrierung kann sich erheblich darauf auswirken, was sie letztlich zu zahlen bereit sind. Bei den Studenten, die gefragt wurden, ob ihnen eine solche Veranstaltung 10 US-Dollar wert wäre, lagen die Preisgebote für die Kurzform bei durchschnittlich 1 US-Dollar, für die mittlere bei 2 US-Dollar und für die lange Variante bei 3 US-Dollar.

Die Studenten, bei denen der Anker gesetzt wurde, dass sie für diese Lesung Geld erhalten würden, hielten daran fest: Sie wollten im Schnitt 1,30 US-Dollar für die kurze, 2,70 US-Dollar für die mittlere und 4,80 US-Dollar für die lange Version.

Ariely fand bei Mark Twain ein witziges Beispiel für dieses Phänomen, nämlich als Tom Sawyer die anderen Jungen aus dem Dorf irgendwie dazu bringt, ihm die lästige Aufgabe, den Gartenzaun streichen zu müssen, nicht nur abzunehmen, sondern ihm für dieses Vorrecht sogar etwas zu geben. Mark Twain liefert gleich noch ein abschreckendes Beispiel für all diejenigen, die andere für eine bestimmte Aufgabe bezahlen, obwohl sie eigentlich selbst Geld dafür bekommen müssten. So schrieb er: »Es gibt reiche Engländer, die ein Vierergespann 20 bis 30 Meilen an einem Tag kutschieren, weil dieser Spaß sie einen Haufen Geld kostet; bezahlte man sie aber dafür, dann würden sie es als Arbeit betrachten und es von sich weisen.«

Dies sind alles Beispiele für das von Derek Sivers, dem Gründer von CD Baby, als »reversible Geschäftsmodelle« bezeichnete Phänomen.[3] Wenn Sie lieber ein Beispiel aus der wahren Welt lesen möchten, hier bitte: In Los Angeles verlangen manche Musik-Clubs von den Bands Geld dafür, dass sie dort auftreten dürfen, sie drehen den Spieß also um. Den Bands ist diese Chance mehr wert als Geld, denn wenn sie gut sind, lässt der nächste Auftritt nicht lange auf sich warten.

In China, sagt Sivers, »erhalten manche Ärzte ein Monatsgehalt, solange ihre Patienten gesund sind. Sind diese krank, ist es ihre Schuld und sie erhalten kein Gehalt am Monatsende. Auf diese Weise haben die Ärzte dort ernsthaftes Interesse daran, ihre Patienten rasch zu heilen und gesund zu erhalten.«

In Dänemark bietet ein Fitnessclub ein Mitgliederprogramm an, das so lange nichts kostet, wie man mindestens einmal in der Woche zum Training erscheint. Fehlt man einmal, wird die volle Monatsgebühr fällig. Dieser Kniff ist brillant. Wenn Sie wöchentlich erscheinen, fühlen Sie sich gut, und Sie finden den Club einfach Klasse. Aber irgendwann werden Sie einmal zu beschäftigt sein, um hinzugehen und eine Woche verpassen. Sie zahlen, aber Sie werden die Schuld nur bei sich selbst sehen. Anders als bei der üblichen Situation, wo Sie für einen Fitnessclub zahlen, aber nicht hingehen, besteht hier Ihr Wunsch nicht darin, Ihre Mitgliedschaft zu kündigen, sondern alles dafür zu tun, um wieder regelmäßig zu trainieren.

FreeConferenceCall.com, eine Firma, die kostenlose Telefonkonferenzen anbietet, erzielt ihre Einnahmen über die Telefongesellschaften, nicht über die Kunden, da das Unternehmen weiß, über welchen Anbieter sein Service in Anspruch genommen wird. Es kassiert eine Provision, wenn es ihm gelingt, mehr Ferngespräche über die dafür zahlenden Telefongesellschaften abzuwickeln. FreeConferenceCall.com kommt also nicht selbst für Ferngespräche auf, sondern berechnet den Anbietern eine Gebühr dafür, dass sie ihnen die eigenen Nutzer vermittelt.

Bei all diesen Beispielen drehen schlaue Unternehmen den Geldfluss einfach um, entweder, indem sie ein bestimmtes Produkt kostenlos anbieten oder indem sie für etwas zahlen, was andere Firmen berechnen. Das Erstaunliche daran ist die Einfachheit dieser Ideen. Technische Innovationen waren nicht erforderlich. Es bedurfte einfach nur einer etwas kreativeren Form der Preisgestaltung.

Kapitel 3

Die historische Entwicklung von »Free«

Null, Mittagessen und die Feinde des Kapitalismus

Das Problem mit Nichts

Einer der Gründe, weshalb das »Free« so schwer zu begreifen ist, liegt darin, dass wir es ja nicht mit *etwas*, sondern streng genommen mit *nichts* zu tun haben. Wo eigentlich der Preis sein sollte, klafft ein Loch, und die Kasse bleibt stumm. Wir sind es gewohnt, in Begrifflichkeiten, in Greifbarem zu denken, doch »Free« ist einfach nur ein Konzept, nichts, was man an seiner Hand abzählen könnte. Tausende von Jahren menschlicher Zivilisation mussten vergehen, bevor man überhaupt die passende Zahl dafür erfand.

Die Quantifizierung des Nichts, des Nichtvorhandenseins, begann wie so manch anderes auch, mit den Babyloniern. Um 3000 vor Christus kämpfte im fruchtbaren Halbmond, dem heutigen Irak, eine aufstrebende Agrargesellschaft mit einem Rechenproblem. Nein, nicht was Sie (zugegeben, und auch ich) denken. Deren Problem hatte nichts damit zu tun, dass sie anstelle des Dezimalsystems der westlichen Kulturen ein *sexagesimales* Rechensystem eingeführt hatten, das auf der Zahl 60 beruht. So befremdlich Ihnen das auch vorkommen mag, solange Sie nicht versuchen, Rechenoperationen mit Ihren Fingern und Zehen zu bewältigen, kann man sich diese Art zu rechnen schon aneignen (schließlich beruht auch unsere Zeitmessung darauf).

Nein, die Babylonier hatten mit einem ganz anderen Problem zu kämpfen: Sie wussten nicht, wie man Zahlen schreiben sollte.

Anders als die meisten Kulturen dieser Zeit hatten die Babylonier kein eindeutiges Symbol für jede Zahl ihres Basissystems. Stattdessen verwendeten sie nur zwei Zeichen: einen Keil für die 1 und einen Doppelkeil für die 10. Je nachdem, wo sich der Keil befand, konnte er 1, 60, 3600 oder ein beliebiges Vielfaches von 60 darstellen. Es war, wie Charles Seife in seinem Buch *Zwilling der Unendlichkeit. Eine Biographie der Zahl Null* schrieb, »das Bronzezeitalter des Computercodes«.[1]

In einer Kultur, die Rechenoperationen mit dem Abakus durchführte, war dieses Zahlensystem durchaus sinnvoll. Bei diesem durchdachten Rechengerät werden Zahlen addiert, indem Steine nach oben beziehungsweise unten verschoben werden, wobei die Steine, die in unterschiedlichen Spalten angeordnet sind, unterschiedliche Werte repräsentieren. Bei einem Abakus mit 60 Steinen je Spalte ist auch ein Zahlensystem, das auf den Potenzen von 60 basiert, nicht komplizierter als das Dezimalsystem.

Doch was ist, wenn eine Zahl am Abakus gekennzeichnet werden soll, und es in dieser Spalte keine Steine gibt? Der Platzhalter für die Zahl 60 ist ein Keil in der Sechzigerspalte und keine weiteren Keile in der Einserspalte. Doch wie soll nun »kein Keil« am Abakus dargestellt werden? Die Babylonier brauchten also einen Platzhalter für »nichts«, das heißt, sie mussten die Null erfinden. Gesagt, getan. Das neue Zeichen, das keinen Wert darstellte, und eine leere Spalte symbolisierte, bestand aus zwei abgeschrägten Keilen.

Wenn man ein Zahlensystem verwendet, das auf den Potenzen einer Basiszahl 10 oder 60 beruht, dann ist eine Null unabdingbar. Man sollte meinen, dass die Null in so einem System existiert, seit Menschen die Kunst des Schreibens entwickelt haben. Weit gefehlt! Hoch entwickelte Kulturen kamen und gingen, ohne dass sie eine Null gebraucht hätten. Auch die Römer mit ihrem Zahlensystem hatten dafür keine Verwendung. (In ihrem System gab es keine festgelegten Spalten, stattdessen wurde der Wert einer Ziffer dadurch bestimmt, welche anderen Ziffern sie umgaben.)

Die alten Griechen haben sich sogar ausdrücklich von der Zahl Null distanziert. Da ihr mathematisches System auf der Geometrie basierte, standen die Zahlen für eine bestimmte Größe – wie zum Beispiel Länge, Winkel oder Fläche. Null Raum ergab schlichtweg keinen Sinn. Die griechische Mathematik und Pythagoras werden zu Recht in einem Atemzug genannt, schließlich haben wir Pythagoras und seiner Schule so bahnbrechende Erfindungen wie die Tonleiter oder den Goldenen Schnitt zu verdanken (nicht jedoch den Satz des Pythagoras – diese Formel, mit deren Hilfe die Hypotenuse eines rechtwinkligen Dreiecks berechnet wird, war schon viele Jahre vor Pythagoras bekannt). Die Griechen verstanden zwar sehr wohl, dass in der Arithmetik mitunter negative Zahlen, irrationale Zahlen und sogar die Null vorkommen, doch sie lehnten diese ab, weil sie sich nicht in geometrischen Formen ausdrücken ließen. (Das Befremdliche daran ist, dass es sich bei dem Goldenen Schnitt um eine irrationale Zahl handelt, was jedoch so lange wie möglich verschwiegen wurde.)

Diese Art von Kurzsichtigkeit ist gut nachvollziehbar. Wenn Zahlen nur für reale Dinge stehen, ist kein Symbol für die Abwesenheit von etwas nötig. Dieses abstrakte Konzept kommt nur dann zum Tragen, wenn die Mathematik gleichermaßen abstrakt wird. »Das Bezeichnende an der Null ist, dass wir sie im alltäglichen Leben nicht brauchen«, schrieb der britische Mathematiker Alfred North Whitehead schon 1911. »Schließlich zieht niemand los, um null Fisch zu kaufen. In gewisser Weise handelt es sich bei der Null um die zivilisierteste aller Kardinalzahlen, ihr Gebrauch wird uns erst von den Bedürfnissen kultivierter Denkweisen aufgezwungen.«

Die indischen Mathematiker sahen dies jedoch ganz anders als die Griechen, wie Charles Seife erklärt, da für sie Zahlen keine Formen darstellten, sondern Vorstellungen. Die fernöstliche Mystik umfasste das Greifbare ebenso wie das Unbegreifbare, was sich in der Zweiteilung der Welt in Yin und Yang widerspiegelt. Gott Shiva war zugleich Schöpfer und Zerstörer von Welten, und ein Aspekt der Gottheit Nishkala Shiva war Shiva »ohne Attribute« – das Nichts. Die Inder erfanden die Algebra, da sie in der Lage waren, Zahlen von der physischen Realität zu trennen. Auf diese Weise konnten sie die Mathematik bis an ihr logisches Ende weiterentwickeln, wozu auch negative Zahlen gehören und – etwa ab dem 9. Jahrhundert – die Null. Das englische Wort für Null, *zero*, ist indischen Ursprungs. Im Indischen heißt Null nämlich *sunya* und bedeutete eigentlich »leer«, was im Arabischen zu *sifr* wurde. Die Gelehrten des Westens machten daraus das lateinische *zephirus*, worauf *zero* zurückgeht.

Das Problem mit »Free«

Um das Jahr 900 gab es also sowohl ein Symbol als auch ein algebraisches Gerüst, um »Nichts« auszudrücken. Doch wie verhielt es sich mit der Ökonomie? In gewisser Weise hatte es auch das schon immer gegeben. Das Wort *Ökonomie* geht auf das altgriechische *oikos* (»Hausgemeinschaft«) und *nomos* (»Sitten« oder »Gesetz«) zurück, also wortwörtlich auf die »Gesetze des Haushalts«. Und in einem Haus(-halt) war »Kostenlos«

schon immer gang und gebe. Selbst nachdem in den meisten Kulturen Geld als Zahlungsmittel eingeführt worden war, spielte es bei alltäglichen Transaktionen innerhalb eng miteinander verbundener Gruppen wie Familien oder Stämmen keine Rolle, stattdessen galten noch immer Währungen wie Großzügigkeit, Vertrauen, guter Wille, guter Ruf und Fairness für den Tausch mit Waren und Dienstleistungen innerhalb der Familie, der Nachbarschaft oder an der Arbeitsstätte. Unter Freunden wird nicht mit Geld abgerechnet.

Anders dagegen bei Transaktionen mit Fremden, bei denen die sozialen Bande nicht das maßgebliche Zahlungssystem sind. Hier war Geld eine von beiden Parteien akzeptierte Maßeinheit, mit dessen Hilfe der Naturaltausch allmählich gegen den Kauf ersetzt wurde. Dennoch gab es auch bei dieser Art von Geschäftsbeziehung das »Free«, von der guten alten Vetternwirtschaft bis hin zu kostenlosen Amtshandlungen.

Mit dem Entstehen der Nationalstaaten im 17. Jahrhundert wurde auch die progressive Besteuerung eingeführt, das heißt, Reiche zahlen mehr Steuern, damit Arme weniger zahlen und in den Genuss kostenloser staatlicher Dienste kommen können. Die Einrichtung staatlicher Behörden zum Wohle des Volkes führte zu einer Besonderheit des Gratiskonzepts: Niemand zahlt direkt für staatliche Dienste, dies übernimmt die Gesellschaft als Ganzes. Man kann im Grunde nicht wissen, welcher Anteil seiner Steuern wieder direkt in die eigene Tasche zurückfließt.

Auch wohltätige gemeinschaftliche Aktionen sind eine Form von »Kostenlos«, wozu auch so ursprüngliche wie der gemeinsame Scheunenbau im ländlichen Amerika oder das indianische Potlatch, das Fest des Schenkens, zählen. Die Einführung der Fünf-Tage-Woche, die Arbeitsgesetze, die das Mindest- und Höchstalter für die arbeitende Bevölkerung festlegten, sowie der Wandel von der Arbeit auf dem Feld zur Tätigkeit in den Fabriken und später in den Büros schufen Freizeit, die wiederum Voraussetzung für ehrenamtliche (unentgeltliche) Arbeit war, ein Boom, der bis heute anhält.

Selbst nachdem sich die Geldwirtschaft als Standard durchgesetzt hatte, blieb es im kollektiven Bewusstsein verankert, dass für manche Dinge kein Geld verlangt werden sollte. Das beste Beispiel für diese Überzeugung sind die Zinsen, denen seit Menschengedenken der anrüchige Geschmack von »Ausbeutung« anhaftet, vor allem wenn der Gläubiger reich und der Schuldner arm ist. Heutzutage bedeutet »Wucher« ein Zuviel an Zinsen, doch damals stand es einfach für Zinsen, ganz gleich in welcher Höhe. (Ein zinsfreies Darlehen gilt mittlerweile als Geschenk.)

Die katholische Kirche hat sich beispielsweise lange Zeit strikt gegen die Verzinsung von Darlehen ausgesprochen und Papst Clemens V. verurteilte 1311 die Überzeugung, zu Recht Zinsen zu fordern, als ketzerisch,

Doch nicht in allen Gesellschaften galten Zinsen als teuflisch. Dazu der Historiker Paul Johnson:

> Die meisten frühzeitlichen Religionen des altertümlichen Nahen Ostens sowie die Kirchengesetze, die daraus hervorgingen, verboten den Wucher nicht. In diesen Gesellschaften waren leblose Dinge ebenso beseelt wie Pflanzen, Tiere und Menschen und konnten sich fortpflanzen. Wer einem anderen »Nahrungsgeld« oder sonstige Geldsymbole lieh, war rechtmäßig befugt, Zinsen zu fordern. Nahrungsgeld in Form von Oliven, Datteln, Samen oder Tieren wurde bereits 5000 Jahre vor Christus, wenn nicht noch früher, verliehen.[1]

Doch wenn es darum geht, bare Münze in Profit zu wandeln, gelten mitunter strenge Gesetze. Manche Auslegungen des islamischen Rechts verbieten Zinsen generell, und auch der Koran nimmt kein Blatt vor den Mund:

> Diejenigen, die Zins nehmen, werden dereinst nicht anders dastehen als wie einer, der vom Satan erfasst und geschlagen ist. Dies wird ihre Strafe dafür sein, dass sie sagen: »Kaufgeschäft und Zinsleihe sind ein und dasselbe«. Aber Allah hat das Kaufgeschäft erlaubt und die Zinsleihe verboten. Und wenn zu einem eine Ermahnung von seinem Herrn kommt wie die, das Zinsnehmen zu unterlassen und er dann aufhört zu tun, was ihm verboten wurde, so sei ihm belassen, was bereits geschehen ist! Diejenigen aber, die es künftig wieder tun, werden Insassen des Höllenfeuers sein und ewig darin weilen.[2]

Doch letzten Endes sorgte der wirtschaftliche Pragmatismus für die breite Akzeptanz von Zinsforderungen (und die Kirche schloss sich dem an, teils um dem Kaufmannsstand zu gefallen und teils um auf diese Weise an politischer Unterstützung zu gewinnen). Wie der Eintrag zum Begriff »usury« (Wucher) auf Wikipedia.com sagt, fielen im 16. Jahrhundert die Zinsen für kurzfristige Kredite dramatisch (von 20 bis 30 Prozent auf 9 bis 10 Prozent im Jahr), was effizienteren Banksystemen und handelsrechtlichen Techniken, aber auch der Tatsache, dass sich mehr Geld im Umlauf befand, zu verdanken war. Die niedrigen Zinssätze schwächten die Mehrzahl der religiös bedingten Einwände gegen Zinsforderungen.

Der Kapitalismus und seine Feinde

Nach dem 17. Jahrhundert wurde die Rolle des Marktes und der Kaufleute nahezu überall akzeptiert. Der Geldumlauf wurde reguliert, Währungen geschützt, und Volkswirtschaften, so wie wir sie heute kennen, florierten. Der Handel vollzog sich dank des sogenannten vergleichsweisen Vorteils und der damit verbundenen Spezialisierung mehr und mehr zwischen Fremden. (Jeder stellte her, was er am besten beherrschte, und tauschte es gegen Waren ein, die wiederum von denjenigen gefertigt wurden, die dies am besten konnten.) Währungen spielten als Werteinheiten eine immer wichtigere Rolle, da ihr Wert auf dem Vertrauen fußte, das der übergeordneten Macht (üblicherweise der Staat), die diese Währung herausgab, entgegengebracht wurde und nicht wie in der Vergangenheit dem Handelspartner. Das Sprichwort »Alles hat seinen Preis« ist erst ein paar Jahrhunderte alt.

Wir haben es größtenteils Adam Smith zu verdanken, dass aus dem Handel nicht nur ein gigantischer Marktplatz geworden ist, sondern die Art und Weise, wie wir über alle menschlichen Aktivitäten nachdenken. Die Wirtschaftswissenschaften wurden als geeignete Methode angesehen, um herauszufinden, weshalb Menschen eine bestimmte Wahl treffen. Durchaus vergleichbar mit der Darwinschen Lehre stand auch hier die Konkurrenz im Mittelpunkt dieser jungen Wissenschaft. Geld war das Maß unseres Erfolges, unsere Möglichkeit, Punkte zu sammeln. Geld als Gegenleistung für eine Ware zu verlangen war schlichtweg die effizienteste Methode sicherzustellen, dass diese Ware weiterhin produziert werden würde – das Motiv, Gewinn zu machen, gilt in den Wirtschaftswissenschaften als ebenso ausgeprägt wie das »selbstsüchtige Gen« in den Naturwissenschaften.

Doch trotz des triumphalen Siegs des Marktes gab es eine Handvoll Menschen, die dem Geld als Dreh- und Angelpunkt allen Tausches skeptisch gegenüber stand. Karl Marx sprach sich für den Kollektivbesitz aus und forderte eine Verteilung der Güter entsprechend den Bedürfnissen der Menschen, nicht deren Zahlungsfähigkeit. Auch die großen anarchistischen Denker des 19. Jahrhunderts wie Peter Kropotkin, ein russischer Adliger, der seiner vorgezeichneten Laufbahn entfloh und sein ganzes Leben den Sozial- und Naturwissenschaften widmete, träumten den Traum von freien Kollektiven, in denen alle Mitglieder »spontan die anfallenden Arbeiten erledigten, da sie die Vorteile der Gemeinschaft und gegenseitiger Hilfe klar erkennen würden«, wie im Eintrag zum Thema »Anarchist Communism« der US-amerikanischen Wikipedia-Version zu lesen ist.[3]

Eingehend befasste er sich mit dieser Forderung in seinem 1902 erschienenen Buch *Gegenseitige Hilfe in der Tier- und Menschenwelt.* Auf gewisse Weise hat Kropotkin einige der sozialen Kräfte vorhergesehen, die heutzutage die »Link-Ökonomie« des Internets beherrschen (damit meine ich die Tatsache, dass Menschen auf Webseiten und Blogs Links setzen, und so die Besucherzahlen und das Image des Erstellers der verlinkten Webseite positiv beeinflussen). Kropotkin vertrat die Ansicht, dass man beim Verschenken nicht mit Geld entschädigt wird, sondern mit Zufriedenheit. Diese Zufriedenheit gründet sich in der dadurch entstehenden Gemeinschaft, in der man auf gegenseitige Hilfe und Unterstützung bauen kann. Die sich selbst verstärkenden Kräfte dieser Form der Hilfeleistung würden wiederum andere dazu verleiten, das Gleiche zu tun. Primitive Kulturen, so führte er aus, hätten schließlich auf diese Weise funktioniert, weshalb eine solche Geschenkökonomie eher der menschlichen Natur entspräche als der Marktkapitalismus.

Doch jeder Versuch, diese Theorie in welchem Maßstab auch immer in die Praxis umzusetzen, war zum Scheitern verurteilt, was größtenteils daran liegt, dass die sozialen Bande, die gewissermaßen die Kontrollinstanz solcher gegenseitiger Hilfeleistungen sind, dazu neigen auszufransen, wenn die Gruppe mehr als 150 Mitglieder umfasst (150 ist die nach dem britischen Psychologen genannte Dunbar-Zahl, der wissenschaftlich bewiesene Grenzwert für die Gruppengröße, ab der es dem Menschen unmöglich wird, enge Verbindungen zu seinen Mitmenschen einzugehen). Dies bedeutete das Aus für den Kollektivismus für Gruppen, die eine ganze Nation umfassen. Möglicherweise haben wir bloß auf die virtuellen Welten gewartet, um schließlich doch miterleben zu können, dass Ökonomien, die auf wechselseitigem Nutzen basieren, auch in großem Maßstab funktionieren. Online-Communities und Online-Spieler haben soziale Netzwerke aufgebaut, die viel größer sind als die der realen Welt. Die Software macht's; dank ihr können wir weltweit kommunizieren und Punkte sammeln.

Das erste kostenlose Mittagessen

Gegen Ende des 19. Jahrhunderts schienen die ideologischen Kämpfe größtenteils ausgetragen. In der gesamten westlichen Welt hatten sich Marktwirtschaften etabliert. Geld galt nicht länger als die Wurzel allen Übels, sondern als Katalysator von Wachstum und Garant von Wohlstand. Der Wert eines jeden Gegenstands wurde danach bestimmt, wie viel jemand dafür zu zahlen bereit war – so einfach war das. Die utopischen Träume von alternativen Gesellschaftsformen, die auf Geschenken, Tauschgeschäften oder dem sozialen Gewissen basierten, waren Experimenten wie Kommunen oder israelischen Kibbuzim vorbehalten. In der Welt des Handels nahm »Free« wieder seine ursprüngliche Bedeutung an: Es war nicht mehr oder weniger als ein Marketingtrick. Und als solcher begegnete man ihm meist mit Misstrauen.

Zu der Zeit, als sich King Gillette und Pearle Wait mit dem Gratiskonzept eine goldene Nase verdienten, glaubte man als Konsument fest an den Spruch »Nichts ist kostenlos«. Im angelsächsischen Sprachraum drückte man diesen Allgemeinplatz mit den Worten »there's no such thing as a free lunch« aus, das heißt wörtlich, es gibt kein kostenloses Mittagessen, irgendwer muss irgendwie für das Essen bezahlen. Diese Redewendung stammt aus der Zeit, als es in amerikanischen Gaststätten Tradition war, einem Gast, der mindestens ein Getränk zu sich nahm, ein kostenloses Essen anzubieten. Das Angebot reichte von einem einfachen Sandwich bis zu einem mehrgängigen Menü und war in der Regel mehr wert als das Getränk. Doch die Wirte wären jede Wette eingegangen, dass die meisten Gäste mehr als ein Getränk orderten und die Aussicht auf eine kostenlose Mahlzeit ihr Lokal auch außerhalb der Stoßzeiten gut gefüllt halten würde.

Der Eintrag auf Wikipedia.com zum kostenlosen Mittagessen ermöglicht einen faszinierenden Einblick in die Historie dieser Tradition. Die *New York Times* berichtete 1872, dass diese kostenlosen Mittagessen eine typische Eigenart für New Orleans waren, wo dieses Angebot tagein, tagaus offeriert wurde. Diesem Artikel zufolge hielt diese Sitte Tausende von Männern am Leben, die »sich nur von diesen kostenlosen Mahlzeiten ernährten«. Im Bericht, der auf Wikipedia.com zitiert wird, hieß es weiter:

> Ein Tresen voll kostenlosen Essens hebt die Klassenunterschiede restlos auf. Wer sich hier einreiht, kann alle Hoffnung begraben, auch nur einen Hauch Würde auszustrahlen. … Hier trifft man auf Menschen aller

Schichten, die sich eine kostenlose Mahlzeit schmecken lassen und für einen Nachschlag auch mal ihre Ellenbogen einsetzen.

In San Francisco nahm diese Tradition zusammen mit dem Goldrausch seinen Anfang und war jahrelang zu beobachten. Doch andernorts stand die kostenlose Essensabgabe in krassem Widerspruch zur aufkeimenden Abstinenzbewegung. Aufzeichnungen aus dem Jahr 1874, die ebenfalls in dem Wikipedia-Eintrag zitiert werden, belegen, dass im Kampf gegen den Alkohol auch Stimmungsmache gegen das kostenlose Mittagessen üblich war, denn schließlich sei das – neben Frauen und Musik – nichts anderes, als der Versuch, eine gut besuchte Bar zu tarnen. Alkohol sei »das Zentrum, um das all die anderen Dinge kreisen«.

Wie der Wikipedia-Eintrag belegt, gab es aber auch andere Stimmen, die ins Feld führten, dass das kostenlose Mittagessen einen sozialen Akt darstellte. Der Journalist William T. Stead meinte dazu, dass im Jahr 1894 in den Kneipen Chicagos mehr »hungrige Menschen durchgefüttert wurden als in allen anderen wohltätigen, gemeinnützigen und kirchlichen Institutionen zusammengenommen«. Stead zitierte die Schätzung einer Zeitung, der zufolge rund 60 000 Menschen täglich auf diese Weise versorgt wurden.[4]

Muster, Geschenke und Kostproben

Anfang des 20. Jahrhunderts, als abgepackte Waren das Land überschwemmten, setzte das Gratiskonzept zu einem erneuten Höhenflug an. Mit zunehmendem Bekanntheitsgrad von Marken, verstärkter Werbung und dem landesweiten Vertrieb wurde »Free« zum Verkaufsschlager. An sich waren kostenlose Warenproben damals ja nichts Neues, doch ihre Massenvermarktung haben wir dem Marketinggenie des 19. Jahrhunderts, Benjamin Babbitt[5], zu verdanken.

Der Erfinder Babbitt ersann unter anderem zahlreiche Methoden zur Herstellung von Seife. Glanzpunkt seines Schaffens waren jedoch seine innovativen Verkaufstaktiken, die sogar die seines Freundes P. T. Barnum übertrafen. Babbitts Seife war aufgrund der zahlreichen Werbemaßnahmen, zu denen auch der erste Massenvertrieb von Gratisproben zählte, in ganz Amerika bekannt. »Das Einzige, was ich will, ist, dass Sie meine Seife einmal ausprobieren«, hieß es damals in seiner Werbung, in der Gentlemen großzügig Warenmuster verteilten.

Ein weiteres Beispiel für eine Pionierleistung in Sachen Werbung ist Wall Drug in South Dakota. 1931 wollte Ted Hustead, ein in Nebraska aufgewachsener Apotheker, in einer Kleinstadt mit einer katholischen Kirche sein eigenes Geschäft eröffnen. Als er auf Wall Drug stieß, hatte seine Suche ein Ende. Der Laden befand sich in einer Kleinstadt mit nur 231 Einwohnern an einem Fleckchen Erde, wo sich Fuchs und Hase gute Nacht sagen. Kein Wunder, dass der Laden ums Überleben kämpfte. Doch 1933 wurde nur 60 Meilen westlich von dieser Kleinstadt die Gedenkstätte am Mount Rushmore eröffnet, und Husteads Ehefrau Dorothy hatte die Idee, den durstigen Touristen, die auf dem Weg zu den in Stein gehauenen Präsidentenköpfen befanden, ein Glas kühles Wasser auszugeben. Diese nette Geste sprach sich schon bald darauf herum, und das Geschäft der Husteads blühte auf.

Heutzutage ist Wall Drug ein riesiges Einkaufszentrum, das sich auf den Verkauf von Produkten rund um das Thema Cowboys spezialisiert hat. Wer möchte, erhält einen Aufkleber geschenkt oder eine Tasse Kaffee zu 5 Cent. Ein Glas kühles Wasser gibt es selbstverständlich noch immer gratis dazu.

»Free« als Waffe

Eines der ersten Anzeichen, zu welcher Wirtschaftsmacht sich das Gratiskonzept im 21. Jahrhundert entwickeln würde, zeigte sich mit dem Urknall des Massenkommunikationsmittels Rundfunk im 20. Jahrhundert. Heutzutage ist die Erkenntnis, dass eine Markteinführung möglichst viel Staub aufwirbelt, wenn dabei bestehenden Geschäftsmodellen der Garaus gemacht wird, ein alter Hut. Wer ein Produkt kostenlos auf den Markt wirft, mit dem andere ihren Gewinn erwirtschaften, hat gewonnen. Die ganze Welt wird an dessen Tür Schlange stehen und ihm bereitwillig andere Dinge für gutes Geld abkaufen. Denken Sie nur daran, was mit den amerikanischen Festnetzbetreibern passiert ist, als Ferngespräche über das Handy kostenlos angeboten wurden. Richtig – der Markt hat sich merklich gelichtet. Nicht anders ergeht es den Zeitungsverlagen, seit kostenlose Werbezeitungen den Markt erobern.

Vor rund 70 Jahren fand in der Musikbranche, genauer in der Schallplattenindustrie, ein ähnlicher Kampf um Marktanteile statt. Ende der

1930er Jahre gelang dem Rundfunk als Massenmedium der Durchbruch. Doch gleichzeitig stellte er die Welt der Bezahlung der Musiker auf den Kopf. »Die meisten der damaligen Radiosendungen waren Live-Konzerte, und sowohl die Musiker als auch die Komponenten wurden an Ort und Stelle ausbezahlt. In den Augen der Künstler war dies eine himmelschreiende Ungerechtigkeit, denn schließlich kamen Millionen von Zuhörern in den Genuss ihrer Musik, auch wenn sie nur ein einziges Lied spielten. Wären die Musiker in einer Konzerthalle vor einem solchen Millionenpublikum aufgetreten, wäre ihr Teil am Kuchen wesentlich größer ausgefallen.

Die Sendeanstalten wandten ein, dass es unmöglich sei, Lizenzgebühren auf der Grundlage der Zuhöreranzahl zu bezahlen, da schließlich niemand sagen könne, wie viele Menschen letztlich wirklich zuhörten«[6], so Encyclopedia.com's American Decades. Doch die Gesellschaft für musikalische Aufführungs- und mechanische Vervielfältigungsrechte ASCAP, das US-amerikanische Pendant zur deutschen GEMA, die damals quasi das Monopol an den Rechten der meisten bekannten Künstler hatte, legte die Regeln fest: Sie bestand auf Tantiemen in Höhe von 3 bis 5 Prozent der Bruttowerbeeinnahmen der Rundfunkanstalten und räumte ihnen dafür das Recht ein, die Musik zu spielen. Schlimmer war jedoch, dass zugleich eine erhebliche Preiserhöhung angekündigt wurde, sobald dieser Vertrag 1940 ausgelaufen wäre.

Während der Verhandlungen zwischen den Rundfunkanstalten und der ASCAP nahmen einzelne Radiosender die Dinge selbst in die Hand und zogen einen Schlussstrich unter Live-Auftritte. Die Aufnahmetechniken für Musik hatten gewaltige Fortschritte verzeichnet, weshalb immer mehr Sender auf Schallplatten umstellten, die einzelnen Lieder wurden von einem sogenannten Disc Jockey angekündigt. Die Reaktion der Plattenfirmen ließ nicht lange auf sich warten, daraufhin wurden ihre Schallplatten mit dem Aufdruck »Keine Lizenz für Rundfunkübertragung« versehen, doch 1940 erging das Urteil des Obersten Gerichtshofes, dass ein Sender, der Schallplatten erwirbt, damit auch über das Recht verfügt, diese abzuspielen. Infolgedessen konnte ASCAP die meisten seiner Stars, wie auch Bing Crosby, davon überzeugen, keine weiteren Schallplatten zu produzieren.

Angesichts des schrumpfenden Pools an Musikstücken und eines möglicherweise ruinösen Tantiemenvertrags holten die Rundfunkanstalten zum nächsten Schlag aus: Sie gründeten ihre eigene Gesellschaft zur Wahrnehmung der Urheberrechte von Komponisten und Textern zeitgenössischer Musik, die BMI (Broadcast Music Incorporated). Der Emporkömmling

»erwies sich schon bald als Magnet für regional bekannte Musiker etwa aus der Country- und Rhythm-and-Blues-Szene, zwei von der in New York City ansässigen ASCAP vernachlässigten Musikgenres«, so Encyclopedia.com's American Decades. Da diesen weniger bekannten Künstlern mehr daran gelegen war, sich einen Namen zu machen als dicke Tantiemen einzustreichen, waren sie mit der kostenlosen Ausstrahlung einverstanden. Damit war der Zusammenbruch des Geschäftsmodells, von den Rundfunksendern hohe Summen für die Abspielrechte zu verlangen, besiegelt. Stattdessen hatte sich der Rundfunk als Marketinginstrument für Künstler etabliert, die ihre Brötchen mit dem Verkauf ihrer Platten und Konzerttickets verdienten.

Die ASCAP gab nicht auf und versuchte in den 1950er und 1960er Jahren in mehreren Prozessen, die ursprüngliche Ankündigung auf eine Verdopplung der Tantiemen durchzusetzen, scheiterte jedoch kläglich. Der freie Empfang vieler Radiostationen und die nur dem Namen nach vereinbarten Künstlertantiemen führten zum Entstehen der sogenannten DJ-Ära und der Hitparade. Heutzutage werden die Tantiemen mithilfe einer Formel berechnet, in die die Häufigkeit der Ausstrahlung, das Einzugsgebiet des Senders und der Sendertyp einfließen. Sie sind so niedrig angesetzt, dass die Mehrheit der Sender durchweg Schwarze Zahlen schreibt.

Ein wahrhaft meisterliches Stück der Ironie. Allen Befürchtungen der ASCAP zum Trotz lähmte »Free« die Musikbranche keineswegs, sondern verhalf ihr ganz im Gegenteil zu Wachstum und Wohlstand. Ein Musikstück von technisch bedingt minderer Qualität und unvorhersagbarer Verfügbarkeit stellte sich als wunderbare Werbemaßnahme für die gut bezahlte hochwertigere Variante heraus. Die Künstler verlagerten ihre Einnahmequelle von den Live-Auftritten auf die Tantiemen durch ihre Schallplattenverkäufe. Mittlerweile bietet das Konzept die Gelegenheit, den Spieß wieder umzudrehen, denn heute dient der kostenlose Musikvertrieb als Werbung für die Live-Auftritte der Künstler. Die einzige Konstante liegt darin, dass die Plattenfirmen, wie nicht anders zu erwarten, dagegen sind.

Die Wohlstandsgesellschaft

Die Zeitzeugen des 20. Jahrhunderts erlebten nicht nur mit, wie die Verbraucher langsam wieder Vertrauen in das »Free«-Konzept gewannen, sondern konnten auch ein weitaus ausschlaggebenderes Phänomen beobachten, das wesentlich dazu beitrug, »Free« zur Realität zu machen – das Entstehen der Wohlstandsgesellschaft. Den meisten früheren Generationen war Knappheit oder Mangel an Nahrung, Kleidung oder sogar einem Dach über dem Kopf ein treuer Weggefährte. Doch all diejenigen, die in einem Industrieland ab den 1950er Jahren geboren wurden, sind im Überfluss groß geworden. Und nirgends wurde dieser Wohlstand so deutlich wie in der Hauptvoraussetzung unserer Existenz: beim Essen.

Als ich noch ein Kind war, zählte Hunger zu den größten Problemen der armen Bevölkerung Amerikas. Heutzutage kämpfen wir mit einem Problem ganz anderer Art: Übergewicht. In den vergangenen vier Jahrzehnten hat sich eine dramatische Wandlung in der Landwirtschaft vollzogen. Es gelingt uns nämlich immer besser, Lebensmittel zu erzeugen. Die technische Revolution machte aus einer knappen Ware etwas, dass in nahezu beliebigen Mengen produziert werden kann. Wir können aus dieser Entwicklung lernen, was passiert, wenn eine ehemals seltene Ressource mit einem Mal im Übermaß vorhanden ist.

Für den Anbau von Getreide braucht es im Grunde nur fünf Dinge: Sonne, Luft, Wasser, Boden (Nährstoffe) und körperliche Arbeit. Sonne und Luft sind kostenlos erhältlich, und wenn sich die Felder an einem Fleckchen Erde befinden, wo es oft genug regnet, kostet das Wasser ebenfalls nichts. Die restlichen Dinge – hauptsächlich körperliche Arbeit, Land und Dünger – kosten Geld und bestimmen letztlich den Getreidepreis.

Im 19. Jahrhundert führten die technischen Errungenschaften der industriellen Revolution auch in der Landwirtschaft zu einem drastischen Sinken der Arbeitskosten und einer Steigerung des Ertrags auf den Feldern. Eigentlich war es aber die »Grüne Revolution«, die in den 1960er Jahren zu einem Durchbruch in der Landwirtschaft führte, indem sie die Effizienz im Anbau so steigerte, dass nur noch wenig Arbeitskräfte auf den Feldern vonnöten waren. Das Geheimnis hinter dieser zweiten Revolution war die Chemie.

Bis dahin bestimmte der Dünger den Ertrag auf den Feldern. Von seiner Verfügbarkeit hing es ab, wie groß die Ernte ausfiel. Dünger bestand damals überwiegend aus tierischen, selten aus menschlichen Fäkalien. Wenn ein Bauer sowohl Viehzucht betrieb als auch Felder bestellte, musste er sein Land zwischen ihnen aufteilen, um den größtmöglichen Synergieeffekt dieses natürlichen Kreislaufs zu erzielen. Doch Ende des 19. Jahrhunderts kamen die Naturforscher dem Geheimnis des Düngers auf die Spur. Pflanzen brauchen vor allem Stickstoff, Phosphor und Kalium.

Zu Beginn des 20. Jahrhunderts begannen ein paar Chemiker mit der synthetischen Herstellung dieser Elemente. Der Durchbruch gelang Fritz Haber, der für den damaligen Farbenhersteller BASF arbeitete. Er entwickelte ein Hochdruck- und Hitzeverfahren, um den Luftstickstoff zu binden und unter Zuhilfenahme von Erdgas synthetisches Ammoniak herzustellen.[7] Die Kommerzialisierung erfolgte 1910 in Zusammenarbeit mit dem damaligen BASF-Chemiker Carl Bosch. Seit der englische Nationalökonom Thomas Malthus vorausgesagt hat, dass die Lebensmittelproduktion nicht mit dem Wachstum der Menschheit Schritt halten kann, haben sich Forscher bemüht, die Erträge der Landwirtschaft durch künstliche Düngung zu steigern. Der preisgünstige, ständig verfügbare Kunstdünger hat die landwirtschaftliche Produktivität stark erhöht und hat dem Schrecken von Malthus' Prophezeiung ein Ende bereitet. Die heutige Produktion von Ammoniak verbraucht etwa 5 Prozent der weltweiten Erdgasproduktion, was in etwa 2 Prozent der globalen Energievorkommen entspricht.

Das Haber-Bosch-Verfahren[8] befreite die Landwirte von ihrer Abhängigkeit vom natürlichen Dünger. Kunstdünger, aber auch chemische Pestizide und Herbizide lösten die »Grüne Revolution« aus, die den landwirtschaftlichen Ertrag weltweit um das Hundertfache steigen ließ. Mit einem Mal konnte unser Planet die wachsende Bevölkerung problemlos ernähren. Insbesondere die neue Mittelschicht, die es nach Produkten gelüstete, die weiter oben in der Nahrungskette standen, und deshalb bevorzugt nach Fleisch griff, für dessen Produktion weitaus mehr Ressourcen benötigt werden als für Getreide, wusste die neue Entwicklung zu schätzen.

Die Folgen davon sind dramatisch. In Amerika sind die Lebensmittelkosten eines durchschnittlichen Haushalts seit 1955 von einem Drittel des Einkommens auf bloße 15 Prozent gesunken.

Nichts als Mais

Es gibt einen Aspekt des landwirtschaftlichen Überflusses, der jeden von uns täglich aufs Neue betrifft. Ich spreche vom Maisanbau. Diese außergewöhnliche Pflanze, die seit Tausenden von Jahren angebaut wird und deren stärkehaltige Körner durch Züchtung stetig größer wurden, ist je Hektar ertragreicher als jede andere Pflanze dieser Erde.

Gesellschaften, die sich überwiegend von Mais ernähren, sind Überflussgesellschaften. Für Historiker beruhen die großen Kulturen des Altertums auf den drei Getreidesorten Reis, Weizen und Mais. Reis enthält viel Protein, ist aber sehr anspruchsvoll im Anbau. Weizen dagegen ist problemlos anzubauen, enthält aber nur wenig Eiweiß. Mais dagegen punktet in beiden Kategorien; er ist einfach anzubauen und enthält viel Protein.

Historiker haben festgestellt, dass sich das Verhältnis vom Proteingehalt des Getreides und der mit dem Anbau verbundenen Arbeit auf die Entwicklung einer Kultur auswirkte. Je besser dieses Verhältnis war, umso größer war der »soziale Überschuss« bei den sich davon ernährenden Völkern, da weniger Arbeit für die Erzeugung der Lebensmittel aufgewendet werden musste. Die Auswirkungen dieses Überschusses waren nicht grundsätzlich positiv. Gesellschaften, die überwiegend Reis und Weizen anbauten, waren von der Landwirtschaft geprägt und introvertiert, was vermutlich darauf zurückzuführen ist, dass der Getreideanbau einen hohen Anteil ihrer Energie verschlang. Doch die Kulturen, die sich hauptsächlich von Mais ernährten – wie die Maya und Azteken – verfügten noch über ausreichend Energie und Zeit, um ihre Nachbarvölker anzugreifen. Dieser Logik zufolge war der Mais daran schuld, dass die Azteken ein derart kriegerisches Volk waren.

Heutzutage wird Mais nicht nur für die Erzeugung von Lebensmitteln genutzt. Wir haben es dem Kunstdünger und den modernen Anbaumethoden zu verdanken, dass Mais die Pflanze ist, die Sonnenlicht und Wasser am effizientesten in Stärke umwandelt, weshalb wir mittlerweile mehr Mais produzieren als weltweit verzehrt wird. Mais wird heute als Rohstoff für die unterschiedlichsten Produkte, von Farbe bis hin zu Verpackungsmaterial, eingesetzt. Preisgünstiger Mais hat viele andere Lebensmittel verdrängt und machte aus Gras fressenden Tieren wie Kühen Mais verarbeitende Maschinen.

Wie Michael Pollan in seinem Buch *The Omnivore's Dilemma* schreibt, besteht ein paniertes Stück Hähnchenfleisch, besser bekannt als Chicken Nugget, aus nichts als Maiskörnern. Das Stück Hühnerfleisch wird ja überwiegend durch Mais (von dem sich das Huhn ernährt hat) erzeugt, aber auch die anderen Inhaltsstoffe eines Nuggets basieren auf Mais, wie zum Beispiel die modifizierte Stärke, die das Gebilde zusammenhält, das Maismehl, das für die Panade verwendet wird, und zu guter Letzt das Maisöl, in dem das Ganze frittiert wird. Weniger offensichtlich und bekannt ist jedoch, dass auch das Treibmittel, das Lecithin, die Mono-, Di-

und Triglyzeride, die ansprechende goldbraune Farbe, und sogar die Zitronensäure, mit der das Hühnchenstück frisch gehalten wird, aus Mais hergestellt werden.

Pollan führt weiter aus, dass rund ein Viertel aller Produkte eines ganz normalen Supermarktes aus Mais gewonnen werden. Und das gilt auch für Produkte, die nicht zu den Lebensmitteln zählen! Von Zahnpasta, Kosmetika, Wegwerfwindeln und Reinigungsmitteln – fast überall steckt Mais drin, auch in dem Karton, in dem diese Produkte verpackt sind. Sogar für den Bau des Supermarktes, seine Stützwände, Kunststoffelemente, Linoleum und die Klebstoffe wurde Mais verwendet.

Mais ist vielseitig verwendbar und wird mittlerweile in Form von Ethanol sogar als Kraftstoff für unsere Autos eingesetzt, wodurch die Erzeugungskapazitäten von Mais mehr und mehr ausgelastet werden und der Überschussproduktion ein Ende gesetzt wird. Nach Jahren des kontinuierlichen Preisverfalls zieht der Preis für Mais ebenso wie der für Rohöl seit einigen Jahren kräftig an. Doch Innovation und die steigende Nachfrage nach einem bestimmten Produkt schlossen sich schon immer aus, weshalb die Verteuerung von Mais letztlich nur dazu geführt hat, die Suche nach einer alternativen Erzeugungsmethode von Ethanol zu beschleunigen, beispielsweise mithilfe von Rutenhirse oder anderer Formen von Zellulose, die dort angebaut werden können, wo Mais nicht gedeiht. Sobald dieses magische, Zellulose spaltende Enzym gefunden ist, wird der Preis für Mais ins Uferlose sinken – und damit auch der Preis für fast alle Lebensmittel.[9]

Ehrlichs schlechter Tipp

Die Vorstellung, dass Verbrauchsgüter wie Lebensmittel langfristig immer preiswerter werden, entbehrt eigentlich jeder Logik. Die für die Nahrungsmittelerzeugung verwendeten Rohstoffe wachsen zumindest nach, was man von Mineralstoffen nicht behaupten kann. Die natürlichen Vorkommen unseres Planeten sind begrenzt, und je mehr wir davon verbrauchen, umso weniger bleibt übrig – das klassische Beispiel für Knappheit. Schon 1972 veröffentlichte die Denkfabrik The Club of Rome das Buch *Die Grenzen des Wachstums*, das ein düsteres Bild von den Folgen der schnell wachsenden Weltbevölkerung und den Verbrauch der Rohstoffe zeichnete.

Von diesem Buch verkauften sich 30 Millionen Stück, und es definierte die Grundzüge der Umweltschutzbewegung. Die Autoren wiesen auf die Gefahr der explodierenden Weltbevölkerung hin – eine Belastung für unseren Planeten, für die er nicht ausgelegt ist.[10]

Doch nicht jeder konnte sich der Verzweiflung von Malthus anschließen. Ein Blick in die Geschichte des 19. und 20. Jahrhunderts legt den Schluss nahe, dass die Geschwindigkeit, mit der wir schlauer werden, die Geschwindigkeit, mit der wir uns vermehren, übersteigt – der menschliche Verstand findet Mittel und Wege, um die Rohstoffe schneller aus Mutter Erde zu ziehen, als wir sie verbrauchen können. Dadurch steigt das Angebot schneller als die Nachfrage, was wiederum zu sinkenden Preisen führt. (Natürlich lässt sich das nicht bis in alle Ewigkeit wiederholen, schließlich sind die Rohstoffvorkommen begrenzt, doch der Punkt ist, dass sie nicht so rasch zur Neige gehen, wie der Club of Rome befürchtet hat.) Aus der Diskussion über den Wahrheitsgehalt dieser Theorie wurde eine der wohl berüchtigsten Wetten in der Geschichte, die die Gegenpole Knappheit und Überfluss gut veranschaulichte.

Im September 1980 schloss Paul Ralph Ehrlich, unter anderem Forscher und Autor im Themenbereich Überbevölkerung, eine öffentliche Wette mit dem Wirtschaftswissenschaftler Julian Simon über die Preisentwicklung von Rohstoffen ab, die im Wissenschaftsmagazin *Social Science Quarterly* veröffentlicht wurde.

Simons Wetteinsatz betrug 10 000 US-Dollar. Er war sich sicher, dass die Preise für nicht staatlich regulierte Rohstoffe (einschließlich Getreide und Rohöl) langfristig nicht steigen würden. Ehrlich nahm die Wette an, und sie legten gemeinsam fest, dass sie am 29. September 1990, also zehn Jahre später, ihre Wettschulden einlösen würden. Sollten die inflationsbereinigten Preise für verschiedene Metalle in diesem Zeitraum steigen, würde Simon Ehrlich die Preisdifferenz und den Wetteinsatz auszahlen, würden sie jedoch fallen, müsste Ehrlich Simon ausbezahlen. Ehrlich wählte die fünf Metalle Kupfer, Chrom, Nickel, Zinn und Wolfram.

Ed Regis schrieb in der Zeitschrift *Wired*: »Zwischen 1980 und 1990 wuchs die Weltbevölkerung um mehr als 800 Millionen, was den größten Zuwachs innerhalb von zehn Jahren in unserer ganzen Geschichte darstellte. Doch bis September 1990 war der Gesamtpreis all dieser Metalle – ohne Ausnahme – gefallen, in einigen Fällen sogar ganz extrem. Der Preis für Chrom sank von 3,90 US-Dollar je Pfund im Jahr 1980 zehn Jahre später auf 3,70 US-Dollar je Pfund. Bei Zinn war die Preisentwicklung noch drastischer: von 8,72 US-Dollar je Pfund auf 3,88 US-Dollar je Pfund.«[11]

Weshalb hat Simon diese Wette gewonnen? Zum Teil lag das bestimmt daran, dass er ein ausgezeichneter Wissenschaftler war und viel von der Substitutionswirkung verstand: Wenn ein bestimmtes Gut knapp und damit teuer wird, wird der Reiz, eine im Überfluss vorhandene Alternative zu suchen, umso größer. Dadurch sinkt wiederum die Nachfrage nach dem ursprünglichen Rohstoff oder Produkt. (Was tun wir nicht alles, um einen Ersatzstoff für Rohöl zu finden!) Simon war davon überzeugt – und er täuschte sich nicht –, dass dank der menschlichen Kreativität und der Lernkurve von Wissenschaft und Technik neue Rohstoffe schneller entwickelt werden, als wir sie verbrauchen.

Simon hat die Wette jedoch auch gewonnen, weil Ehrlich einfach zu pessimistisch war. Ehrlich hatte Hungersnöte »unvorstellbaren Ausmaßes« bis 1975 prophezeit, denen Hunderte Millionen Menschen in den 1970er und 1980er Jahren zum Opfer fallen würden, was beweisen würde, dass die Welt kurz »vor dem Beginn des neuen Zeitalters des Mangels« stünde. (Trotz seiner Fehleinschätzungen wurde Ehrlich 1990 mit dem renommierten Genius Award der MacArthur Foundation ausgezeichnet, da er in der breiten Öffentlichkeit großes Verständnis und Interesse für Umweltfragen geweckt habe.)

Wir Menschen sind so konzipiert, dass wir mit Knappheit besser umgehen können als mit Überfluss. Ebenso wie wir darauf programmiert sind, bei Bedrohungen oder Gefahren überzureagieren, besteht eine unserer Überlebensstrategien darin, auf Biegen und Brechen zu verhindern, dass unsere Vorräte ausgehen. In evolutionärer Hinsicht löst sich das Problem, dass etwas im Überfluss vorhanden ist, in der Regel von selbst, während Knappheit bedeutet, entsprechend handeln zu müssen. Die logische Konsequenz daraus ist, dass in den Augen der Welt Ehrlich bis zu einem gewissen Grad Recht hatte, obwohl Simon die Wette gewonnen hatte.

»Simon hat sich schon des Öfteren darüber ausgelassen, dass er Probleme damit hat, nachzuvollziehen, dass die Menschen grundsätzlich vom schlimmsten Fall ausgingen; irgendwie scheinen sie immun gegen sämtliche Gegenbeweise zu sein, man könnte sogar glauben, sie seien massenweise gegen die Überzeugungskraft von Fakten geimpft worden.« Ehrlichs bedrückende Prognosen übten und üben noch immer großen Einfluss aus. Simons eigene Beobachtungen scheinen jedoch nur noch für Rohstoffhändler interessant zu sein.

Mit Blindheit geschlagen

Eigentlich hätte es auf der Hand liegen sollen, dass Simons Chancen, die Wette zu gewinnen, die besseren waren. Doch da wir dazu tendieren, der Knappheit mehr Aufmerksamkeit zu schenken als dem Überfluss, wundert es nicht weiter, dass wir die vielen Anzeichen dafür, was in unserem Leben alles im Übermaß vorhanden ist, schlichtweg übersehen. Mais ist da nur ein Beispiel von vielen. Das Problem ist, dass wir etwas für selbstverständlich hinnehmen, sobald es in Hülle und Fülle vorhanden ist, man denke nur an die Luft, die wir atmen. Es gibt schon einen guten Grund, weshalb die Ökonomie mitunter als Wissenschaft von der »Auswahl bei Knappheit« definiert wird: In Zeiten des Überflusses muss man keine Auswahl treffen, schließlich ist von allem mehr als genug vorhanden, und das bedeutet, man braucht sich darüber keine Gedanken zu machen.

Dafür gibt es zahlreiche Beispiele – kleineren oder größeren Ausmaßes. Professor Petr Beckmann von der University of Colorado hielt fest: »In einigen Binnenstaaten Europas war im Mittelalter Salz ein so wertvolles und seltenes Gut, dass es ebenso wie Gold als Zahlungsmittel diente. Und wie sieht es heutzutage damit aus? Salz würzt nahezu jede Speise, und kein Restaurant verlangt etwas dafür, da es zu günstig ist, als dass es sich lohnen würde, die paar Körner zu wiegen und zu berechnen.«[12]

Doch natürlich gibt es auch Beispiele mit weitreichenderen Folgen, man denke nur an die Globalisierung. Fast überall auf der Welt gibt es mehr als genug Arbeitskräfte. Heutzutage lassen sich einige Konsumgüter wie zum Beispiel Kleidung so günstig herstellen, dass sie beinahe schon als Wegwerfprodukt gehandelt werden. Um 1900 kostete ein klassisches Unterhemd (das vom Stoff und der Verarbeitung dem heutigen T-Shirt ähnelt) in den Vereinigten Staaten einen Großhändler etwa 1 US-Dollar, was für die damaligen Verhältnisse eine Menge Geld war, zumal für den Verbraucher ja noch die Gewinnspanne des Einzelhandels dazu kam. Infolgedessen besaß der durchschnittliche Amerikaner nur acht solcher Hemden.

Heutzutage kostet ein T-Shirt auch etwa 1 US-Dollar, doch damals war 1 Dollar 25-mal so viel wert wie heute, was in der Praxis bedeutet, dass wir uns heute 25 T-Shirts für den damaligen Preis von einem leisten können. Niemand muss sich heute noch in Lumpen kleiden; häufig kommen Obdachlose einfacher an gebrauchte Kleidung als an eine Duschgelegenheit oder eine Waschmaschine, was dazu geführt hat, dass viele ihre Wäsche eine Zeit lang tragen und einfach wegwerfen, wenn sie einen gewissen Verschmutzungsgrad aufweist.

Doch das wohl bekannteste Beispiel für die Überflussgesellschaft des 20. Jahrhunderts ist Kunststoff – günstig in der Herstellung und nach Belieben formbar und somit durchaus vergleichbar mit den Bits und Bytes unserer Zeit. Mit Kunststoff, dem ultimativ austauschbaren Produkt, ließen sich die Herstellungs- und Materialkosten praktisch auf Null senken. Kunststoff braucht nicht geschnitzt, maschinell bearbeitet, lackiert oder geprägt werden, sondern lässt sich nach Belieben formen. Auch der Beschaffenheit und Farbe von Kunststoff sind keine Grenzen gesetzt. Kunststoff ist die Wurzel unserer Wegwerfkultur. Was King Gillette mit seinem Einmalrasierer gelang, wusste Leo Baekeland, der 1907 das erste vollsynthetische Polymer herstellte, auf fast alle Konsumgüter zu übertragen. Ihm haben wir Bakelit zu verdanken, das unter anderem zur Herstellung von Haushalts- und Küchengegenständen, Telefonen, Modeschmuck, Büroartikeln, Lichtschalter- und Steckdosengehäusen und generell als Isolationsmaterial eingesetzt wurde und wird. Im Schriftzug dieser Marke schwebt der Buchstabe B über dem mathematischen Symbol für Unendlichkeit und weist auf die unendlichen Anwendungsmöglichkeiten dieses Kunstharzes hin.

Im Zweiten Weltkrieg wandelte sich Kunststoff zu einem strategischen Material, und die US-amerikanische Regierung gab Milliarden von US-Dollar für den Bau von Fabriken aus, in denen dieses synthetische Polymer hergestellt werden sollte. Nach Kriegsende standen diese enormen Kapazitäten dem Konsummarkt zur Verfügung, und kurze Zeit später war dieser extrem formbare Kunststoff zu ausgesprochen günstigen Preisen erhältlich. »In dieser Zeit schlug die Geburtsstunde von so bekannten Marken, Unternehmen und Produkten wie Tupperware, Formica-Tische, Glasfaserstühle, Hula-Hoop-Reifen, Einmalkugelschreiber und nicht zu vergessen die Nylonstrumpfhose«, wie Heather Rogers in *Gone Tomorrow. The Hidden Life of Garbage*[13] erzählt. Die erste Generation von Kunststofferzeugnissen wurde nicht als Wegwerfprodukt angepriesen, sondern als haushoch überlegene Ware. Es ließ sich besser und perfekter formen als Metall und war langlebiger als Holz. Doch die zweite Generation, die Vinyle und Polystyrole (zum Beispiel Styropor), waren so günstig, dass man nicht zweimal nachdenken musste, und sie beim kleinsten Mangel in den Müll warf. In den 1960er Jahren waren die Einmalprodukte in den strahlendsten Farben Symbol der Moderne und des Siegeszugs der Technik, die der Knappheit der Rohstoffe ein für alle Mal ein Ende bereitet zu haben schienen. Das Wegwerfen von industriell gefertigten Waren galt nicht als Verschwendung, sondern als Privileg einer Wohlstandsgesellschaft.

Erst gegen Ende der 1970er, Anfang der 1980er Jahre begann sich diese Einstellung zu ändern, da mittlerweile auch die Kosten unserer Überflussgesellschaft für die Umwelt zutage traten. Produkte aus Kunststoff kosteten nur einen Apfel und ein Ei, aber doch nur, weil sie mit einem falschen Preis ausgezeichnet worden waren. Wären die ökologischen Kosten – negative Externalitäten – in die Preisgestaltung eingeflossen, hätte man wohl eher ein schlechtes Gewissen, wenn das Spielzeug im Happy Meal von McDonald's nach einmaligem Gebrauch in der Mülltonne landet. Zu dieser Zeit verlegte sich eine ganze Generation auf das Recycling. Auch unsere Einstellung zur Überflussgesellschaft änderte sich drastisch, weg von der egoistischen Haltung (»Das kostet mich nichts«) hin zum Wir-Gefühl (»Wir alle zahlen den Preis dafür«).

Überfluss gewinnt

Das 20. Jahrhundert ist geprägt von dem außergewöhnlichen sozialen und ökonomischen Wandel, der durch den Überfluss ausgelöst wurde. Die Entwicklung des Autos war nur möglich, weil es gelang, riesige Mengen an Erdöl zu erschließen, wodurch das seltene Walöl ersetzt werden konnte, und Flüssigtreibstoffe überall erhältlich waren. Riesige Container, die nicht mehr mühsam von einer Truppe Hafenarbeitern be- und entladen werden mussten, sorgten für einen Preisverfall in der Schifffahrt, der es wiederum ermöglichte, billige Arbeitskräfte in der Ferne zu nutzen. Die moderne Computertechnik erzeugte ein Überangebot an Informationen.

Ebenso wie Wasser immer nach unten fließt, bewegt sich die Ökonomie stets in Richtung Überfluss. Besteht die Möglichkeit, dass sich ein Produkt in billige Standardware wandelt, wird das früher oder später auch eintreten, und profitorientierte Unternehmen machen sich auf, um neue, knappe Waren zu finden. Fallen die Preise durch den Überfluss, findet eine Wertverschiebung statt, was vom Harvard-Business-Professor und Autor Clayton Christensen als »Gesetz über die Sicherung attraktiver Gewinne«[14] bezeichnet wird.

Der Management-Guru Seth Godin schrieb 2001 in seinem Buch *Unleashing the Ideavirus*, »dass vor 20 Jahren die 100 Topunternehmen der

Fortune 500 entweder etwas aus dem Boden gebuddelt haben oder aus einer natürlichen Ressource (Eisenerz oder Rohöl) etwas hergestellt haben, das man in seinen Händen halten kann.«[15] Wie auch Godin mittlerweile festgestellt hat, haben sich die Dinge geändert.

Lediglich 32 der 100 Topunternehmen stellen noch physische Produkte her wie Luft- oder Motorfahrzeuge, Chemikalien, Lebensmittel, Maschinen und Produkte aus der Schwerindustrie. Die anderen 68 Unternehmen machen ihr Geld mit Wissen und Ideen, nicht mit der Verarbeitung von Rohstoffen. Oder sie bieten Dienstleistungen an, wie im Gesundheitswesen oder der Telekommunikation. Wieder andere Unternehmen stellen hauptsächlich geistiges Eigentum her, wie bei der Fertigung von Medikamenten oder Halbleitern, ein Bereich, in dem die Fertigungskosten im Vergleich zu den Entwicklungskosten sehr, sehr niedrig sind. Und wieder andere schaffen den Marktplatz für die Waren anderer Hersteller wie Einzel- und Großhändler. Nachfolgend eine Gliederung der 100 Topunternehmen nach Branche:

- Lebens- und Krankenversicherungen (12)
- Gesundheitswesen (6)
- Banken (5)
- Großhandelsunternehmen (5)
- Lebensmittelhandel und Apotheken (5)
- Allgemeine Handelsunternehmen (4)
- Pharmazieunternehmen (4)
- Wertpapierbranche (4)
- Fachhändler (4)
- Telekommunikation (4)
- Computer, Büroausstattung (3)
- Unterhaltung (3)
- Finanzdienstleistungen (2)
- Post, Verpackung, Transport (2)
- Netzwerk- und andere Kommunikationstechnik (2)
- Computersoftware (1)
- Sparkassen (1)
- Halbleiter und andere elektronische Bauteile (1)

Die Lehre, die wir aus der Wette von Simon und Ehrlich ziehen können, ist, dass in dem Maße, wie der Preis von Waren sinkt, sich ihr Wert an einen anderen Ort verlagert. Mit Rohstoffen lässt sich noch immer eine goldene Nase verdienen (siehe die ölproduzierenden Länder), doch die größten Gewinnspannen werden mit Produkten erzielt, die auf grauen Zellen beruhen. Genau dies veranschaulicht die obige Auflistung. Noch vor einigen Jahrzehnten, wurde der größte Wert in der Fertigung geschaffen. Doch dann machte die Globalisierung aus der Fertigung eine massenhaft verfügbare Ware, und die Preise stürzten in den Keller. Der Wert verlagerte sich dann auf Dinge, die den Sprung zur Massenware (noch) nicht geschafft hatten. Anders ausgedrückt: Mit der Koordination von Hand und Auge lässt sich heute kaum noch Geld verdienen – ganz anders dagegen mit der Koordination von Hirn und Mund. Die heutigen Experten sind die Fabrikarbeiter von gestern (und die Landwirte von vorgestern). Der Wert bahnt sich auf der Suche nach einem knappen Gut seinen Weg nach oben.

Heutzutage ist dieses knappe Gut die Kombination aus Wissen, Fertigkeiten und abstraktem Denkvermögen, die einen effektiven Wissensarbeiter ausmachen – Fähigkeiten, die der ehemalige US-amerikanische Arbeitsminister Robert Reich einmal als »Symbolanalyse« zusammengefasst hat. Mittlerweile sehen wir uns mit der ständigen Herausforderung konfrontiert herauszufinden, wie sich die Arbeit am besten zwischen Mensch und Computer aufteilen lässt, und diese Grenze verschiebt sich ständig.

Wenn Computer lernen, menschliche Aufgaben zu übernehmen (wie den Börsenhandel), sinkt der Preis für diese Leistungen gen Null, und die Mitarbeiter, deren Arbeitsplatz durch einen Computer ersetzt wurde, müssen entweder etwas Neues, Spannenderes lernen, oder sie lassen es. Ersteren gelingt es dann normalerweise, mehr Geld als zuvor zu verdienen, während die zweite Gruppe mit Einkommensverlusten rechnen muss. Die erste Gruppe entspricht der Chance, die damit einhergeht, dass Branchen in Richtung Überfluss streben, und die zweite Gruppe entspricht den Kosten. Unsere Aufgabe als Gesellschaft besteht darin, dafür zu sorgen, dass mehr Menschen zur ersten Gruppe gehören als zur zweiten.

Wer gewohnt ist, in der Kategorie Überfluss zu denken, registriert sofort, wenn die Preise fallen und wendet sich den Dingen zu, deren Wert im Gegenzug steigt. Das ist der Motor des Wachstums; auf diesen Zug sind wir schon aufgestiegen, lange bevor David Ricardo im 18. Jahrhundert den Begriff vom »vergleichsweisen Vorteil« eines Landes über ein anderes geprägt hat. Typische Produkte des Überflusses waren noch gestern hauptsächlich Waren aus einem anderen Land, die entweder über mehr Ressourcen oder billigere Arbeitskräfte verfügten, doch heute zählen dazu auch Produkte aus dem Land von Silizium und Glasfaser.

Kapitel 4

Der psychologische Hintergrund von »Free«

Fühlt sich doch gut an. Zu gut?

1996 gab die wohl berühmteste Stadtzeitung New Yorks, die *Village Voice*, letztlich doch nach. Vierzig Jahre nach der Gründung schaffte das legendäre Blatt seinen Verkaufspreis einfach ab. Wie viele andere auch wurde es nun kostenlos auf der Straße verteilt, oder freundliche Ladenbesitzer stellten die Kästen für das Magazin auf ihre Tresen. Das war auch der Tag, ab dem die »Stimme des Dorfes« für den typischen New Yorker keine Rolle mehr spielte. Ein 2005 in der Zeitschrift *New York* erschienener Artikel über die Stadtzeitung und ihr Profil erregte mit dieser Schlagzeile Aufsehen: »Die Stimme aus dem Grab: Seit das legendäre Stadtmagazin kostenlos erhältlich ist – und das ist zehn Jahre her – ist es nur noch ein Schatten seiner selbst.«

Ganz anders dagegen liest sich die Geschichte über *The Onion*, eine andere Wochenzeitung. Seine Anfänge nahm das schon immer kostenlose Satiremagazin, das damals noch im Faltblattformat erschien, 1988 in dem College-Städtchen Madison, Wisconsin. Seitdem ist daraus ein ganzes Imperium geworden, das Lokalblatt wird in zehn weiteren Städten aufgelegt, und die zugehörige Webseite zieht Monat für Monat Millionen von Besuchern an. Außerdem gehören ein Verlag und eine TV-Produktion zu dem Konzern, der sich nun auch mit Filmen in Spielfilmlänge versucht. *The Onion* war und ist schon immer kostenlos, und hört nicht auf zu wachsen.

Auf den ersten Blick mutet die Geschichte dieser zwei Printmedien ziemlich verwirrend an. Dem einen Magazin hat das Gratiskonzept den Garaus gemacht, dem anderen jedoch zu gigantischem Wachstum verholfen. In einem Fall wurde das Produkt völlig entwertet, im anderen eine beeindruckende Expansion ausgelöst.

Doch ganz so einfach ist es dann doch nicht. Erst einmal hat »Free« den Untergang der *Village Voice* beileibe nicht verursacht. Ein Artikel in der Zeitschrift *New York* versucht eine Erklärung:

> Als er hörte, dass viele Journalisten den Eindruck hatten, dass sie mit ihren Artikeln kaum noch einen Leser hinter dem Ofen hervorlocken könnten, seit das Magazin kostenlos erhältlich war, stand [dem Verleger] David Schneidermann blanker Hohn ins Gesicht geschrieben. »Uns blieb doch nichts anderes übrig. Unsere Auflage war auf weniger als 130 000 Stück gesunken, in unseren besten Zeiten lag sie bei 160 000 Stück. Mittlerweile sind es 250 000 Ausgaben! ... Wäre es Ihnen nicht auch lieber, wenn Sie doppelt so viele Leser hätten?« ... Die Umstellung auf den Gratisvertrieb hatte dem Magazin nicht geschadet – ganz im Gegenteil, sie hatte es gerettet. Nur deshalb wurde es überhaupt noch verlegt und konnte sogar Gewinn erzielen.[1]

Anders ausgedrückt befand sich die *Voice* schon auf dem absteigenden Ast, zumindest was ihre Geschäftsgrundlage betraf, und das schon Jahre bevor sie dann kostenlos unter das Volk gebracht wurde. Augenscheinlich wurden hier Ursache und Wirkung verwechselt.

Weshalb glauben so viele Leute, dass »kostenlos« in einem Fall ein Synonym für minderwertige Qualität ist, im anderen jedoch nicht? Wie sich herausstellt, sind unsere Gefühle, die wir gegenüber allem, was kostenlos ist, empfinden, relativ und nicht absolut. Wenn ein Produkt, das bislang zu einem bestimmten Preis angeboten wurde, mit einem Mal kostenlos erhältlich ist, assoziieren wir einen Qualitätsverlust. Anders dagegen, wenn etwas schon immer gratis verteilt wurde. So nehmen wir an, dass ein Gratis-Brötchen vermutlich nicht frisch ist, doch kostenloses Ketchup an Imbissbuden ist natürlich einwandfrei. Niemand ist der Überzeugung, dass Google nichts taugt, weil seine Suchdienste nichts kosten.

Durch die Geschichte von *The Onion* und *Village Voice* kommt ein erhebliches Missverständnis über »kostenlos« ans Tageslicht – eingebunden in die beiden Preise Null und mehr als Null. In der heutigen Medienlandschaft ist der psychologische Hintergrund des »Free«-Konzepts (und damit auch der Preisgestaltung) nicht ganz so simpel. Lassen Sie mich ein Beispiel erwähnen, mit dem Sie vermutlich mehr anfangen können. Stellen Sie sich ein typisches Hochglanzmagazin vor, das Sie auf unterschiedliche Weise beziehen können. Zum einen können Sie es kostenlos online lesen, müssen dafür aber einige Abstriche an der Qualität des Layouts und der Fotografien (die online schwer darzustellen sind) hinnehmen, da im Internet der rasche Aufbau der Seiten wichtiger ist. Oder Sie kaufen sich die Zeitschrift am Kiosk, sagen wir mal zum Preis von 4,95 US-Dollar. Oder

Sie abonnieren sie und erhalten zwölf Ausgaben für lediglich 10 US-Dollar, also für 0,83 US-Dollar je Ausgabe direkt vor Ihre Haustür geliefert. Wie kommen diese drei unterschiedlichen Preise – 0 US-Dollar, 4,95 US-Dollar oder 0,83 US-Dollar – zustande?

Am einfachsten ist der Online-Preis zu erklären. Die Vertriebskosten sind hier so niedrig, dass die Verleger sie auf Null abrunden und darauf bauen, dass »Free« so viele Leser wie möglich anzieht. Im Durchschnitt werden pro Seite zwei Werbeanzeigen geschaltet, die zwischen 5 und 20 US-Dollar Werbeeinnahmen je 1 000 Leser einbringen. Anders ausgedrückt macht der Verlag zwischen 1 und 4 US-Cent Umsatz je Leser und Seite seines Magazins. Die Kosten, diese eine Seite ins Netz zu stellen, betragen jedoch nur den Bruchteil eines US-Cents. (Die restlichen Kosten fallen für die Erstellung der Inhalte an, doch diese werden über die gesamte Leserschaft wieder hereingeholt: Je mehr Leser, desto geringer sind die Kosten je Seite.)

Auch der Kioskpreis von 4,95 US-Dollar ist noch relativ einfach zu erklären. Der Kiosk behält etwas weniger als die Hälfte dieses Verkaufspreises, um seine Unkosten zu decken und daran zu verdienen. Der Rest geht an den Verlag, der damit die Herstellungskosten begleicht und dem ungefähr 1 bis 2 Dollar Gewinn übrig bleiben. Für die meisten Verlage gilt jedoch, dass etwa die Hälfte der Druckausgaben am Kiosk nicht verkauft wird und deshalb zurückgegeben und eingestampft werden muss. Das schmälert den Gewinn natürlich beträchtlich. Wieso werden dann Zeitschriften überhaupt noch am Kiosk verkauft? Weil man auf diese Weise Abonnenten gewinnen kann, da sie das »Probeexemplar« von vorne bis hinten durchlesen können, anstatt sich aufgrund eines Werbeschreibens eine Meinung bilden zu müssen. Außerdem verdienen die Verlage nicht schlecht an den Werbeanzeigen der tatsächlich verkauften Ausgaben.

Diese beiden Verkaufspreise wurden also streng nach ökonomischen Gesichtspunkten erstellt, psychologische Aspekte spielten dabei keine Rolle. Wie aber sieht es mit dem Abonnement zu 10 US-Dollar jährlich aus? An diesem Punkt wird das Ganze erst so richtig interessant. Die Herstellungs- und Versandkosten bei einem Abonnement liegen bei etwa 15 US-Dollar pro Jahr. Dazu kommt noch die Kundenakquise, die mit rund 30 US-Dollar – ebenfalls pro Jahr und Abonnement – zu Buche schlägt. Und trotzdem kostet das Jahresabo nur 10 US-Dollar. Geht hier noch alles mit rechten Dingen zu? Ja, denn es sind die Werbeeinnahmen, die den Fehlbetrag abdecken. Nur wegen der Werbeanzeigen rechnet sich ein Abonnement für den Verlag. Dauert das Abonnement drei Jahre und länger, sind auch die Kosten für die Kundenakquise bezahlt, sodass die Kasse noch lauter klingelt.

Dennoch bleibt eine Frage offen: Weshalb ausgerechnet ein Verkaufspreis von 10 US-Dollar? Wenn ein Verlag es sich leisten kann, seine Abonnementen zu mehr als 60 Prozent zu subventionieren, wieso macht er dann nicht gleich 100 Prozent draus und bietet sein Magazin kostenlos an? Womit wir in der Psychologie angelangt wären.

Die Antwort ist einfach: Erteilt ein Abonnent eine Einzugsermächtigung oder gibt online seine Kreditkartennummer ein – wobei der Betrag keine Rolle spielt – stellt dies eine Willenserklärung des Verbrauchers dar, die dazu führt, dass der Inserent den Leser in einem ganz anderen Licht sieht. Selbst wenn Sie nur 1 Cent für eine Zeitschrift ausgeben heißt das, dass Sie sie tatsächlich haben wollen, sie höchstwahrscheinlich auch lesen werden und sich freuen, wenn sie in Ihrem Briefkasten landet. Fakt ist, dass die Werbekunden eines Verlags bereit sind, bis zu *fünfmal* so viel auszugeben, um sich in die Geschäftsbeziehung zwischen einem Verlag und seinen Lesern einzuklinken, als in kostenlosen Zeitschriften zu inserieren, die meist sofort im Müll landen.

Mittlerweile gibt es zahlreiche Zeitschriften, die im Abonnement kostenlos erhältlich sind, was im Fachjargon »Controlled Circulation« oder »Zielgruppenzeitschrift« heißt. Grundlage dieser Strategie ist eine andere Währung: Daten. Normalerweise fallen nur Fachzeitschriften, die zum Beispiel für Finanzvorstände, Einkaufsleiter oder andere Entscheider mit Budgetkompetenzen interessant sein dürften, oder Lifestyle-Magazine für Trendsetter in diese Kategorie.

Die Leser solcher Fachpublikationen qualifizieren sich dadurch, dass sie in ihrer überaus wichtigen Funktion das Geld ihres Unternehmens bündelweise ausgeben können – zumindest geht man davon aus. Der Verlag wiederum nutzt diese Informationen, um von seinen Werbekunden für diese begehrte Zielgruppe mehr Geld abzukassieren.

Die Tatsache, dass eine nicht unerhebliche Anzahl an heiß umschwärmten Führungskräften, die allesamt ihr Interesse an besagter Fachzeitschrift schriftlich bestätigt haben, als Abonnenten gewonnen wurden, gleicht in den Augen der Inserenten das Manko aus, dass diese Leser für ihr Interesse nicht bezahlen. Für das respektlose Lifestyle-Magazin *Vice*, das sich an junge Leute in ihren Zwanzigern wendet, hat sich eine ähnliche Taktik durchaus gelohnt. Dieses Magazin, das in den 1990er Jahren erst in Kanada, dann in Amerika und nun weltweit kostenlos vertrieben wird, liegt in trendigen Kaffee-Shops, Musikläden und Boutiquen aus. Seine Werbekunden können nun auf eine einflussreiche Zielgruppe zugreifen, die sie anders vermutlich nicht hätten erreichen können. Aus dem kleinen Heftchen ist mittlerweile ein Großkonzern mit Plattenlabel, eine Einzelhandelskette für junge Mode, Vice Film und VBS.tv, ein Joint-Venture-Unternehmen für Internet-TV geworden.

So weit, so gut. Nun wissen Sie also, weshalb Verlage vor kostenlosen Abonnements zurückschrecken. Offen ist allerdings noch, wie der Verkaufspreis von 10 US-Dollar zustande kommt. Ganz einfach, es ist eine Frage der Wahrnehmung. Es handelt sich hierbei um den niedrigsten Preis, der das Produkt noch nicht abwertet. Ein niedriger Preis freut die Leser, je günstiger das Abo, umso höher die Wahrscheinlichkeit, dass aus Lesern Abonnenten werden. Ein höherer Preis dagegen würde das Herz der Inserenten höher schlagen lassen, denn je mehr ein Verbraucher für ein Produkt zu zahlen bereit ist, umso mehr ist es ihm wert. Die Summe von 10 US-Dollar ist also zum einen niedrig genug, um zahlreiche Leser zu treuen Abonnenten zu machen, aber zum anderen noch hoch genug, dass das Magazin in den Augen der Inserenten nicht entwertet wird. (Ein starkes Absenken des Preises hätte vermutlich dieselbe Auswirkung auf die Abonnenten, aber deren Gefühle lassen sich eben nicht so gut messen wie die Reaktion der Werbekunden.)

Pfennigfuchser

Bei Zeitschriften kann es sich also durchaus lohnen, einen niedrigen Verkaufspreis – und nicht *nichts* – zu verlangen. Doch in der Mehrheit aller Fälle reicht schon 1 Cent aus, damit die meisten Verbraucher innehalten. Aus wirtschaftlicher Sicht gesehen spielt 1 Cent für uns nun wirklich überhaupt keine Rolle. Weshalb hat er dann so eine starke Bedeutung?

Auch hier ist die Antwort einfach: Selbst Kosten von lediglich 1 Cent lassen uns unsere Wahl überdenken. Hören wir »1 Cent« können wir nicht einfach weitermachen. Sobald wir einen Preis erfahren, schnellt in unseren Köpfen eine Fahne hoch, auf der dick und fett steht: »Ist es dir das wert?«. Die Höhe dieses Preises spielt keine Rolle, selbst ein minimaler Betrag reicht aus, dass wir uns fragen, ob wir tatsächlich unseren Geldbeutel zücken möchten. Doch bei einem Preis von Null ist weit und breit keine Fahne in Sicht, was uns unsere Entscheidung viel einfacher macht.

Die wissenschaftliche Bezeichnung für dieses Phänomen lautet übrigens »mentale Transaktionskosten«[2]. Dieser Begriff wurde von dem Ökonomen Nick Szabo von der George Washington University geprägt. Einfach ausgedrückt entspricht dies den Mautgebühren, die wir für das Denken bezahlen. An sich sind wir nämlich alle ein wenig denkfaul, und wenn wir es nicht müssen, denken wir lieber nicht nach. Deshalb kaufen wir gerne Sachen, die wenig gedankliche Auseinandersetzung erfordern.

Der Begriff »Transaktionskosten« ist auf die Theorie des Nobel-Preisträgers Ronald Coase zurückzuführen. Der Wirtschaftswissenschaftler vertritt die Überzeugung, dass Unternehmen existieren, um die Gemeinkosten der Kommunikation innerhalb und außerhalb von Gruppen zu minimieren. Größtenteils bezieht sich diese Aussage auf die kognitive Belastung, die damit einhergeht, Informationen verarbeiten zu müssen – sprich, festzulegen, wer was zu tun hat, wem wir trauen können und dergleichen mehr.

Szabo hat dieses Konzept auf Kaufentscheidungen übertragen. Er hat sich intensiv mit »Mikrozahlungen« auseinandergesetzt, das heißt mit Finanzsystemen, bei denen Sie pro Webseite, die Sie aufrufen, oder pro Comic, den Sie downloaden, Kosten in Höhe eines Bruchteils von 1 Cent bezahlen. Doch Szabo zufolge sind all diese Systeme zum Scheitern verurteilt, denn auch wenn die wirtschaftlichen Kosten der Kaufentscheidung minimal sind, bleiben doch die kognitiven Transaktionskosten.

Nehmen wir doch einmal an, es gäbe eine PowerPoint-Präsentation über »Zehn zeitsparende Tipps für nur je 1 Cent.« Die Entscheidung, ob die ganze Auflistung wirklich 10 Cent wert ist beziehungsweise ob ein Tipp 1 Cent wert ist, kostet uns zu viel mentale Energie. Viele potenzielle Kunden würden abwinken, um sich nicht mit den Zahlungsmodalitäten und der Kaufentscheidung herumschlagen zu müssen. Natürlich sind auch die Erlöse, die mit solchen Mikrozahlungen generiert werden, wie der Name schon sagt, winzig. So ein Preis vereint das Schlimmste aus beiden Welten – die mentale Steuer eines höheren Preises, ohne dass eine angemessene Summe Bares die Seiten wechseln würde. (Szabo behielt übrigens Recht: Mikrozahlungen sind größtenteils nicht über die Anfangsphase hinausgekommen.)

Wie kann ein Laden seine Ware kostenlos anbieten?

In SampleLab, einem Geschäft in Tokios Shopping-Distrikt Harajuku, in dem die Straßen vorwiegend von Jugendlichen bevölkert sind, erhalten Kunden bei jedem Besuch bis zu fünf Produkte – Kerzen, Nudeln oder Gesichtscreme, aber auch einmal ein Videospiel im Wert von 50 US-Dollar – geschenkt. SampleLab lockt täglich bis zu 700 Kunden an. Wie ist es möglich, dass SampleLab nicht für alle abgegebenen Produkte Geld verlangen muss?

Der größte Anteil des Monatsumsatzes wird mit Miete für Regalfläche und Kundenfeedback erzielt.

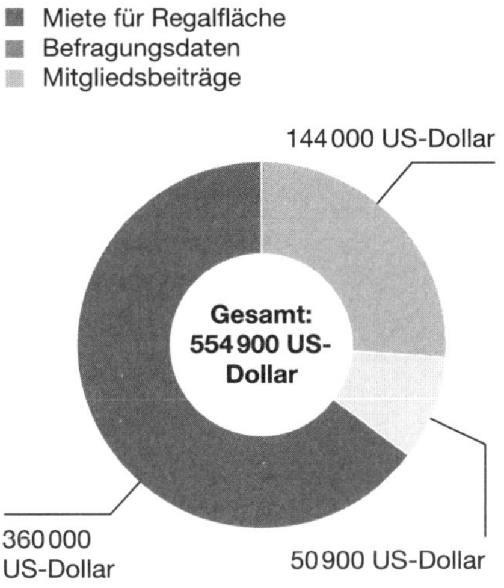

▶ **Eintritt.**
Nur »Mitgliedern«, die 13 US-Dollar Aufnahmegebühr und jährliche Mitgliedsbeiträge entrichten, ist der Zutritt gestattet. Mit etwa 47000 Mitgliedern ist SampleLab mittlerweile so angesagt, dass die Teenager ihren Besuch eine Woche im Voraus anmelden müssen.

▶ **Mieteinnahmen für Regalfläche.**
Aufgrund des hohen Beliebtheitsgrades von SampleLab erhält der Laden Gratisprodukte von den Herstellern, die sogar bis zu 2 000 US-Dollar bezahlen, damit ein Artikel 14 Tage lang angeboten wird. Das Angebot von SampleLab umfasst etwa 90 Produkte.

▶ **Einnahmen für Daten.**
Durch den kostenlosen Vertrieb von bestimmten Produkten werden die Teenager zur Fokusgruppe gemacht. Sie senden die entsprechenden Fragebögen per E-Mail oder Post zurück oder werden telefonisch befragt. Den Unternehmen sind diese Daten 4 000 US-Dollar wert. Wenn also nur 20 Prozent der Werbekunden für diese Daten bezahlen, erwirtschaftet SampleLab damit etwa die Hälfte des Umsatzes, den er über die Mieteinnahmen der Regalfläche einnimmt.

Die Forderung eines Kaufpreises, ganz gleich in welcher Höhe, erzeugt eine mentale Barriere, die die meisten Menschen schlicht nicht überqueren wollen. »Free« dagegen zieht zügig an dieser Entscheidungsfalle vorbei, und lockt damit Menschen an, die gerne etwas Neues ausprobieren. Im Gegenzug dafür, dass mit »Free« kein direkter Umsatz erzeugt wird, hat dieses Konzept das Potenzial, Produktmuster massenhaft unter das Volk zu bringen.

Clay Shirkey, Autor und Dozent an der New York University, hat sich mit den Kosten für mentale Transaktionen befasst und kam zu dem

Schluss, dass die Ersteller von Inhalten den Traum, ihr Angebot jemals kostenpflichtig zu machen, schleunigst begraben sollen:

> Für die Ersteller von Inhalten, denen Aufmerksamkeit wichtiger ist als Geld, ist »Free« genau das Richtige. In einem System, in dem die meisten Teilnehmer etwas für ihre Leistungen verlangen, stellte das kostenlose Anbieten von Inhalten einen Wettbewerbsvorteil dar. Aber ist man einmal unten angekommen, geht es nicht mehr weiter abwärts. Jeder, der Inhalte kostenlos anbietet, sichert sich einen unschlagbaren Vorteil. Die Konkurrenz kann im besten Fall lediglich mitziehen, denn auf kostenlose Inhalte noch etwas draufzusetzen, hieße, die Leser zu bezahlen, und das kann sich auf Dauer niemand leisten.
> Kostenlose Inhalte sind also genau das, was Biologen als evolutionär stabile Strategie bezeichnen. Das Bezeichnende daran ist, dass sie einerseits sehr gut funktioniert, wenn sie kein anderer anwendet. Auf unser Beispiel übertragen hieße das, alles wäre im Lot, wenn man als Einziger weit und breit kostenlose Inhalte anbieten würde. Andererseits klappt sie aber auch dann, wenn sich alle an dieser Strategie halten, denn in einer Umgebung, in der Inhalte grundsätzlich kostenlos sind, wäre derjenige, der auf einmal Geld dafür verlangt, im Nachteil. Dann würden sich Anwender auch von den moderatesten Mikrozahlungen abschrecken lassen und rasch zu kostenlosen Inhalten abwandern.[3]

Aus psychologischer Sicht (und die ganze Ökonomie basiert auf der Psychologie) ist es also durchaus ratsam, jede Gelegenheit, (potenzielle) Kunden nicht mit der Frage »Ist es das wert?« zu konfrontieren, am Schopf zu packen – und lukrativ ist so eine Strategie obendrein. Bedenken Sie jedoch, dass das »Free«-Konzept auch mit mentalen Transaktionskosten verbunden ist, denn Verbraucher werden sich mit Sicherheit mit diesen und ähnlichen Fragen herumschlagen: Ist es *wirklich* kostenlos? Und was ist mit der Umwelt? Schließlich müssen auch für kostenlose Zeitungen Bäume gefällt werden. Oder auch: Könnte man mich für einen Geizhals halten, wenn ich dieses kostenlose Angebot annehme? (Ein Freund von mir, der seine alten Möbel einfach auf die Straße stellt, erzählte mir, dass sie prinzipiell nur nachts abtransportiert werden.)

Auch Risikokapitalgeber Josh Kopelman von First Round Capital hat sich mit dieser psychologischen Hemmschwelle beim Kauf auseinandergesetzt und erkannt, dass sie die üblichen Lehren über Preisgestaltungsstrategien ad absurdum führen. Seiner Meinung nach seien herkömmliche Methoden, den Preis anhand von Angebot und Nachfrage zu ermitteln, veraltet, denn es gebe im Grunde nur zwei Märkte: den für alles Kostenlose und den für alles andere. Der Unterschied zwischen diesen beiden Märkten sei allerdings beachtlich. In gewisser Weise verändert das »Free«-Konzept die Nachfrage. Wharton-Professor Kartik Hosanagar hat diese Problematik ebenfalls erkannt und meint: »Die Nachfrage für etwas, das nichts kostet, ist viel höher als die Nachfrage nach einem Produkt zu einem extrem niedrigen Preis. Mit einem Mal schießt die Nachfrage nichtlinear nach oben.«[4]

Kopelmann bezeichnet dieses Symptom als »Penny Gap«, die tiefe Kluft zwischen kostenlos und einem Preis von 1 Cent. Unternehmer suchen ihn oft mit einem Geschäftsplan in der Tasche auf, so erzählte er, und gehen davon aus, dass sie sich zum einen über Abonnenten finanzieren könnten und zum anderen, dass aus rund 5 Prozent der Testkäufer zahlende Stammkunden werden. Doch wie Kopelmann erläutert, ist diese Einschätzung alles andere als realistisch:

> Die meisten Unternehmer verfallen der irrigen Annahme, dass der Preis eines Produkts unendlich elastisch ist – soll heißen, je niedriger der Verkaufspreis, umso höher die Nachfrage. Aus diesem Grund sehen die Grafiken der Umsatzprognosen wie ein Hockeyschläger aus: Sie weisen nach rechts und stetig nach oben. Grundlage dafür ist ja schließlich der Geschäftsplan »Es kostet doch nur 2 US-Dollar im Monat.« Ich kann Ihnen eines verraten: Der Sprung von 5 auf 50 Millionen US-Dollar Gewinn ist nicht die schwierigste unternehmerische Aufgabe, aber es ist enorm schwer, Nutzer überhaupt zum Bezahlen zu bewegen. Den Sprung von Kostenlos zu einem beliebig kleinen Betrag macht nur ein minimaler Teil der Nutzer mit.[5]

Aus Sicht des Verbrauchers gibt es also einen Riesenunterschied zwischen billig und kostenlos. Wird ein Produkt verschenkt, spricht sich das von ganz alleine herum. Doch wehe, wenn das Gleiche auch nur 1 Cent kostet – dann ändert sich die Sachlage grundlegend, und man muss plötzlich um jeden einzelnen Kunden kämpfen. Fakt ist, »Free« ist ein Markt, und ein Preis – ganz gleich in welcher Höhe – ist ein ganz anderer Markt. In vielen Fällen ist es der Unterschied zwischen einem großen Markt und gar keinem.

Die Kosten von Kostenlos

Es versteht sich von selbst, weshalb die Ökonomie zum Thema »Free« eher schwieg, denn schließlich gab es dieses Konzept in einer Welt, in der sich alles um Geld dreht, überhaupt nicht. Doch in den 1970er Jahren entstand ein neuer Zweig der Wirtschaftswissenschaften, der sich mit den psychologischen Gründen des wirtschaftlichen Handelns befasste. Die Disziplinen der sogenannten Verhaltensökonomie reichen von der Spieltheorie bis hin zur experimentellen Ökonomik. Hier wird versucht, eine wissenschaftliche Erklärung dafür zu finden, worauf unsere wirtschaftlichen Entscheidungen basieren, selbst wenn es nicht die vernünftigsten sind.

In seinem Buch *Denken hilft zwar, nützt aber nichts* beschreibt Verhaltensökonom Dan Ariely zahlreiche Experimente, mit deren Hilfe seine Kollegen und er herauszufinden versuchten, weshalb das Wort »kostenlos« eine so enorme Schlagkraft hat. Er schreibt, dass sich herausgestellt hat, dass »kostenlos« nicht einfach für eine andere Preisklasse steht, sondern dass bei uns auf diesen Knopfdruck hin die wildesten Gefühle ausbrechen – wir geraten in eine Art irrationaler Erregung.

So eine Behauptung kann einem schnell über die Lippen kommen, aber lässt sie sich auch beweisen? Ariely hatte sich genau das vorgenommen.

Beim ersten Experiment spielte Schokolade eine wichtige Rolle. (Hinweis: Die Budgets und die Zeit von Verhaltensökonomen sind begrenzt, was erklärt, warum in vielen ihrer Experimente lediglich ein Klapptisch, ein paar Süßigkeiten und zufällig ausgewählte Testpersonen, meist Studenten, eine Rolle spielen. Sehen Sie die Ergebnisse dieser Forschung also besser nicht als repräsentativ, sondern eher als interessant an.) Die Forscher verkauften zwei Leckereien: einmal teure Trüffel des Schweizer Chocolatiers Lindt und dann noch Hershey's Kisses, ganz normale Pralinen aus Milchschokolade. Für die Trüffel verlangten sie 15 US-Cent (etwa die Hälfte des Großhandelspreises) und für die Pralinen 1 Cent. Die Testpersonen reagierten relativ rational auf dieses Angebot und überlegten, dass der Qualitätsunterschied der beiden Süßwaren größer sei als der Preisunterschied: 73 Prozent der Probanden entschieden sich für die Trüffel, der Rest für die Pralinen.

So weit, so gut, doch nun brachte Ariely den Faktor »Kostenlos« ins Spiel und senkte den Preis für beide Artikel um 1 Cent. Nun lag der neue Preis für die Trüffel bei 14 Cent, während die Pralinen kostenlos waren.

Mit einem Mal waren die einfachen Pralinen der Renner. Nun wollten 69 Prozent der Studenten diese Pralinen haben. Am unterschiedlichen Preisniveau hatte sich ja nichts geändert – der Preisunterschied lag noch immer bei 14 Cent. Doch die Umstellung auf »Free« hatte dazu geführt, dass die Probanden ihre Vorliebe änderten.

Aus psychologischer Sicht ist der Vergleich zwischen zwei Produkten, von denen eines kostenlos ist, ziemlich verwirrend. Manchmal ist »Free« einfach überzeugend, man denke zum Beispiel an Sportsocken, die man in einem Kaufhaus gratis mitnehmen kann. Im Grunde spricht nichts dagegen, so viele Socken wie man möchte, nach Hause zu tragen (außer dass man Sie für einen ausgesprochenen Geizhals halten könnte). Anders jedoch, wenn Sie dieses Geschäft aufsuchen, weil Sie unbedingt Socken mit einer gepolsterten Ferse und goldenen Zehen haben wollen. Doch da fällt Ihr Blick auf die kostenlosen Socken, und am Ende verlassen Sie den Laden mit etwas, das Sie gar nicht haben wollten (Socken ohne gepolsterte Ferse und goldene Zehen), nur weil es Sie nichts gekostet hat.

Was also ist so verlockend an »Free«? Ariely zufolge hat das sinngemäß folgende Gründe:

> Die meisten Transaktionen haben ihre Vor- und Nachteile, doch wird etwas FREE! verteilt, vergessen wir die Nachteile. FREE! wühlt uns emotional derart auf, dass wir das Angebot als viel wertvoller ansehen, als es eigentlich ist. Warum? Ich denke, das liegt an unserer angeborenen Angst vor Verlusten. Der wahre Reiz von FREE! ist direkt mit dieser Angst verknüpft. Eigentlich kann kein Verlust drohen, wenn wir uns für einen kostenlosen Artikel entscheiden (schließlich ist er kostenlos). Aber was, wenn wir uns für einen anderen Artikel entscheiden, der etwas kostet? Oh, oh, wir könnten ja eine Fehlentscheidung getroffen haben – und schon droht uns ein Verlust. Vor diese Wahl gestellt, entscheiden wir uns für den Gratisartikel.

Ähnliche Experimente finden täglich um uns herum statt, mitunter Experimente viel größeren Ausmaßes. Eines davon ist der kostenlose Versand bei Amazon. Jeder, der schon einmal Kunde des Online-Versands war, weiß, dass der Versand ab einem bestimmten Bestellwert kostenlos ist (in Deutschland liegt diese Grenze bei 20 Euro, bei Büchern gilt der kostenlose Versand ohne Mindestbestellwert). Keine Frage, Amazon rechnet damit, dass Sie sich einen weiteren Artikel aussuchen, um über diesen Wert zu kommen, obwohl Sie eigentlich fest vorhatten, nur einen für 16,95 Euro zu erwerben. Als Amazon diese Taktik einführte, schnellten die Verkaufszahlen in die Höhe. Überall, außer in Frankreich.

Doch was war denn so anders in Frankreich? Wie sich herausstellte, unterschied sich das Angebot dort ein wenig von den anderen Ländern. In allen Ländern, in denen Amazon operiert, fielen die Versandkosten auf Null, sobald der Bestellwert eine bestimmte Höhe erreichte – nur in Frankreich wurde versehentlich 1 Franc (umgerechnet etwa 0,15 Euro) dafür berechnet. An sich ist das auch günstig, aber dennoch: In Frankreich schnellten die Bestellzahlen nicht in die Höhe. Erst als Amazon diesen Fehler behob und auch in Frankreich dieselbe Versandkostenregelung galt, verhielten sich die französischen Käufer wie alle anderen europäischen auch und bestellten einen zweiten Artikel, um die Versandgebühren zu sparen.

(Interessanterweise wurde Amazon deswegen verklagt. Der damalige französische Kultusminister Jack Lang hatte 1981 ein Gesetz durchgeboxt, das es Buchhändlern verbietet, Kunden einen Rabatt von mehr als 5 Prozent des Listenpreises einzuräumen. Der französische Buchhandelsverband hat Amazon 2007 vor Gericht gezerrt, da der kostenlose Versand seiner Meinung nach gegen dieses Rabattgesetz verstieß. Amazon unterlag und wurde zu einer Geldstrafe mit einem Tagessatz in Höhe von 1 500 US-Dollar verurteilt. Amazon rechnete nach und beschloss, diese Strafe weiter zu zahlen und vom kostenlosen Versand nicht abzurücken, da diese Preispolitik die Geldstrafe mehr als ausgleicht.[6])

Der Online-Schuhhändler Zappos ging sogar noch einen Schritt weiter. Er bietet kostenlosen Versand nicht nur bei Bestellungen, sondern auch für Retouren an. Was dahinter steckt ist klar: Auf diese Weise soll die Hemmschwelle überwunden werden, sich online Schuhe zu kaufen, die womöglich nicht passen. Zappo will (ausdrücklich!), dass Kunden mehrere Paare Schuhe bestellen, die sie zu Hause in aller Ruhe anprobieren. Bestens, wenn sie dann ein oder zwei Paare behalten und den Rest kostenlos an Zappo zurückschicken. Natürlich sind die Versandkosten in die Preisgestaltung eingeflossen, weshalb Zappo nicht der preiswerteste aller Schuhhändler ist, aber den Kunden ist dieser Service bares Geld wert.

Aus psychologischer Sicht ist der Gratisversand von Zappo eine Art der Risikominimierung. Der einzige Grund, bei einem Schuhladen vorbeizuschauen, ist der, herauszufinden, ob die Schuhe passen und am Fuß gut aussehen. Da Zappo Ihnen die Schuhe ja kostenlos ins Haus liefert, ist das Risiko, kein passendes Paar zu finden, für Sie ebenso hoch wie für den Schuhladen vor Ort. Der Wettbewerbsvorteil liegt darin, dass Sie für Schuhe von Zappo nicht außer Haus müssen. CEO Tony Hsieh sieht aber ein Problem darin, dass viele Leute ein schlechtes Gewissen haben, wenn sie mehr Schuhe bestellen, als sie eigentlich brauchen, und sie dann wieder zurücksenden. Wenn sie die Schuhe behalten, ist alles in Butter, aber wehe, wenn sie eigentlich gar nicht so viele Schuhe bestellen wollten. Dann plagt sie schon im Vorfeld ihr schlechtes Gewissen dafür, dass sie so viele Paare wieder zurückgeben.

Und wieder entpuppt sich Verschwendung als Feind des »Free«-Konzepts. Wer Schuhe bestellt, die er gar nicht haben will und die er dann zurückgibt, fühlt sich verschwenderisch, und das ist es ja auch, wenn man an die Arbeit bei der Erstellung und Zustellung der Pakete denkt, vom Kohlendioxidausstoß beim Transport ganz zu schweigen. Diese Posten einfach aus der Rechnung zu streichen, reicht nicht aus, um die Wahrnehmung zu ändern, denn hier geht es ja um die amorphen sozialen und umweltbezogenen Kosten und nicht um einen Angriff auf Ihre Brieftasche.

Verhaltensökonomen erklären unsere verwirrenden Reaktionen auf »Free« zu einem Großteil damit, dass sie zwischen Entscheidungen aus der sozialen und denen aus der finanziellen Welt unterscheiden. Der Versand von Zappo ist in der finanziellen Welt ein kostenloser Service, jedoch nicht in der sozialen, denn hier fangen wir an, uns den Kopf darüber zu zerbrechen, wie hoch die sozialen Nettokosten sind, wenn wir fünf Paar Schuhe zurücksenden und nur eines behalten. Diese Kosten lassen sich aber für Otto Normalverbraucher nicht ausrechnen, und deshalb verweigern sich viele Verbraucher einfach und verzichten auf dieses Angebot, obwohl es kostenlos ist.

Ariely hat den Unterschied zwischen diesen beiden Welten auch anhand eines weiteren Experiments nachgewiesen: In die öffentlich zugänglichen Kühlschränke in Studentenwohnheimen legte er mehrere Sechserpackungen Cola. Außerdem stellte er eine Schale mit Geld auf den Tisch. Die Cola-Packungen waren innerhalb kürzester Zeit verschwunden, doch niemand nahm sich von dem Geld. In den Augen der Studenten war die Cola kostenlos, auch wenn sie genau wussten, dass irgendwer dafür bezahlt haben musste. Doch das Geld zu nehmen, hätte sich wie Diebstahl angefühlt.

Kein Geld, keine Verpflichtung

Neulich nahm ich an einer Konferenz von Google teil, die wegen ihres gigantischen Angebots an kostenlosen Snacks in der Szene bekannt sind. Dort gibt es alles, was das Schleckermäulchen begehrt: vom gesunden Müsliriegel bis zu den ausgesprochen ungesunden Geleebohnen. Da es sich um eine wissenschaftliche Veranstaltung handelte, waren überwiegend Akademiker und kaum Google-Mitarbeiter anwesend. Die Teilnehmer eilten immer wieder an das Büfett und waren sichtlich beeindruckt von dem Riesenangebot. Gegen Ende des ersten Konferenztages fanden sich überall Verpackungen mit halb aufgegessenen Snacks.

Die Vorstellung, was wohl passiert wäre, wenn Google etwas für diese Snacks verlangt hätte – selbst 10 Cent –, fasziniert mich. Ich gehe jede Wette ein, dass dann viel weniger von dem Essen weggegangen wären, und die Leute das Gewählte auch aufgegessen hätten. Außerdem wären sie dann wohl mit ihrer Entscheidung zufriedener gewesen. Ich bin davon überzeugt, dass sie dann nämlich darüber nachgedacht hätten, ob sie wirklich etwas essen wollen, und vermutlich so lange gewartet hätten, bis sie Hunger verspürt hätten. Und eines kann ich mit Bestimmtheit sagen: Sie hätten sich angesichts ihrer vorschnell getroffenen Entscheidung, sich den Bauch voll zu schlagen, garantiert nicht so schlecht gefühlt (wie ich, als ich mir gedankenverloren eine Handvoll Ingwerbonbons in den Mund stopfte).

Das sind die Schattenseiten von »Free«. Die Mehrheit von uns setzt sich einfach nicht mit Dingen auseinander, die sie nichts kosten. Infolgedessen wird auch nicht lange über den Konsum solcher Produkte nachgedacht. »Free« kann Maßlosigkeit, blinde Sammelwut, gedankenlosen Konsum, Verschwendung, Schuldgefühle und Gier auslösen. Wir nehmen das Gratisangebot einfach mit, weil es griffbereit vor unserer Nase liegt und nicht zwangsläufig, weil wir es haben wollen. Selbst wenn wir nur einen minimalen Preis für etwas zahlen, handeln wir wesentlich verantwortungsbewusster.

Die Verfasser des Blogs »Penny Closer«[7] erzählen die Geschichte eines Freundes, der sich in einem Verein sozial engagiert, um Menschen, die vom Pech verfolgt sind, kostenlose Fahrten im Nahverkehr zu ermöglichen. Genauer gesagt, erhalten diese Leute kostenlose Busfahrkarten in Höhe von 30 US-Dollar, die sie aber leider oft verlieren. Aus diesem Grund hat die gemeinnützige Organisation eine neue Regel eingeführt: Sämtliche Fahrkarten kosten nun 1 Dollar, um den Verlust wenigstens etwas auszugleichen. Doch mit einem Mal passten die Leute viel besser auf ihre Fahrkarte auf. Ihre Sichtweise hatte sich grundlegend gewandelt, obwohl wir hier nur von 1 Dollar reden. Der eigentliche Wert der Fahrkarte war noch immer der Gleiche, aber in ihren Augen war der Wert *gestiegen* – schließlich hatten sie dafür bezahlt.

Die Kehrseite der Medaille ist – wie diese Beispiele gut veranschaulichen –, dass die Zahl der Interessenten oft radikal abnimmt, sobald Geld für etwas verlangt wird, ganz gleich wie viel. Die Teilnehmer der Google-Konferenz hätten mit Sicherheit weitaus weniger konsumiert, wenn sie das Essen etwas gekostet hätte. Im Beispiel mit der Wohltätigkeitsorganisation zeigte sich, dass nun viel weniger Fahrkarten unters Volk gebracht wurden. Das ist die Schattenseite von »Free«: Mithilfe eines Gratisprodukts oder einer kostenlosen Dienstleistung können Sie Ihre Zielgruppe am besten ansprechen, aber wenn es sich dabei um etwas handelt, was Sie eigentlich gar nicht beabsichtigen (Google hat garantiert kein Interesse daran, den Konsum von Snacks zu maximieren), kann sich die Absicht ins Gegenteil verkehren. Wie jedes andere höchst effiziente Marketingmittel, darf auch »Free« nur vorsichtig und wohldosiert eingesetzt werden, sonst ist der Schaden größer als der Nutzen.

Zeit ist Geld

An einem bestimmten Tag in Ihrem Leben wachen Sie auf und stellen fest, dass Sie mehr Geld haben als Zeit. Es ist also an der Zeit, gewisse Dinge zu ändern. Laufen Sie nicht mehr meilenweit, um den nächsten Geldautomaten zu finden, an dem Sie kostenlos Geld abheben können. Schluss damit, stundenlang quer durch die Stadt zu fahren, nur um an der billigsten Tankstelle tanken zu können. Und: Es gibt Handwerker, Sie brauchen Ihr Haus nicht selbst zu tapezieren.

Zu einem Großteil steckt die gleiche Logik hinter der Freemium-Ökonomie (siehe Seite 37f.). Denken Sie zum Beispiel einmal an kostenlose Online-Spiele wie Maple Story, wo man sich Ausrüstungsgegenstände wie »Teleportationssteine« kaufen kann, um mühelos und ohne langes Warten auf den Bus von einem Ort zum anderen zu kommen. Die Mehrzahl dieser kostenpflichtigen Ausrüstungen macht aus Ihnen zwar keinen besseren Spieler, aber Sie können schneller einer werden.

Als Kind hat man meist mehr Zeit als Geld. Nichts anderes steckt hinter MP3-Tauschbörsen, die zwar ziemlich aufwändig, aber kostenlos (wenn auch illegal!) sind. Auch Steve Jobs hat erkannt, dass das Herunterladen von Musikdateien über Tauschbörsen nicht ganz unproblematisch ist, denn mitunter stieße man dort auf merkwürdige Dateiformate oder fehlende Liedtexte. Dann wieder lade man sich den falschen Song herunter oder habe es mit einer miserablen Tonqualität zu tun. Die Zeit, die man investieren müsse, um an kostenlose Songs zu kommen, bedeute nichts anderes, als »für weniger als den Mindestlohn zu arbeiten«[8], meint Jobs. Nichtsdestotrotz: Für den, der über viel Zeit und wenig Geld verfügt, mag es durchaus sinnvoll sein, so vorzugehen. Für diese Menschen ist kostenlos der richtige Preis.

Doch je älter man wird, umso eher dreht sich diese Gleichung um, und Kosten von 0,99 US-Dollar mal hier und mal dort sind nun wirklich keine große Sache. Und schon ist man zum zahlenden Anwender mutiert, zum Premium-Nutzer in der Freemium-Welt.

Eines meiner Nebenprojekte ist ein Open-Hardware-Unternehmen namens DIY Drones, das Flugrobotertechnik entwickelt und vertreibt. Vermutlich sind Sie mit dem Konzept dieser Open-Source-Software vertraut, doch im Moment entwickelt sich eine neue Idee, die noch einen Schritt weiter geht und dieses Prinzip auf die Hardware – von Leiterplatten bis hin zur Verbraucherelektronik und damit zu technischen Spielereien wie dem Android Phone von Google – überträgt.

Open-Source-Hardware steckt sicherlich noch in den Kinderschuhen, doch schon in dieser Phase zeichnet sich ab, wie sich mit »Free« Geld machen lässt. Die Welt der freien Software wird um eine weitere Dimension ergänzt, weil wir es hier mit Atomen (mit realen Grenzkosten) zu tun haben, und nicht mit Bits und Bytes, die nahezu zum Nulltarif vertrieben werden können.

Die meisten Unternehmen, die Open-Source-Software anbieten, funktionieren nach diesem Prinzip: Sämtliche Konstruktionspläne, Platinenentwürfe, Software und Anleitungen sind kostenlos und für alle erhältlich. Wenn Sie selbst einen Beitrag leisten wollen (oder etwas Bestehendes verbessern), nur zu. Doch wenn Sie vor der Arbeit oder dem Risiko zurückschrecken, können Sie alternativ auch eine bereits fertige Version kaufen, die garantiert funktioniert.

Ein Beispiel dafür ist der Open-Source-Mikroprozessor von Arduino, auf dem die DIY-Autopiloten[9] beruhen. Sie können entweder Ihren eigenen Mikroprozessor konstruieren – die Anleitung finden Sie unter www.arduino.cc –, oder Sie kaufen einen. Das Arduino-Team verdient seine Brötchen, indem es von den Unternehmen und Händlern, die diese Platinen herstellen und verkaufen, eine Lizenzgebühr kassiert.

Mit diesem Geschäftsmodell können Sie sich eine goldene Nase verdienen, was Limor Fried mit ihrem Unternehmen für den Vertrieb und die Entwicklung von Elektronik-Kits bewiesen hat. Sie und ihr Geschäftspartner Phillip Torrone haben um das »Free«-Konzept herum ein einfaches Geschäftsmodell geschaffen, das ich für DIY Drones kopiert habe, ohne dass ich mich deswegen schämen würde.

Und so funktioniert es:[10]

1. Sie bauen eine Community rund um kostenlos erhältliche Informationen und Tipps zu einem bestimmten Thema auf.
2. Mit der Hilfe dieser Community entwickeln oder konstruieren Sie Produkte, für die eine Nachfrage besteht. Als Gegenleistung für die tatkräftige Unterstützung bieten Sie die Urform des Produkts kostenlos an.
3. Außerdem bieten Sie all denjenigen, die über mehr Geld als Zeit/Fähigkeiten/Risikobereitschaft verfügen, an, Ihr Produkt käuflich zu erwerben. (Im besten Fall sind das fast alle.)
4. Genau das wiederholen Sie wieder und wieder. Denken Sie daran, dass Ihre Gewinnspanne bei dem Produkt bei rund 40 Prozent liegen muss, damit Sie Ihre Rechnungen zahlen können.

Doch, glauben Sie mir, so einfach ist das. Torrone sagte einmal, dass er sich nicht vorstellen könne, ein Buch zu schreiben, ein Video zu drehen oder ein Magazin herauszugeben, ohne dass da nicht schon längst eine Community sehnlichst darauf warte: »Irgendwie geht es immer um eine Geschichte – Menschen wollen einen Anfang, einen Mittelteil, ein Ende und nicht zu vergessen eine Handlung – und wenn dann plötzlich eine Schaltfläche mit der Aufschrift ›Kaufen‹ auftaucht, klicken sie manchmal darauf und belohnen uns damit für unsere harte Arbeit.«[11]

Auch dieses Beispiel verweist in zweierlei Hinsicht auf den psychologischen Aspekt von »Free«, nämlich zum einen auf unsere mentale Rechenoperation, wenn wir den Wert der Zeit, die wir haben, berechnen. Denken Sie kurz zurück an Steve Jobs, der sagte, dass Sie nicht einmal den Mindestlohn erarbeiten, wenn Sie sich durch den ganzen Datenmüll wühlen, um ein kostenloses Lied herunterzuladen. Jobs hat damit wohl auch zum Ausdruck bringen wollen, dass man sich eine Menge Zeit (und Ärger) spart, wenn man einfach 0,99 Dollar dafür zahlt (von Legalität und Fairness mal ganz abgesehen).

Der zweite Grund, weshalb Sie lieber für etwas zahlen, liegt darin, dass dadurch das Risiko sinkt, dass die Ware nicht Ihren Vorstellungen entspricht. Auf bezahlte Ware wird grundsätzlich eine Garantie gewährt, bei kostenloser ist das nicht üblich. Adafruit gewährleistet eine Garantie auf seine Elektronikprodukte. Sie können sich also sicher sein, dass sie funktionieren, was ja nicht zwangsläufig der Fall ist, wenn Sie selbst den Lötkolben schwingen.

Doch »Free« kann dazu beitragen, Vertrauen aufzubauen. Auch hierfür ist Adafruit ein tolles Beispiel: Schließlich sind eine kostenlose und eine Open-Source-Version des Produkts erhältlich, was bedeutet, dass Sie die Ware in aller Ruhe und ohne Risiko ausprobieren können. Außerdem können Sie die Software jederzeit modifizieren und an Ihre Anforderungen anpassen. Die Tatsache, dass es bei Adafruit eine kostenlose Version gibt, hat eine größere Anwender-Community angezogen als es bei einer kostenpflichtigen der Fall gewesen wäre. Auf diese Weise ist das Wissen von Vielen in das Programm eingeflossen, wovon alle profitieren. Und wer ein technisches Problem hat, ist dort bestens aufgehoben. (Psychologen sprechen hier von einem »mimetischen Wunsch«, was grob zusammengefasst bedeutet, dass wir das tun wollen, was auch andere tun, da deren Entscheidungen unsere eigenen bestätigen – was so ziemlich alles erklärt, vom Herdentrieb bis zur aktuellen Vorliebe von Fashion-Victims für Trucker-Hüte.)

Deshalb funktioniert »Free« auch so wunderbar, wenn es in Verbindung mit zahlungspflichtiger Ware eingesetzt wird. Schließlich können auf diese Weise die unterschiedlichsten psychologischen Charaktere befriedigt werden. Keiner kommt zu kurz, nicht derjenige, der mehr Geld als Zeit hat, aber auch nicht der, bei dem das Gegenteil der Fall ist. Es funktioniert für all diejenigen, die selbstbewusst genug sind, die Dinge selbst in die Hand zu nehmen, aber auch für diejenigen, die lieber andere machen lassen. Die Symbiose aus »kostenlos« und »bezahlt« umspannt die gesamte Psychologie der Konsumgesellschaft.

Die Motive der Produktpiraten

Böse Zungen könnten behaupten, die ultimative Form von »Free« wäre die Piraterie. Zunächst wollen wir den Begriff klären. Piraterie ist eine

Sonderform des Raubs, die häufig von den Piraten selbst, aber auch von Verbrauchern als Kavaliersdelikt, bei dem es keine Opfer gibt, angesehen wird. (Ich möchte gar nicht erst versuchen, eine Diskussion darüber anzuregen, ob sie meiner Meinung nach Recht haben oder nicht; mich interessiert vielmehr der psychologische Aspekt der Bewertung ihres Tuns.) In der Regel wird ins Feld geführt, dass Raubkopien nur in den seltensten Fällen ein gleichwertiger Ersatz des Originalprodukts seien, da die Kopie eine Zielgruppe anspricht, die sich das Original nicht würde leisten können und es somit auch nicht gekauft hätte.

Der Grund, weshalb Produktpiraterie als Sonderform des Raubs gilt, liegt darin, dass sich der Schaden des rechtmäßigen Eigentümers kaum beziffern lässt. Stellen wir uns vor, Sie würden eine CD produzieren, von der dann Raubkopien gemacht würden. Die Produktpiraten haben also nicht Ihr Eigentum entwendet, sondern etwas *reproduziert*, das Ihnen gehört. Diese Unterscheidung ist ziemlich wichtig, denn sie begründet den Schluss, dass Sie keinen eigentlichen Verlust erlitten haben, sondern einen *geringeren Gewinn*. Zu einem Großteil liegt Ihr Schaden also darin, dass sich viele Ihrer Alben nicht verkauft haben, weil sie im Markt mit den Raubkopien konkurrieren musste. (Wir werden in Kapitel 14 tiefer in dieses Thema einsteigen und einen Blick nach China werfen, wo wir sehen werden, dass die Folgen der Produktpiraterie nicht immer nur negativ für den rechtmäßigen Eigentümer sind.)

Produktpiraterie ist in gewisser Hinsicht also eine zwangsweise Form von »Free«. Schließlich wollten Sie Ihre CD (um bei unserem Beispiel zu bleiben) ja nicht kostenlos vertreiben, doch der Markt hat anders entschieden. Für die Musik-, aber auch in weniger großen Umfang für die Softwarebranche ist das die bittere Realität, mit der sie tagein, tagaus zu kämpfen haben. »Free« wurde zum tatsächlichen Preis, trotz aller Schritte, die eingeleitet wurden, um die Produktpiraterie zu stoppen.

Ein Softwareentwickler beschloss, der Sache auf den Grund zu gehen. Cliff Harris entwickelt Videospiele, die er zu einem – wie er meint – angemessenen Preis von 20 US-Dollar anbietet. Und dennoch machten die Produktpiraten auch vor seinen Spielen keinen Halt. Doch wieso eigentlich?

Er stellte diese Frage auf Slashdot, einem beliebten Web-Forum für technische Fragen. Er erhielt Hunderte und Aberhunderte von Antworten, von denen nur wenige kürzer waren als hundert Worte. »Ich hatte fast den Eindruck, als hätten viele Menschen bloß darauf gewartet, dass ihnen endlich mal ein Programmierer diese Frage stellt«, meinte er.

Kevin Kelly schrieb über dieses Experiment:

> Die Muster, die in den zahlreichen Antworten steckten, waren verblüffend. Der Haupteinwand lautete, dass seine Spiele (und Spiele allgemein) für das, was sie bieten, viel zu teuer verkauft würden – auch seine für nur 20 US-Dollar. Als Nächstes wurde ins Feld geführt, dass alles, was den Kauf oder den Spielstart unnötig erschweren würde – wie Kopierschutz, DRM (Digital Rights Management) oder komplizierte Online-Kaufverfahren –, eben einfach alles, was zwischen dem Impuls, sofort mit dem Spiel loszulegen, und dem Spiel an sich steht, das Signal wäre, den kostenlosen Weg einzuschlagen. Harris konnte feststellen, dass ideologische Gründe (Hetzparolen gegen den Kapitalismus, geistiges Eigentum und »den Menschen an sich« oder der Reiz des Verbotenen) nur von einer absoluten Minderheit genannt wurden.[12]

Es gereicht Harris zu Ehre, dass die zahlreichen Antworten auf seine Frage ein Umdenken bei ihm bewirkten und er beschloss, sein Geschäftsmodell zu ändern. Er halbierte den Preis für seine Videospiele und entfernte den Kopierschutz, den er verwendet hatte. Er versprach, die Nutzung seines Online-Shops einfacher zu machen, und den Shop so umzustellen, dass man mit einem Klick zum Kaufabschluss kommen könnte. Er beschloss, die kostenlose Testspielzeit seiner Demoversionen zu verlängern. Doch das Beste war seine Erkenntnis, die Qualität seiner Spiele zu verbessern.

In gewisser Hinsicht haben ihm die Anwender seiner Spiele mitgeteilt, dass seine Spiele für sie weniger wert waren als er dachte, dass sie es sein müssten. Ihm war klar, dass sämtliche Anstrengungen, dagegen anzukämpfen, vergebliche Liebesmüh wären, bis die Spieler erkennen würden, dass seine Spiele ihren Preis durchaus wert waren.

Was können wir aus dieser Geschichte lernen? Dass »Free« in einem digitalen Marktplatz fast immer eine Alternative ist. Selbst wenn Sie Ihr Produkt nicht offiziell kostenlos anbieten, werden andere den Weg dorthin finden. Wenn die Grenzkosten der Reproduktion bei Null liegen, ist die Hemmschwelle für »Free« nahezu ausschließlich psychologisch begründet – etwa durch die Angst, gegen geltendes Recht zu verstoßen, die Einsicht, dass Raubkopien unfair sind, die Erkenntnis, dass Zeit Geld ist, die Macht der Gewohnheit oder weil die Tatsache verdrängt wird, dass auch eine kostenlose Version erhältlich ist. Früher oder später werden die meisten Hersteller, die in der digitalen Welt operieren, mit »Free« konkurrieren müssen. Harris hat das begriffen und herausgefunden, was er verbessern könnte. Durch seine Umfrage war ihm klar geworden, wie Produktpiraten ticken, und er hat erkannt, dass in ihnen ein zahlender Kunde verborgen ist, der nur auf einen triftigen Grund wartet, sein Versteck zu verlassen.

Das digitale »Free«

Kapitel 5

Zu billig, um eine Rolle zu spielen

Die Lektion aus dem Web: Wenn sich der Preis für etwas jährlich halbiert, führt kein Weg an »Free« vorbei

Im Jahre 1954, zu Beginn des Atomzeitalters, prognostizierte Lewis Strauss, Bevollmächtigter der US-amerikanischen Atomenergiebehörde, in New York in einem Kreis von Wissenschaftsjournalisten uns allen eine rosige Zukunft. Krankheiten würden überwunden und das Rätsel des Alterns gelöst sein. Menschen würden mühelos und mit hoher Geschwindigkeit über Ozeane und durch die Luft reisen, große Hungersnöte würden nur noch aus Geschichtsbüchern bekannt sein. Er endete mit den berühmt gewordenen Worten: »Es ist nicht zu viel erwartet, dass unsere Kinder in ihren Häusern elektrische Energie genießen werden, die zu billig sein wird, als dass es sich noch lohnen würde, ihren Verbrauch zu messen«.

Das waren noch optimistische Zeiten. Wir standen am Anfang der Raumfahrt, die moderne Medizin besiegte uralte Geißeln der Menschheit, die Chemie ermöglichte uns ein »besseres Leben« und die Ernährung der gesamten Menschheit, und das Informationszeitalter mit seinen unbegrenzten Möglichkeiten zeichnete sich am Horizont ab. Was immer es zu erfinden galt, würde auch erfunden werden, und im Handumdrehen an eine neue, spendierfreudige Generation vermarktet, verpackt und verkauft werden.

Der Nachkriegsoptimismus, dass Wissenschaft und Technik eine Ära des Wohlstands mit bislang ungekanntem Wachstum anstoßen würden, erstreckte sich von nationalem Stolz bis zu häuslichem Glück. Die Kombination von genialem Geist und intelligenter Technik versprach uns, uns von der Schinderei im Haushalt, aber auch von den Gräueln des Kriegs zu befreien. Die Frage war nicht, ob wir in Weltraumkolonien leben, sondern was wir dort anziehen würden. Die Zeichentrickserie *Die Jetsons* war genauso witzig wie die Familie Feuerstein, denn unsere Überzeugung, dass wir eines Tages Weltraumtaxis und Roboter-Butler haben würden, schien genauso sicher wie die Tatsache, dass wir in grauer Vorzeit einmal in Höhlen gelebt hatten.

Und in der Tat: Der Wirtschaftsboom nach dem Zweiten Weltkrieg war überwiegend auf Wissenschaft und Technik zurückzuführen und löste einen Produktivitätsschub und ein Wirtschaftswachstum in einer Dimension aus, von der man bislang nur träumen hatte können. Doch so rosig, wie es Strauss prognostiziert hatte, waren die Zeiten nicht. Zu billig, um seinen Verbrauch zu messen, wurde Strom nicht.

Uran ist zwar ein günstigerer Brennstoff als Kohle, doch es zeigte sich, dass die Anfangskosten für den Bau des Reaktors und des übrigen Kraftwerks viel höher sind. Die Entsorgung des Atommülls war und ist ein ungelöstes Problem. Nach Three Mile Island und Tschernobyl wurde das riskante und teure Unterfangen Atomenergie doppelt so teuer wie geplant.

Heutzutage entsprechen die Kosten für Atomstrom in etwa denen von mit Kohle erzeugtem Strom, das heißt die Atomenergie hat in keiner Weise zu sinkenden Energiekosten geführt.[1]

Doch was wäre passiert, wenn Strauss richtig gelegen hätte und Strom praktisch zum Nulltarif angeboten werden würde? Die Antwort ist, dass alles, was in irgendeiner Form mit Strom zusammenhängt, anders wäre – und das ist so gut wie alles. Wir würden nicht versuchen, alternative Energiequellen zu entwickeln, sondern würden so viel Strom verbrauchen wie wir nur können. Wir hätten uns zu wahren Stromfressern entwickelt, da Strom so günstig zu haben wäre, dass wir uns über Effizienz keinerlei Gedanken zu machen bräuchten.

Sämtliche Gebäude würden elektrisch beheizt, Wärmedämmwerte spielten keine Rolle. Wir alle wären stolze Besitzer von Elektroautos. (Der kostenlose Strom wäre Anreiz genug für die Industrie, Akkus mit ausreichender Ladekapazität zu entwickeln.) Gigantische Entsalzungsanlagen würden Meerwasser in einen unerschöpflichen Vorrat an Trinkwasser umwandeln, mit dem wir riesige Landstriche bewässern und aus Wüsten Ackerland machen könnten.

Damit würde sich zu den zwei kostenlosen Hauptzutaten der Landwirtschaft – Sauerstoff und Sonnenlicht – noch eine dritte gesellen: kostenloses Wasser. Damit könnten wir mehr Getreide anbauen als für unsere Versorgung erforderlich, womit nichts gegen eine Verfeuerung von Getreide als Biokraftstoff spräche. Im Vergleich dazu wären fossile Brennstoffe aberwitzig teure Umweltverschmutzer. Infolgedessen würden die

Nettokohlenstoffemissionen ins Uferlose sinken. (Pflanzen verbrauchen so viel Kohlenstoff aus der Atmosphäre, wie sie bei ihrer Verbrennung wieder freisetzen, während durch die Verbrennung von Öl und Kohle zusätzlicher Kohlenstoff erzeugt wird.) Vermutlich wüsste niemand mit dem Begriff »globale Erwärmung« etwas anzufangen.

Kurz gesagt, »zu billig, um den Verbrauch zu messen« hätte die Welt verändert.

Sie halten das für unwahrscheinlich? Möglicherweise liegen Sie richtig, zumindest was die Elektrizität anbelangt (doch wer weiß, was die Solarenergie eines Tages bewirkt). Doch in unseren Zeiten gibt es drei Technologien, die ebenso großen Einfluss auf unsere Wirtschaft ausüben wie die Elektrizität: Prozessorgeschwindigkeit, digitale Datenspeicherung und Bandbreite. Und alle drei sind im Begriff, tatsächlich so billig zu werden, dass sich das Nachrechnen nicht mehr lohnt.

Die Geschwindigkeit, mit der sich dieser Preisverfall vollzieht, ist atemberaubend, sogar ein halbes Jahrhundert, nachdem Gordon Moore seine Theorie über die sinkenden Kosten bei gleichzeitiger Leistungssteigerung von Rechnern aufgestellt hat, die mittlerweile als Mooresches Gesetz bekannt ist. Was allerdings noch erstaunlicher ist, ist die Tatsache, dass sich von diesen drei Technologien die Leistungsfähigkeit der Rechner – auf die sich Moore bezogen hat – am langsamsten weiterentwickelt. Die Dichte von Transistoren auf Halbleiterchips verdoppelt sich im Zuge des technologischen Fortschritts etwa alle 18 Monate. (Aus diesem Grund können Sie etwa alle zwei Jahre zum gleichen Preis einen neuen iPod kaufen, der etwa doppelt so viele MP3-Dateien speichern kann wie das Vorgängermodell.) Bei Festplatten geht das Ganze noch schneller: Die Anzahl der Bytes, die auf einem bestimmten Sektor einer Festplatte gespeichert werden können, verdoppelt sich jedes Jahr, weshalb Hunderte von Filmen auf einen Festplattenrekorder passen. Doch Spitzenreiter ist noch immer die Bandbreite: Die Geschwindigkeit, mit der Daten über ein Glasfaserkabel übertragen werden können, verdoppelt sich etwa alle neun Monate. Und das ist der Grund, weshalb Sie eigentlich gar keinen Festplattenrekorder mehr brauchen – mit einem entsprechenden Online-Videostreaming-Angebot können Sie sich alle Filme und Sendungen ansehen, wann immer Sie wollen.

Jede dieser drei Entwicklungen wirkt sich auch auf die Wirtschaft aus: Die Kosten halbieren sich mit der gleichen Geschwindigkeit wie sich Kapazität, Geschwindigkeit und so weiter verdoppeln. Das heißt, wenn sich die Rechnerleistung zu einem bestimmten Preis alle zwei Jahre verdoppelt, sinkt der Preis für eine gegebene Einheit von Rechenleistung im selben Zeitraum um die Hälfte.

Nehmen wir den Transistor: 1961 kostete ein einziger Transistor 10 US-Dollar. Zwei Jahre später waren es noch 5 US-Dollar. Weitere zwei Jahre später, als Moore seine Prognose in der Aprilausgabe des Magazins *Electronics* von 1965 veröffentlichte, lag der Preis bei 2,50 US-Dollar. Bis zum Jahr 1968 war der Preis auf 1 US-Dollar gesunken. Sieben Jahre später musste man nur noch einen Penny dafür hinlegen, und so ging das einfach weiter.

Mittlerweile finden rund 2 Milliarden Transistoren auf einem Prozessorchip von Intel Platz, der etwa 300 US-Dollar kostet. Das bedeutet, dass jeder einzelne Transistor nur noch 0,000015 US-Cent kostet. Und das ist definitiv zu billig, als dass es sich noch lohnen würde nachzurechnen.

Dieses Dreigestirn aus immer schnelleren, besseren und billigeren Techniken – Rechnerleistung, Speicherkapazität und Bandbreite – führt dazu, dass online mittlerweile fast alles möglich ist. Nun können Sie kostenlose Dienste wie YouTube stundenlang nutzen und sich Videos ohne Zeitverzögerung und mit immer besserer Auflösung ansehen, ohne dass Sie das finanziell ruinieren würde, wie es noch vor einigen Jahren der Fall gewesen wäre.

Noch nie zuvor in der Geschichte der Menschheit waren die Haupteinflussfaktoren auf die Wirtschaft im Preis so tief und so dauerhaft gesunken. Und damit wären wir bei der Triebkraft von »Free« angekommen, dem »Konzept Kostenlos«, das mehr ist als ein simpler Marketingkniff oder eine Quersubvention. In einer Welt, in der sich die Preise ständig nach oben zu bewegen scheinen, werden die Preise für alles, was mithilfe dieser drei Technologien produziert wird, *stetig* sinken. Und zwar so lange, bis die Preise nahezu bei Null angekommen sind.

Preisstürze vorwegnehmen

Wenn sich die Kosten für Ihr Produkt im Dauerflug nach unten befinden, und das auf längere Sicht, können Sie es mit einer Preisgestaltung versuchen, die man unter anderen Umständen als verrückt ansehen könnte. Verkaufen Sie es nicht zu den Kosten von heute, sondern zu den Kosten von *morgen*. Die durch den niedrigeren Preis verstärkte Nachfrage wird die

Geschwindigkeit des Preisverfalls noch mehr anheizen, sodass das Produkt morgen *sogar noch weniger als erwartet* kostet. Auf diese Weise verdienen Sie sich eine goldene Nase.

Dazu folgendes Beispiel: Anfang der 1960er Jahre verkaufte der Halbleiterhersteller Fairchild Semiconductor einen der ersten Transistoren, den sogenannten 1211, ans Militär.[2] Die Herstellungskosten je Transistor beliefen sich damals auf 100 US-Dollar. Fairchild wollte seine Transistoren an RCA verkaufen, die ihn für ihren neuen UHF-Fernsehtuner verwenden konnten. Zu der Zeit setzte RCA noch herkömmliche Vakuumröhren zu 1,05 US-Dollar das Stück ein.

Einer der legendären Gründer von Fairchild, Robert Noyce, und sein bester Verkäufer, Jerry Sanders, wussten genau, dass die Herstellungskosten sinken würden, je mehr Transistoren sie fertigen würden. Aber um ins Geschäft zu kommen, mussten sie den Preis auf der Stelle senken, auch wenn das Produktionsvolumen noch nicht der Rede wert war. Also senkten sie ihren Stückpreis. Sehr tief. Auf 1,05 US-Dollar je Transistor, obwohl sie keine Ahnung hatten, wie man sie überhaupt so günstig produzieren konnte. Sanders erinnert sich später daran: »Wir mussten die Transistoren in einer Fabrik herstellen, die noch gar nicht gebaut war, wir mussten ein Fertigungsverfahren anwenden, das noch gar nicht entwickelt war, aber unsere Maxime lautete: Ab nächster Woche bieten wir einen Stückpreis von 1,05 US-Dollar an. Wir verkauften in die Zukunft.«

Es funktionierte. Indem sie die Preisverfallskurve überholten, erreichten sie die angestrebten 1,05 US-Dollar und konnten sich einen Marktanteil von 90 Prozent sichern. Zwei Jahre später gelang es ihnen, den Preis für das Modell 1211 auf 50 US-Cent senken und immer noch Gewinn damit zu machen. Kevin Kelly beschrieb diesen Effekt in seinem Buch *NetEconomy. Zehn radikale Strategien für die Wirtschaft der Zukunft* mit den Worten »Preisstürze vorwegnehmen«.

Stellen wir uns doch einmal vor, Henry Ford wäre bei der Fertigung des legendären Modells T ebenso vorgegangen. Dies scheint unmöglich, denn wie könnten die Preise für etwas so Greifbares wie ein Auto sich ebenso im Sturzflug befinden, wie es bei den digitalen Technologien der Fall ist? Jedes Jahr müssten wir die Effizienz verdoppeln, mit der wir Erz abbauen und zu Metall weiterverarbeiten. Sämtliche Bauteile eines Autos müssten wie Halbleiterchips immer günstiger werden, müssten sich quasi an das Mooresche Gesetz für Scheibenwischer und Getriebe halten. Die Arbeiter müssten einer jährlichen Lohnsenkung um 50 Prozent zustimmen, anderenfalls würde die Hälfte von ihnen durch Industrieroboter ersetzt werden.

Wenn Sie die ersten zwei Jahrzehnte der Automobilbranche bewusst miterlebt haben, sprengt dieses Bild Ihre Vorstellungskraft vermutlich *nicht*. Zwischen 1906 und 1918 sanken die qualitätsbereinigten Preise für Kraftfahrzeuge (die Leistung des Autos pro US-Dollar) alle zwei Jahre um etwa die Hälfte, sodass 1918 ein Neuwagen nur noch ein Fünftel dessen kostete, was zehn Jahre zuvor dafür bezahlt werden musste.

Durch die Fließbandfertigung war Ford in der Lage, die Kosten für die Muskelkraft zu senken. Das Ersetzen maßgefertigter Bauteile durch Standardkomponenten ermöglichte eine weitere Senkung der Lohnkosten. Dies war der Beginn der Massenproduktion, und Ford verkaufte Millionen von Autos.

Doch diese erhebliche Kostensenkung, die durch Henry Fords bahnbrechende Fließbandtechnik ermöglicht wurde, konnte nicht ewig so weitergehen. Das Preis-/Leistungsverhältnis verbesserte sich nur noch zögerlich, heutzutage lassen sich nur ein paar Prozent jährlich an Kosten einsparen. Wir sind zwischenzeitlich tatsächlich immer besser geworden, was den Erzabbau anbelangt, und es wurde wirklich die Hälfte der in der Automobilbranche Beschäftigten durch Industrieroboter ersetzt – doch dieser Wandel vollzog sich natürlich nicht über Nacht. Keine Frage, Autos werden immer günstiger und besser, aber mit der Schnelligkeit des Preissturzes in der digitalen Technologie kann dieser Industriezweig nicht mithalten. Auch heute hat ein Auto noch immer einen stolzen Preis.[3]

Aus Sicht des Umweltschutzes ist dies aber gar nicht mal so schlecht. Selbst wenn die Preise für physische Güter so schnell in den Keller stürzen könnten wie die für Mikrochips, würden sich doch die »negativen Exter-

Wie ist es möglich, dass ein Auto nichts kostet?

Better Place, eine Firma des ehemaligen SAP-Vorstands Shai Agassi, plant den kostenlosen Absatz von Elektrofahrzeugen und revolutioniert damit die Autobranche ebenso radikal wie Ryanair die Flugbranche, deren vorrangiges Ziel nicht mehr der Verkauf von Flugtickets ist, sondern der Absatz von Reisen. In einer Zeit, da die Kraftstoffpreise ins Uferlose steigen, wird Autofahrern erst so richtig klar, dass ein Auto mehr kostet als der Anschaffungspreis – selbst in den USA kommt durchschnittlich das hübsche Sümmchen von über 3000 US-Dollar für Benzin pro Jahr zusammen. Better Place hat ungeniert von den Mobilfunkbetreibern abgekupfert und plant nun, Elektroautos kostenlos anzubieten, dafür aber eine Kilometerpauschale zu verlangen, die jedoch niedriger ist als die vergleichbaren Kosten eines herkömmlichen Wagens.

Dieses Geschäftsmodell kann funktionieren, wenn der Kraftstoffpreis schneller steigt als der Strompreis.

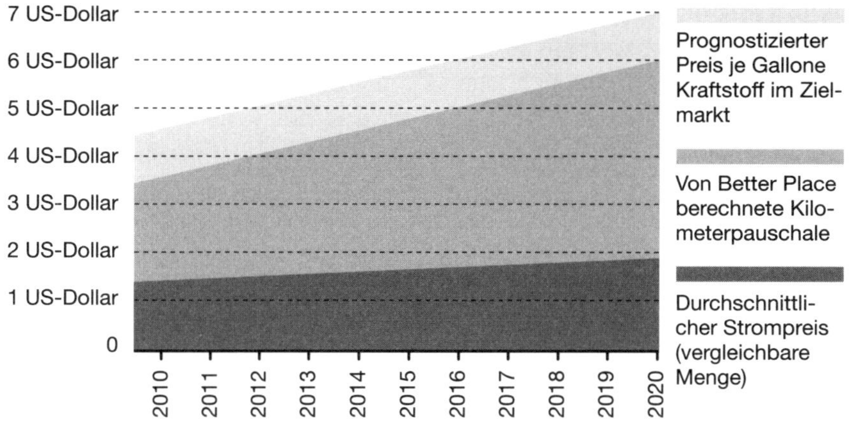

Das Geschäftsmodell von Better Place kann funktionieren, da das Unternehmen mit Elektroautos arbeitet und Strom günstiger ist als Benzin. Als Kunde unterzeichnen Sie einen Drei-Jahres-Vertrag (vorausgesetzt, Sie leben in Israel, Dänemark, Australien oder der San Francisco Bay Area, wo dieser Service zunächst eingeführt werden soll) und erhalten daraufhin ein kostenloses Fahrzeug. Ihren Akku aufladen können Sie zu Hause, auf der Arbeit sowie an öffentlichen Ladestationen, zu denen Sie das integrierte GPS-System leitet. Wenn Sie es eilig haben sollten, werden Sie zu einer Station gelotst, bei der der Akku Ihres Autos schneller ausgetauscht wird, als eine herkömmliche Tankfüllung dauert.

Die Differenz zwischen dem Benzinpreis und dem auf den Stromverbrauch der Autos umgelegten Strompreis liegt in Israel – dem ersten Land, in dem das ehrgeizige Projekt realisiert werden soll – etwa bei 0,80 US-Dollar je Liter Kraftstoff. In Ländern mit einer höheren Kraftstoffsteuer und einem hohen Anteil an erneuerbaren Energien, wie es für fast ganz Europa gilt, kann diese Differenz sogar bei 1 US-Dollar liegen. Und mit dieser Differenz subventioniert Better Place seine Fahrzeuge.

Das Geschäftsmodell prognostiziert zwei Kundengruppen: Die eine Gruppe kauft das Fahrzeug und erhält den Akku gratis, und die andere Gruppe erhält beides kostenlos. Better Place will, dass die erste Gruppe die Kostenersparnis merklich spürt, weshalb die Kilometerpauschale deutlich unter dem umgelegten Kraftstoffpreis liegen wird. Der Firmenchef geht jede Wette ein, dass die Preise für Kraftstoff schneller steigen werden als die Strompreise, da Rohölvorkommen begrenzt sind, während es erneuerbare Energien eben nicht sind. Wer bislang im Jahr rund 16 000 Kilometer zu einem Preis von 94 US-Dollar pro 100 Kilometer zurücklegt, dem bietet Better Place einen Preis von 75 US-Dollar pro 100 Kilometer an, und erwirtschaftet selbst bei einem entsprechenden Strompreis von 13 US-Dollar einen Gewinn von 62 Dollar pro 100 Kilometer. Das sind knapp 1 000 US-Dollar Bruttogewinn jährlich, womit die Kosten der Batterie über die Zeit (bei einer Lebensdauer von rund zehn Jahren) finanziert werden. Je größer die Differenz zwischen Kraftstoff- und Strompreisen, umso eher amortisieren sich für Better Place die Kosten für die Akkus, das heißt umso schneller bewegt sich das Unternehmen in die Gewinnzone.

Von der zweiten Kundengruppe fordert Better Place eine höhere Kilometerpauschale, bis zu 0,32 US-Dollar je Kilometer. Damit sind die Kosten für Fahrzeug und Akku abgedeckt. Und diese Rechnung verbessert sich in dem Maß, wie die Benzinpreise im Vergleich zu den Stromkosten steigen.

Doch das Projekt rechnet sich nicht nur aus wirtschaftlichem Kalkül, auch die Umwelt profitiert von den sinkenden Treibhausgasemissionen, während zugleich die Abhängigkeit von den ölproduzierenden Ländern sinkt. Aus diesem Grund gilt es als wahrscheinlich, dass sich auch Regierungen und Unternehmen an diesem Projekt beteiligen und in den Ländern, in denen das Projekt zuerst eingeführt wird, in die Infrastruktur der Ladestationen investieren werden. Better Place plant die Ausweitung seines Geschäftsmodells in alle Regionen, in denen sich das Konzept rechnet.

nalitäten« der daraus resultierenden Überproduktion schon nach kürzester Zeit bemerkbar machen. Wenn Sie den Kinofilm *WALL-E – Der Letzte räumt die Erde auf* von Pixar gesehen haben, in dem die Menschheit die Erde verlassen muss, da diese durch gigantische Müllberge unbewohnbar geworden ist, können Sie sich dieses Problem bestimmt bildhaft vorstellen.

Anders in der digitalen Welt: Hier werden lediglich vergängliche Informationsbrocken in Form von Elektronen, Photonen und Magnetfluss im Überfluss erzeugt, was bedeutet, dass es nichts gibt, was die Umsetzung des Mooreschen Gesetzes aufhalten könnte. Und die Folge dessen? Moore selbst gibt mit einem Schmunzeln zu, dass das Mooresche Gesetz gegen Murphys Gesetz verstößt. »Alles wird immer besser und besser.«

Weshalb das Mooresche Gesetz zutrifft

Die meisten industriellen Verfahren verbessern sich mit der Zeit; eine Tatsache, die anhand der sogenannten Erfahrungskurve gemessen wird. Es fällt jedoch auf, dass dieser bekannte Effekt bei allen Prozessen, bei denen Halbleiter in irgendeiner Weise beteiligt sind, viel schneller und nachhaltiger erfolgt.

Der Begriff »Lernkurve«[4] wurde etwa 1885 von dem Psychologen Hermann Ebbinghaus, dem Pionier der experimentellen psychologischen Gedächtnisforschung, eingeführt. Er beschrieb damit von ihm beobachtete Verbesserungen, die auftraten, wenn Aufgaben durch zahlreiche Wiederholungen einstudiert wurden. Doch bald nahm der Begriff eine umfassendere Bedeutung an. Der Eintrag auf Wikipedia.com erklärt diesen Begriff wie folgt: »Je häufiger ein Vorgang wiederholt wird, desto kürzer dauert er.« Ein frühes Beispiel dafür wurde im Jahr 1936 am Luftwaffenstützpunkt Wright-Patterson gefunden, wo Manager ausrechneten, dass die Produktionszeit jedes Mal um 10 bis 15 Prozent sank, wenn sich die Gesamtproduktion der Luftfahrzeuge verdoppelt hatte.

Ende der 1960er Jahre erforschte die Unternehmensberatung Boston Consulting Group (BCG) unterschiedliche Branchen und stellte fest, dass Verbesserungen in einem Betrieb häufig schneller auftraten, als mit einfachen Lernkurven beschrieben werden konnte. Während die Lernkurve vorwiegend das menschliche Lernen beschrieb, schienen diese stärkeren Effekte eher vom Volumen abzuhängen: Sobald eine größere Stückzahl produziert wurde, sanken die Fertigungskosten konstant und vorhersehbar um etwa 10 bis 25 Prozent, wann immer sich die Produktionszahlen verdoppelt hatten. BCG führte für diesen Effekt den Begriff »Erfahrungskurve« ein, um neben dem individuellen Lernen des Arbeiters auch das institutionelle Lernen, von der Steigerung der Verwaltungseffizienz bis hin zur Optimierung der Lieferkette, abzudecken.

Doch auch mithilfe der Erfahrungskurve ließ sich der rapide Preisverfall in der Halbleiterbranche Anfang der 1970er Jahre nicht erklären. Die damaligen Transistoren lagen am oberen Ende der Erfahrungskurve, und ihre Preise sanken dennoch unerbittlich. Innerhalb von zehn Jahren erhöhte sich der Umsatz des Fairchild-Transistors 1211 um das 4000-fache, das heißt, am Ende der Dekade hatten sich die Absatzzahlen zwölfmal verdoppelt. Der Erfahrungskurventheorie zufolge hätte dies zu einem Preisverfall von einem Dreißigstel des Anfangspreises führen müssen. Tatsächlich sank der Preis aber um das *Tausendfache*, was bewies, dass sich noch andere Dinge auf die Preisentwicklung auswirkten.

Was also unterscheidet Halbleiter und andere Hightech-Produkte von anderen Erzeugnissen? In dieser Branche ist das Verhältnis von Hirn- zu Muskelmasse sehr hoch. Betriebswirtschaftlich ausgedrückt: Der Input ist vorwiegend geistiger Natur, kaum stofflicher. Mikrochips sind schließlich nichts anderes als Sand (Silizium), der nach einem komplizierten Rezept gebacken wird. Dazu meinte George Gilder, der Autor von *Microcosm*, in seinem Buch über die Geschichte der Halbleiterindustrie:

> Wenn Materie in der Produktion eine derart untergeordnete Rolle spielt, gibt es auch kaum materielle Gründe gegen eine Erhöhung der Produktionszahlen. Halbleiter symbolisieren das Ende der Materie in der Wirtschaft.[5]

Anders ausgedrückt: Ideen können sich praktisch über alle Grenzen hinweg ausbreiten und dabei erzeugen sie noch nicht einmal Kosten. Doch diese Erkenntnis ist nicht neu. Thomas Jefferson, der geistige Vater des Patentwesens (und zahlreicher anderer Erfindungen), formulierte es besser als jeder andere:

> Wer eine Idee von mir übernimmt, gewinnt an Wissen, ohne das meine zu schmälern, so wie der, der seine Kerze an meiner entzündet, Licht erhält, ohne meines zu verdunkeln.[6]

Der Punkt ist: Ideen sind der ultimative Rohstoff der Überflussgesellschaft und verbreiten sich ohne Grenzkosten. Einmal in die Welt gesetzt, streben Ideen in alle Richtungen und bereichern alles, was sie berühren. (Solche sich verbreitenden Ideen werden als *Meme* bezeichnet.)

Unternehmen dagegen verdienen ihr Geld damit, dass sie aus Ideen ein knappes Gut machen – dies gelingt ihnen mithilfe der Rechte an geistigem Eigentum. Schließlich dienen Patente, Urheberrechte und Betriebsgeheimnisse keinem anderen Zweck, als den natürlichen Fluss von Ideen in Richtung Allgemeinheit so lange zu verhindern, bis der gesamte Gewinn, der sich damit verdienen lässt, abgeschöpft ist. Diese Gesetze wurden erlassen, um Erfindern einen wirtschaftlichen Anreiz für ihre Tätigkeit zu geben, die Lizenz, als Monopolist für eine begrenzte Zeit Gebühren für die Nutzung einer Idee zu fordern, um den hineingesteckten Aufwand bezahlt zu machen. Doch irgendwann einmal läuft jedes Patent ab, und Geheimnisse werden gelüftet; Ideen lassen sich nun mal nicht bis in alle Ewigkeit geheim halten.

Je größer der Prozentsatz an Ideen im Vergleich zur Materie in einem Produkt ist, umso schneller können die Preise dafür fallen. Dies ist der Ursprung des Überflusses, der zur Entstehung des »Konzepts Kostenlos« in der digitalen Welt geführt hat; ein Phänomen, das wir heute mit dem Begriff *Mooresches Gesetz* zusammenfassen.

Dies ist jedoch nicht auf die digitale Welt beschränkt. Jede Branche, in der Daten die Hauptzutat sind, wird dieser Erfahrungskurve folgen, das heißt, die Leistung wird sich verbessern, während der Preis sinkt. Wenden wir uns doch einmal der Medizin zu. Hier vollzieht sich gerade der Wandel von »Wir haben keine Ahnung, weshalb es funktioniert, Hauptsache, es funktioniert« (es hat einen guten Grund, weshalb man von der »Entdeckung« neuer Wirkstoffe spricht) hin zu einem Prozess, der mit den Prinzipien der Molekularbiologie beginnt (»Aha, jetzt wissen wir endlich, weshalb es funktioniert«). Diese Wissenschaft beruht auf Informationen, während die beobachtete Wirksamkeit nur eine Anekdote ist. Sobald die Grundlagen durchschaut sind, lassen sich bessere Medikamente schneller und im Überfluss herstellen.

Die Preise für eine DNA-Analyse sinken alle 1,9 Jahre um 50 Prozent. Es wird wohl nicht mehr allzu lange dauern, bis aus unseren individuellen Erbanlagen eine neue Informationsbranche geworden ist. Immer mehr medizinische und diagnostische Leistungen werden mithilfe entsprechender Software erzeugt (die immer günstiger wird, bis sie irgendwann kostenlos angeboten wird) – im Gegensatz zu Ärzten (die immer teurer werden).

Das Gleiche gilt für die Nanotechnologie, die verspricht, sogar aus der Fertigung eine Informationsbranche zu machen, in der sich eigens konstruierte Moleküle von selbst aneinanderreihen. Wenn die Energieerzeugung nicht länger auf fossile Brennstoffe setzt, sondern auf Sonnenlicht, das in Photovoltaikanlagen in großem Maßstab in Strom umgewandelt wird, oder auf Enzyme, die aus Gras Ethanol machen, dann haben wir es hier ebenfalls mit einer Informationsbranche zu tun. All diese Beispiele verdeutlichen, dass auch Branchen, die nichts mit Computern und Halbleitern am Hut haben, getreu dem Mooreschen Gesetz dieselben exponentialen Wachstumsraten (und den einhergehenden Preisverfall) an den Tag legen, sobald auch sie Hirn statt Muskeln einsetzen.

Das Meadsche Gesetz

Wie es nun mal so ist, hat Gordon Moore das nach ihm benannte Gesetz gar nicht selbst geprägt, sondern Carver Mead, Professor an der Technischen Hochschule Caltech in Kalifornien. Mead war der Erste, der sich mit den wirtschaftlichen Auswirkungen des Mooreschen Gesetzes von der Verdopplung der Transistorenanzahl, die auf eine integrierte Schaltung passen, befasste: Wenn sich die Rechnerleistung zu einem bestimmten Preis alle zwei Jahre verdoppelt, muss sich der Preis für einen Computer mit dieser Rechenleistung in diesem Zeitraum halbieren. Weitaus wichtiger ist jedoch, dass er der Erste war, der sich ausführlich damit auseinandergesetzt hat, was dieses Phänomen für unsere Einschätzung und Nutzung der digitalen Technologie bedeutet. Und er hat als Einziger erkannt, dass wir mit unserer Einschätzung falsch liegen.

Ende der 1970er Jahre lehrte Mead an der Caltech das Fach Halbleiter-Design und definierte die Grundlagen von integrierten Schaltungen, die später einmal unter dem Namen Very Large Scale Integration (VLIS – hoher Integrationsgrad bei komplexen Schaltungen) bekannt wurden, und noch heute die Computerwelt bestimmen. Ihm war ebenso wie Moore klar, dass bei der Leistungsverdoppelung alle 18 Monate kein Ende abzusehen war. Dies hatte weniger mit den herkömmlichen Erfahrungs- und Lernkurven zu tun, sondern viel mehr mit dem von ihm als »komplexe

Lernkurve« bezeichneten Vorgang, einer Mischung aus Lernkurven und häufigen Neuerfindungen.

Komplexe Lernkurven

Jede Generation der Halbleiterlithografie war nur aufgrund einer neuen Erfindung möglich, die den steilen Teil der Lernkurve wieder in Gang setzte.

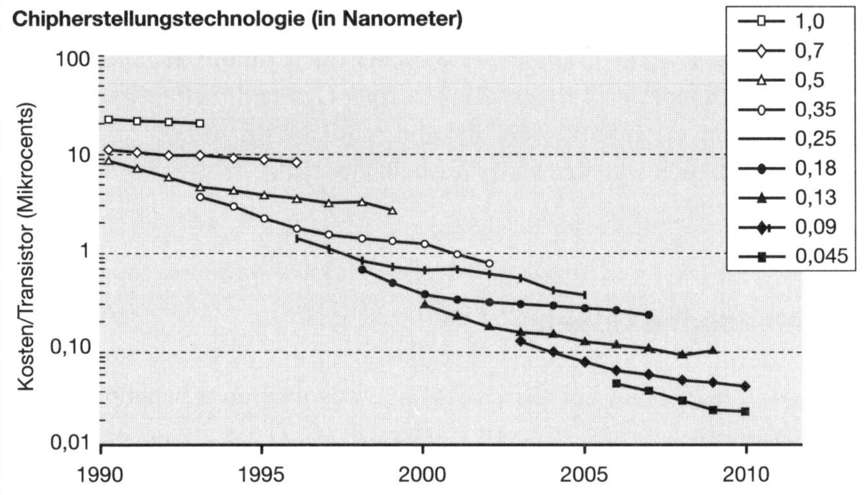

Quelle: Ray Kurzweil

Seit mehr als einem halben Jahrhundert haben Wissenschaftler in der Halbleitertechnik etwa alle zehn Jahre eine bahnbrechende neue Erfindung gemacht, die die Branche wieder in den steil abfallenden Bereich der Kurve befördert hat. Sobald sich ein Fertigungsprozess dem Ende seines Effizienzsteigerungszyklus nähert, wächst der Anreiz, etwas radikal Neues und Besseres zu entwickeln. Und weil in der Welt der Atome, die sich mit der neuen Physik des späten 20. Jahrhunderts auftat, wie der Physiker Richard Feynman sagte, »ganz unten eine Menge Platz ist«, waren die Wissenschaftler mit geradezu gespenstischer Regelmäßigkeit in der Lage, diese neuen Möglichkeiten zu realisieren.

Jedes Mal, ob es sich nun um ein neues Material, ein neues Ätzverfahren oder um eine ganz neue Dimension wie die Parallelverarbeitung handelt, beginnt die Lernkurve erneut am Punkt ihrer größten Steilheit. Addiert man alle Innovationen und Lernkurven der gesamten Computerbranche, ergibt sich ein Preisverfall von atemberaubender Geschwindigkeit. Transistoren bewegen sich – ebenso wie fast jede beliebige andere Einheit von Rechenkapazität – unaufhaltsam auf einen Preis von Null zu.

Mead war sich darüber im Klaren, dass dieser Preissturz auch Konsequenzen für unsere Handlungs- und Denkweise haben müsste. Wenn Transistoren zu billig werden, als dass es sich noch lohnen würde, ihren Preis zu berechnen, wäre es dann nicht angebracht, das Rechnen einzustellen und keinen Gedanken mehr an ihre Kosten zu vergeuden? Sollten wir nicht aufhören, Transistoren wie einen knappen Rohstoff zu bewahren, und stattdessen erkennen, dass es sich um eine im Überfluss vorhandene Ware handelt, und dementsprechend mit ihr umgehen? Nach Meads Ansicht sollten wir also damit beginnen, Transistoren zu »verschwenden«.

Verschwendung hat einen schalen Beigeschmack, und das galt insbesondere in der IT-Welt der 1970er Jahre. Eine ganze Generation von Computerexperten war auf den sparsamen Umgang mit teuren Rechnerbauteilen getrimmt worden. In den vollverglasten Gebäuden der Großrechnerepoche übten die Betreiber dieser Systeme täglich ihre Macht aus, indem sie entschieden, welche Programme auf den teuren Großrechnern laufen durften. Ihre Aufgabe war es, für einen wohl dosierten Einsatz von Transistoren zu sorgen. Sie entschieden nicht nur, welches Programm es wert war, sondern erzogen die Programmierer dazu, ihre Computerzeit so effizient wie möglich zu nutzen.

Diese Priesterschaft – die Sysadmins – herrschte zu Beginn des Informationsalters. Wer mit einem Computer arbeiten wollte, musste sich Zutritt in diese Welt verschaffen und die herrschende Kaste zufriedenstellen. Dies gelang am besten, indem man ein Programm schrieb, das ihren Anforderungen an einen moderaten Einsatz der IT-Ressourcen entsprach. Software musste an den Unternehmenszielen ausgerichtet sein, die Prozessorleistung effizient ausnutzen und bescheidene Ziele verfolgen. Wer diesen Test bestanden hatte, durfte seine Lochkarte durch den Türschlitz schieben – nur um zwei Tage später einen Zettel mit Fehlermeldungen in die Hand gedrückt zu bekommen, woraufhin das ganze Spiel von vorne begann.

Die Programmierer der frühen Stunde konzentrierten sich infolgedessen auf die Optimierung ihrer Core-Algorithmen und verschwendeten kaum einen Gedanken an so etwas Profanes wie eine Benutzeroberfläche. Schließlich schrieb man das Zeitalter der Befehlszeile, und ein Programm musste dem Hauptprozessor dienen, nicht andersherum.

Die Ingenieure dieser Zeit verstanden das Mooresche Gesetz nur auf eine Weise: Mit der Zeit würden die Computer immer kleiner und günstiger als die damaligen Großrechner werden. Es brauchte nicht viel Fantasie, um sich auszumalen, dass Computer einmal so wenig Platz beanspruchen und so preiswert sein würden, dass ihn sich die Durchschnittsfamilie ins traute Heim holen könnte. Doch weshalb sollte irgendjemand einen Rechner zu Hause haben wollen? Nach ausgiebigem Grübeln hatte das Establishment der Computerbranche Ende der 1960er Jahre den einzig denkbaren Grund herausgefunden: die Verwaltung von Kochrezepten. Der weltweit erste Personal Computer, der wie ein aufwändig gestaltetes Küchengerät anmutete, wurde von Honeywell 1969 auf den Markt gebracht, erledigte genau das – und besaß sogar noch ein integriertes Schneidebrett. Dieser Computer war der Star des Neiman-Marcus-Katalogs dieses Jahres und sollte zum Schnäppchenpreis von 10 600 US-Dollar verkauft werden, obwohl zur Eingabe von Daten lediglich Kippschalter vorgesehen waren, und die Hausfrau den Binärcode hätte beherrschen müssen. Es ist nicht belegt, dass sich auch nur ein Stück davon verkauft hätte.

Und hier kommt Mead ins Spiel und ruft die Programmierer auf, Ressourcen zu verschwenden. Als einzige Reaktion machte ein verständnisloses Schulterzucken die Runde – wie sollte denn das gehen? Wie vergeudet man Rechenleistung?

Die brüllende Maus

Erst Alan Kay, ein Ingenieur, der in den 1970er Jahren im Xerox-Forschungszentrum in Palo Alto tätig war, zeigte ihnen, wie das ging. Er sah davon ab, Transistoren lediglich mit Core-Rechenleistungen auszulasten, und entwickelte ein Computersystem – das Dynabook –, bei dem jede Menge Silizium auf »Effekthascherei« verwendet wurde: Icons, ein mausgesteuerter Cursor, ein in Fenster unterteilter Bildschirm und Animationen, die nur einem Zweck dienten: cool auszusehen.

Und worin lag der Sinn dieser überflüssigen Augenweide? Computer sollten auch von Laien einschließlich Kindern einfach zu bedienen sein. Kays Arbeit an der grafischen Benutzeroberfläche (GUI) gab den Weg frei, zunächst für den Xerox Alto und später für den Apple Macintosh. Die

Welt stand Kopf: Computer waren nun auch für uns Normalsterbliche nutzbar.

Kay hat erkannt, dass ein Techniker sich nicht zwangsläufig damit befassen muss, was Technologie alles leisten kann. Viel wichtiger ist, sie so günstig, bedienerfreundlich und für jedermann zugänglich zu machen, dass sie sich in der ganzen Welt durchsetzt und jede denkbare Nische besetzt. Wir, die Anwender, werden herausfinden, was wir damit tun können, denn jeder von uns ist anders, hat andere Bedürfnisse, Ideen, Kenntnisse und Methoden, mit der Welt umzugehen.

Kay hat uns gezeigt, wie sich Computer demokratisieren lassen. In gewisser Weise hat er also das Mooresche Phänomen aus seinem Glaskasten geholt und in jedes Haus, jedes Auto und jede Tasche gesteckt. Dieser gemeinschaftlichen Übung – der Erforschung der ungeahnten Möglichkeiten von Computern – haben wir von der digitalen Fotografie über Videospiele bis zu Festplattenrekordern und iPods alles zu verdanken. (Bezeichnenderweise steht die Verwaltung von Kochrezepten bei der Mehrzahl der Menschen nicht ganz oben auf ihrer Wunschliste.)

Sicher, es waren die Ingenieure, die für die technische Infrastruktur des Internets und Web – TCP/IP und http:// – sorgten, doch es waren *wir*, die herausfanden, was sich damit alles anstellen lässt. Da diese Technologie kostenlos war und allen offen stand, haben wir Anwender ausgiebig damit experimentiert und sie gemeinsam um unsere Inhalte, unsere Ideen, ja um uns selbst bereichert. Die Techniker haben zwar den Topf erfunden, aber wir haben damit gekocht.

Günstige Technologie ist aber nicht das Gleiche wie kostenlose. Zu Kays Zeiten waren leistungsstarke Computer verhältnismäßig teuer, und sie sind es auch heute noch, wenn man dem Gejammer des armen IT-Vorstands Glauben schenken mag, der eben einen hohen Betrag für einen weiteren Serverschrank hinblättern musste. Wer tonnenweise moderne Technologien braucht, weiß, dass sie nicht kostenlos zu haben sind. Doch wenn man das Ganze von einem anderen Standpunkt aus betrachtet, liegen die Dinge anders. Schließlich reichen die teuren Festplatten (hohe Anschaffungskosten) für Zehntausende von Anwendern (niedrige Grenzkosten).

Im Internet von heute geht es vor allen Dingen um Volumen, darum herauszufinden, wie man die meisten Anwender für zentralisierte Ressourcen anzieht, und die anfallenden Kosten, in dem Maße, wie es technisch machbar wird, auf immer mehr Nutzer umzulegen. Längst geht es nicht mehr darum, was die technische Ausstattung der Datenzentren kostet, sondern es stellt sich die Frage, was man damit alles machen kann. Und jedes Jahr – man kann die Uhr danach stellen – kann die Technik noch mehr für noch weniger Geld. Was letztlich dazu führt, dass die Kosten für uns Verbraucher immer mehr gegen Null gehen.

Was Mead und Kay vorhergesehen hatten, wirkte sich drastisch auf die computergestützten Industriezweige aus. Mit einem Mal waren die Programmierer und Entwickler von Sachzwängen wie dem sparsamen Einsatz von Speicher und Festplattenkapazitäten befreit, und konnten sich nun auch an ehrgeizige Projekte wagen, die Benutzeroberfläche in den Mittelpunkt ihrer Arbeit rücken und neue Märkte wie die Unterhaltungsbranche erobern. Die neuen Programme waren wesentlich ansprechender, was dazu führte, dass sich immer Menschen für Computer und ihre vielfältigen Anwendungsgebiete interessierten. Die Welt war im Umbruch, weil Transistoren verschwendet wurden.

Das Interessante daran ist, dass Transistoren (oder Speicherplatz oder Bandbreite) nicht kostenlos angeboten werden müssen, damit sich dieser Effekt einstellt. Sobald eine bestimmte untere Preisgrenze durchbrochen wird, lassen sich die Kosten dafür geflissentlich ignorieren. Der griechische Philosoph Zeno hat mit diesem Problem schon rund 300 Jahre vor Christus gerungen, wenngleich der Kontext ein anderer war. In seinem Dichotomie-Paradox läuft jemand auf eine Wand zu. Dabei halbiert sich die Strecke, die er noch zurücklegen muss, wieder und wieder. Angenommen, wir teilen diese Strecke bis ins Unendliche: Wird unser Läufer dann jemals an dieser Wand ankommen? (Nein. Sobald man im Bereich von Nanometern angekommen ist, wird der Rückstoß der Atome so groß, dass er sich seinem Ziel nicht weiter annähern kann. Übrigens, dieses mathematische Paradoxon hat Newton mit seiner Integralrechnung aufgelöst.)

In der Wirtschaft lautet die Parallele so: Wenn sich die Kosten je technischer Einheit (also pro Megabyte, pro Megabit je Sekunde oder je 1000 Fließkommaprozesse pro Sekunde) alle 18 Monate halbieren, wann ist der »Fast-Nullpunkt« erreicht, an dem es sinnvoll ist, den Preis ganz auf Null zu senken, und dennoch auf der sicheren Seite zu sein? Die Antwort lautet: Immer etwas früher, als Sie denken.

Mead hat begriffen, dass der psychologische Schalter umgelegt werden muss, sobald sich ein Produkt dem Nulltarif annähert. Auch wenn es niemals ganz kostenlos angeboten wird, kann ein solcher Preissturz bewirken, kann ein entscheidender Vorteil dadurch erzielt werden, dass es behandelt wird, als wäre es kostenlos. Es ist dann zwar nicht zu billig, um seinen Verbrauch zu messen, wie es Strauss formuliert hat, aber zu günstig, um noch eine Rolle zu spielen.

Eisen und Glas

Die Geschichte der Halbleiter ist weitgehend zum Gründungsmythos der digitalen Wirtschaft geworden, doch die Wahrheit lautet, dass zwei eng verwandte Technologien auf dem Weg zum Nulltarif eine schnellere Entwicklung nahmen als die Halbleiter: Speicherplatz und Bandbreite.

Die Speicherung von Daten basiert nicht auf Silizium, das in immer feineren Linien geätzt wird, sondern auf Magnetpartikeln, die in einer bestimmten Weise nebeneinander auf einer Scheibe angeordnet werden. Die Festplatte Ihres Computers funktioniert nach diesem Prinzip: Ein winziger Elektromagnet schwebt in einem Abstand von einigen wenigen Atomen in einer spiralförmigen Bahn über einer rotierenden Scheibe. Dieser Magnet beeinflusst die Polarität der Magnetpartikel, die für 0 beziehungsweise 1 steht (eine bestimmte Menge davon reicht aus, um Ihre PowerPoint-Präsentation darzustellen oder den Videofilm anzuzeigen, den Sie gerade aus dem Netz geladen haben). Wie lassen sich nun aber immer mehr Bits auf dieser Scheibe unterbringen? Die Bahnen werden immer schmaler, was dadurch ermöglicht wird, dass immer kleinere und leistungsfähigere Lese-/Schreibköpfe über der Scheibe mit noch winzigeren und stärker magnetisierbaren Partikeln schweben.

Im Grunde haben wir es hier zum einen mit einer mechanischen Baugruppe zu tun, deren Präzision Schweizer Uhrmachern die Schamesröte ins Gesicht treibt, und zum anderen mit Scheiben, die mit ferromagnetischen Materialien, die auf intensive Magnetfelder ausgelegt sind, beschichtet sind. Auch wenn beim Speichern von Daten andere physikalische Effekte ausgenutzt werden als bei Halbleitern, greift auch hier die komplexe Lernkurve von Meads. Es besteht so gut wie kein Zusammenhang mehr mit Moores Beobachtung, und doch erhöht sich die Speicherkapazität beständig (und die Kosten dafür sinken ins Uferlose), viel schneller sogar, als dies nach dem Mooreschen Gesetz der Fall sein müsste. Wieder einmal gilt, dass das Verhältnis von Hirnmasse zu Muskelkraft hoch ist und Innovationen an der Tagesordnung sind.

Bei der Bandbreite spielen wieder andere Gesetze der Physik und der Werkstoffwissenschaften eine Rolle. Beim Senden von Daten über weite Strecken sind zu einem großen Teil Photonen, nicht Elektronen, beteiligt. Optische Wandler setzen die Ein-/Aus-Bits des Binärcodes in Laserimpulse unterschiedlicher Frequenzen um, und diese Lambdas (der Buchstabe des griechischen Alphabets, der die Wellenlänge symbolisiert) bewegen sich in Glasfaserkabeln von solcher Reinheit, dass Licht an den Innenwänden über eine Distanz von Hunderten von Kilometern ohne Verluste oder Verzerrung reflektiert wird.

Hier geht es nicht um Werkstoffe oder mechanische Präzision, sondern um die Wissenschaft der Optik. Doch auch hier sind wesentlich mehr graue Zellen involviert als Muskelpakete, sodass der Verbesserungszyklus immer wieder durch Innovationen angestoßen wird. Unter Einhaltung der Meadschen komplexen Lernkurve werden Fiberoptik-Netze und optische Wandler immer schneller immer besser und haben mit ihrem sich jährlich verdoppelnden Preis-/Leistungsverhältnis die Datenverarbeitung und -speicherung weit hinter sich gelassen.

Was Überfluss so alles bewirkt

Bandbreite, die zu billig für den Zähler geworden ist, war der Stein des Anstoßes für das Portal YouTube, das die herkömmliche Fernsehbranche mit unglaublicher Geschwindigkeit aufmischt (manche sagen, vernichtet). Speicherkapazitäten, die zu billig für den Zähler geworden sind, haben Gmail und seinen unendlich großen Posteingang ins Leben gerufen, ganz zu schweigen von Festplattenrekordern, MySpace und – auf MP3-Basis – dem iPod.

Vor der Vermarktung des iPod wollte niemand seine komplette Musiksammlung in seiner Jackentasche spazieren tragen. Doch die Ingenieure von Apple haben genau gewusst, dass sie Kapital aus der günstigen Speicherkapazität schlagen können. Ihnen war klar, dass die Festplatten ebenso wie Computerprozessoren noch schneller an Kapazität gewannen, als der Preis für Festplatten fiel. Nicht die Nachfrage nach einem Speichermedium für ganze Musiksammlungen war ausschlaggebend für die Entwicklung des iPod, sondern Physik und Fertigungstechnik. Und die Ingenieure von Apple hatten ein offenes Ohr für das, was ihnen die Technologien zuflüsterten, wie es Mead einmal ausgedrückt hat.

Offenbar hatten sie aufmerksam zugehört, als Toshiba im Jahr 2000 ankündigte, dass die Herstellung einer 1,8-Zoll-Festplatte mit einer Speicherkapazität von 5 Gigabyte schon bald möglich sei. Das heißt, dass auf eine Festplatte, die kleiner ist als ein Stoß Spielkarten, etwa tausend Songs passen. Apple hat nichts anderes getan, als umzusetzen, was technisch machbar war, und das Produkt dann auf den Markt zu bringen. In diesem Fall schuf das Angebot die Nachfrage – niemand wäre damals auf die Idee gekommen, seine gesamte Musiksammlung mit sich herumzutragen, aber als sich diese Gelegenheit bot, lagen die Vorteile auf der Hand. Weshalb sollte man sich noch die Mühe machen und am Morgen festlegen, welche Lieder man am Nachmittag hören wollte, wenn es doch ein Leichtes war, einfach alle mitzunehmen?

Jetzt da aus diesem Dreibund der Technologien – Datenverarbeitung, Speicherkapazität und Bandbreite – das Web entstanden ist, kennt der Überfluss keine Grenzen mehr. Kennen Sie den Witz, der Ende der 1990er Jahre kursierte, als die Dotcom-Blase bereits zerplatzt war? Welche Zahlen kommen im Internet vor? Nur zwei: Unendlich und Null. Ersteres erwies sich als falsch, zumindest im Hinblick auf die Bewertungen an der Börse. Letzteres dagegen wächst und gedeiht. Das Web hat sich zum *land of the free* entwickelt, nicht aus ideologischen Gründen, sondern aus wirtschaftlichen. Die Preise haben häufig das Niveau der Grenzkosten erreicht, und im Online-Geschäft liegen die Grenzkosten so nah bei Null, dass sich das Abrunden lohnt.

Genau wie die Computerbranche Jahrzehnte gebraucht hat, um die Implikationen des Mooreschen Gesetzes zu verstehen, wird es noch Jahrzehnte dauern, bis in letzter Konsequenz klar wird, welche Auswirkungen die Verknüpfung von Rechenleistung mit Bandbreite und Speicherkapazität durch das Internet haben wird.

Lewis Strauss' irrige Prophezeiung, dass Strom eines Tages zu billig für den Zähler werden würde, hätte sich auf fast alle Wirtschaftsbereiche ausgewirkt. Sich die Folgen dieses Überflusses auszumalen, sprengt jede menschliche Vorstellungskraft. Heute ist ein nahezu ebenso großer Teil der Wirtschaft von Informationen genauso abhängig wie von Elektrizität.

Informationen sind die Grundlage unserer Geldströme, denn abgesehen von Bargeld ist Geld nichts weiter als – Bits. Informationen sind der Stoff unserer Kommunikation, da jedes Telefonat in dem Augenblick, in dem ein Wort unsere Lippen verlässt, in Daten umgewandelt wird. Die Filme, die wir sehen, und die Songs, die wir hören, bestehen aus Informationen. Informationen sind von Natur aus digital, sie verändern sich ständig und ändern dabei auch, wie sie erstellt und konsumiert werden. Selbst Elektrizität wandelt sich in zunehmendem Maße in eine Informationsbranche, sowohl in den Verteilerzentren der Stromnetze als auch an deren Rändern. Intelligente Netze, sogenannte »Smart Grids«, machen aus herkömmlichen Einwegnetzen interaktive Strukturen, die bald nicht nur die Nachfrage regeln, sondern auch Elektronen von Solarpaneelen empfangen und an Elektroautos werden senden können.

Alles, was von Bits und Bytes abhängt, wird auch von ihren einzigartigen wirtschaftlichen Eigenschaften beeinflusst – und somit billiger, besser und schneller. Wenn Sie aus einer herkömmlichen Alarmanlage eine digitale Version machen wollen, brauchen Sie lediglich einen Sensor und ein paar Knoten im Internet mehr, unbegrenzte Speicherkapazität, Bandbreite und Rechenleistung erhalten Sie praktisch kostenlos dazu. Und genau deshalb ist es plötzlich so interessant, alles zu digitalisieren: Man wird Teil eines großen Ganzen, das nicht nur schneller funktioniert, sondern seine Geschwindigkeit auch noch ständig erhöht.

Bits sind die Anabolika der Industrie, ähnlich wie Strom es seinerzeit war – ihnen haben wir es zu verdanken, dass alles stetig günstiger und besser wird. Der Unterschied zum Strom ist der, dass dieses magisch anmutende Verbesserungspotenzial Jahr für Jahr seine Arbeit tut, während die Elektrizität eine Eintagsfliege war. Wir können uns also zurücklehnen und genüsslich darauf warten, dass schon bald eine neue Generation herauskommt, die nur halb so viel kostet wie das Vorgängermodell, aber doppelt so viel leistet und uns ganz neue Möglichkeiten eröffnet.

Hat damit der gute alte Satz aus der ersten Vorlesung der Betriebswirtschaft, dass sich der Preis über Angebot und Nachfrage reguliert und nicht von der Wissenschaft diktiert wird, seine Gültigkeit verloren? Keine Angst – so weit ist es noch nicht. Noch immer richtet sich der Preis für eine Ware zu einem bestimmten Zeitpunkt nach Angebot und Nachfrage. Aber die langfristige Preisentwicklung wird durch die Technologie bestimmt – und je mehr es von einer Ware gibt, desto günstiger wird sie sein. Das Saysche Gesetz (benannt nach dem französischen Ökonom Jean-Baptiste Say, der Anfang des 19. Jahrhunderts lebte) besagt, dass das Angebot seine eigene Nachfrage erzeugt. Mit anderen Worten ausgedrückt: Wenn plötzlich eine Million Transistoren mehr als sonst gefertigt würden, werden sich schon Anwendungsmöglichkeit dafür finden.

Die Welt wird immer etwas mehr oder weniger von einem Produkt haben wollen, als zu einem bestimmten Zeitpunkt produziert wird, was sich im aktuellen Preis niederschlägt, der dann gemäß dem Verhältnis von Angebot und Nachfrage steigt oder fällt. Doch langfristig sorgen die sinkenden Herstellungskosten dafür, dass die Gesamttendenz nach unten weist, sodass die durch Angebot und Nachfrage verursachten Schwankungen lediglich kleinere Wellen auf einer Linie ergeben, die eindeutig gegen Null geht.

Unsere ganze Wirtschaft basiert also auf komplexen Lernkurven. Das ist eine erstaunliche Sache; es hat eine Generation gedauert, bis dieses Konzept in vollem Umfang verstanden wurde, und es wird noch viele Generationen dauern, bis es in vollem Umfang genutzt werden wird. Doch die Ersten, die wirklich erkannt haben, was es bedeutet, waren nicht Wirtschaftswissenschaftler, sondern ... Modelleisenbahner.

Kapitel 6

»Informationen wollen kostenlos sein«

Was steckt hinter der Kernaussage des digitalen Zeitalters?

1984 veröffentlichte der Journalist Stephen Levy das Buch *Hackers: Heroes of the Computer Revolution*[1], das einen Einblick in die Welt dieser anrüchigen Subkultur verschaffte, der wir nicht nur den Personal Computer (und letztlich auch das Internet), sondern auch einen besonderen sozialen Ethos zu verdanken haben. Nach Levy gehorcht die »Hackerethik« sieben Prinzipien:

1. Der Zugang zu Computern – und allem, was dich etwas über die Funktionsweise der Welt lehrt – sollte unbegrenzt und umfassend sein.
2. Mitmachen heißt die Devise!
3. Alle Informationen müssen frei sein.
4. Misstraue Autorität – fördere Dezentralisierung.
5. Beurteile einen Hacker nach seinem Tun und nicht nach unsinnigen Kriterien wie akademischen Titeln, Alter, Rasse oder Stellung.
6. Man kann mit einem Computer Kunst und Schönheit schaffen.
7. Computer können dein Leben verbessern.

Der dritte Grundsatz stammt übrigens aus dem Jahr 1959 und wird Peter Samson, Mitglied des MIT Tech Model Railroad Clubs (TMRC), dem Club für Modelleisenbahner des Massachusetts Institute of Technology, zugeschrieben. Der TMRC galt als ultimative Zufluchtsstätte für Technikfreaks und war wohl die absonderlichste Gruppierung von Nerds, die sich jemals zusammengefunden hatte. In dem entsprechenden Artikel der US-amerikanischen Version von Wikipedia, der auf Levys Buch referiert, wird erklärt, welchen Einfluss dieser Club hatte:

> Die Mitglieder des Clubs ließen sich in zwei Gruppen einteilen: Die eine interessierte sich hauptsächlich für die Modelleisenbahnen und -land-

schaften, während die andere das Unterkomitee »Signale und Antrieb« bildete und die Schaltkreise konstruierte, die die Bahnen zum Laufen brachten. Letzterer Gruppe haben wir neben vielen anderen umgangssprachlichen Ausdrücken den Begriff »Hacker« zu verdanken. Ab einem bestimmten Zeitpunkt befasste sie sich nur noch mit Computern und Programmieren. Anfangs stand der IBM 704, ein Millionen US-Dollar schwerer Großrechner, der sich in Gebäude 26 befand, im Mittelpunkt ihres Interesses, doch Zugang und Nutzung dieses gigantischen Computers waren wichtigeren Personen am MIT vorhalten. Die Computerbesessenheit in der Gruppe entwickelte sich erst, als Jack Dennis – ein ehemaliges Mitglied des TMRC – ihnen den TX-0 zeigte, einen Großrechner im Wert von 3 Millionen US-Dollar, der langfristig vom Lincoln Laboratory ausgeliehen worden war. Die Gruppenmitglieder machten es sich zur Gewohnheit, in der Nähe des Gebäudes, in dem sich der TX-0 befand, herumzulungern und darauf zu hoffen, dass jemand, der den Rechner gebucht hatte, nicht auftauchte, und sie dann einspringen könnten.[2]

Levys Buch wurde schließlich von dem späteren Chefredakteur des Magazins *Wired,* Kevin Kelly (unserem noch immer sehr geschätzten Senior-Querdenker und Berater), und Stewart Brand geortet. Stewart Brand ist ein unglaublicher Scherzkeks und Autor des von Kelly herausgegebenen Katalogs *Whole Earth Catalogue*, der wohl einflussreichsten Publikation der Gegenkultur. 1983 erhielt Brand einen Vorschuss in Höhe von 1,3 Millionen US-Dollar, um den *Whole Earth Software Catalogue* zu erstellen. Dieser Katalog sollte sich zu einem Leitmedium der aufkeimenden PC-Kultur entwickeln, wie es der *Whole Earth Catalogue* für die Umweltbewegung Ende der 1960er und Anfang der 1970er gewesen war. Als Brand und Kelly Levys Buch in Händen hielten, beschlossen sie eine Konferenz abzuhalten, an der drei Generationen von Hackern teilnehmen sollten. Kelly erzählte dem Professor für Kommunikationswissenschaft der Stanford Universität, Fred Turner, später einmal, dass Brand und er wissen wollten, ob Hacker »Vorboten einer größeren Kultur« seien, und sie gehofft hatten, »Zeuge oder Auslöser zu werden, dass die Gruppe ihre Hackerethik formuliert«.

Im November 1984 schlugen etwa 150 Hacker ihre Zelte in dem Landstrich Fort Cronkhite auf, der in die Küstenlandschaft Marin Headlands im Norden der Golden Gate Bridge eingebettet ist. Zu den Teilnehmern zählten Steve Wozniak von Apple, Ted Nelson (einer der Erfinder des Hypertextes), Richard Stallman (der MIT-Informatiker, der später die Stiftung Free Software gründete) und John Draper, auch bekannt unter dem Spitznamen »Captain Crunch«, da er herausgefunden hatte, wie man mit einer (kostenlosen!) Spielzeugpfeife, die den Frühstücksflocken *Cap'n Crunch* beilag, einen Ton erzeugen konnte, der Gratis-Telefonate ermöglichte. Brand und Kelly waren die Organisatoren dieses Großereignisses und stellten den Hackern nicht nur Kost und Logis, sondern auch Computer und audiovisuelles Equipment zur Verfügung.

Die Gespräche drehten sich hauptsächlich um zwei Dinge: Wie ließ sich eine »Hackerethik« formulieren, und welche Geschäftsmöglichkeiten eröffneten sich in der IT-Branche? Genau in diesem Augenblick formulierte Brand die dritte Regel um und schuf damit eine überaus treffende Beschreibung des digitalen Zeitalters, das damals noch in den Kinderschuhen steckte. Er sagte:

> Einerseits wollen Informationen teuer sein, schließlich sind sie wertvoll. Die richtigen Informationen zum richtigen Zeitpunkt können ein Leben verändern. Andererseits wollen Informationen kostenlos sein, denn die Kosten dafür, sie zu veröffentlichen, werden ständig geringer. Und diese beiden Gegensätze bekämpfen einander.[3]

Bei diesem Zitat handelt es sich wohl um die wichtigste und – am häufigsten missverstandene – Aussage, die je im Kontext der Internetökonomie gemacht wurde.

Das Wichtigste an diesem Zitat ist der Hinweis auf die Verbindung zwischen Technologie und Ideen. Das Mooresche Gesetz handelt von der physischen Maschinerie der Informationstechnologie. Aber Informationen sind die gewichtslose Ware, mit der diese Maschinen arbeiten. Der Physik ist es zu verdanken, dass ein Transistor eines Tages praktisch kostenlos erhältlich sein wird. Aber der Preis der Bits – der Daten, die mithilfe des Transistors verarbeitet werden – könnte sich in beide Richtungen entwickeln.

Vielleicht werden Informationen immer günstiger, weil sie sich einfach reproduzieren lassen. Oder immer teurer, da die perfekte Rechenleistung der Computer Informationen von immer höherer Qualität erzeugen kann. Genau diese beiden Fragen bewogen Brand zu seinem Kommentar, in dem er auf beide Extreme eingeht.

Vielen hat sich nur der Teil dieses Zitats eingeprägt: »information wants to be free« (»Informationen wollen kostenlos sein«), der sich in zweierlei

Hinsicht vom Original von Samson aus Levys Liste unterscheidet, der auf Englisch »All information should be free« (»Alle Informationen müssen frei sein«) gesagt hatte. Erstens hat Samson »free« im Sinne von *frei, ungehindert* verwendet – schließlich war es die Zeit der Großrechner, die nicht jedermann uneingeschränkt zur Verfügung standen. Brand dagegen verstand »free« in dem Sinn, in dem es auch in diesem Buch gebraucht wird, nämlich *kostenlos*.

Zweitens hat Brand aus »should« (»müssen«) ein »wants« (»wollen«) gemacht. Die Kraft von Brands Formulierung ist größtenteils auf die anthropomorphe Metapher zurückzuführen, die Informationen einen Willen zuweist, anstatt einen politischen Standpunkt (»müssen«) auszudrücken. Diese wertneutrale Phrase entfernte »free« von fanatischen Hackern wie Stallman, der eine Ideologie der erzwungenen Offenheit vertrat, und formulierte das Prinzip einer einfachen Naturgewalt. Informationen wollen frei sein, so wie das Leben sich verbreiten und Wasser abwärts fließen will.

Dieses Zitat wird missverstanden, weil man sich oft nur an die Hälfte erinnert. Die andere Hälfte – »einerseits müssen Informationen teuer sein, schließlich sind sie wertvoll« – wird schlichtweg ignoriert, möglicherweise weil sie zugleich paradox und tautologisch ist. Vielleicht ist die folgende Aussage einfacher zu verstehen:

Rohdaten (jeder erhält dieselbe Version) wollen kostenlos sein. Maßgeschneiderte Daten (Sie erhalten etwas Einzigartiges, das für Sie von Wert ist) wollen teuer sein.

Doch auch diese Interpretation trifft es nicht so ganz. Die Antwort auf Ihre Google-Suche ist doch einzigartig, auf Sie zugeschnitten und bedeutet Ihnen etwas, oder? Gut, dann ein neuer Versuch:

Im Überfluss vorhandene Informationen wollen kostenlos sein. Seltene Informationen wollen teuer sein.

In diesem Fall verwenden wir die Begriffe »im Überfluss vorhanden« und »selten« im Kontext der Grenzkostentheorie: Informationen, die zu niedrigen Kosten repliziert und verteilt werden können, wollen kostenlos sein, während Informationen mit hohen Grenzkosten teuer sein wollen. In die Praxis umgesetzt bedeutet dies, dass Sie die Originalfassung dieses Buch online kostenlos lesen können (im Überfluss vorhandene Rohdaten), doch wenn Sie möchten, dass ich zu Ihnen komme und einen auf Ihr Unternehmen zugeschnitten Vortrag über »Free« halte, schmeichelt mir das zwar sehr, aber natürlich muss ich Ihnen meine (knapp bemessene) Zeit in

Rechnung stellen. Schließlich bin ich mehrfacher Vater, und die Kosten einer guten Ausbildung werden nicht geringer.

Brands Erklärung

Doch dies ist nur meine Interpretation. Angesichts der Wirkung seiner Prophezeiung beschloss ich, Brand persönlich aufzusuchen, damit er mir selbst erklären konnte, wie er das in welchem Kontext gemeint hatte.

Meine ersten Fragen an ihn bezogen sich auf die besondere Formulierung seiner Bemerkung. Weshalb machte er aus der von den Hackern verwendeten Befehlsform »müssen« ein »wollen«?

Aus zwei Gründen, antwortete er. Erstens aus semantischen Gründen, es hat sich besser angehört. »Es ist zugleich poetisch und mystisch, und entfernt sich meilenweit von dem erhobenen Zeigefinger, der mit *müssen* assoziiert wird.« Der zweite Grund, den er nannte, ist aber viel wichtiger. »Damit ändert sich die Perspektive von einem selbst hin zum Phänomen, und das Phänomen an sich ist ja, dass sich der Wert der Informationen danach richtet, wie sie mit anderen geteilt werden.« Anders ausgedrückt haben wir es mehr mit einer Funktion der Informationen zu tun als mit einer Entscheidung, die Sie oder ich treffen. Es spielt ja gar keine Rolle, ob wir persönlich Informationen als kostenloses Allgemeingut ansehen oder sie teuer verkaufen wollen, die wirtschaftliche Logik der Informationsgesellschaft favorisiert eindeutig die zweite Option.

Meine nächste Frage bei der Dekonstruktion der Originalaussage bezog sich auf den oft vergessenen zweiten Teil. Hat er die Dualität von »kostenlos« und »teuer« bewusst ins Spiel gebracht, und wenn ja, warum?

Seine Antwort lautete, dass ihn das Paradox, dass sich der Wert von Informationen in beide Extreme bewegt, fasziniert hat:

> In Diskussionen über geistiges Eigentum hörte ich beide Seiten, und beide ergaben Sinn. Nicht anders wird ein Paradox definiert.
> Paradoxa sind in gewisser Weise der Motor von allem, was uns bewegt. Die Ehe zum Beispiel ist ein Paradox: Ich kann nicht mit meiner Frau leben und nicht ohne sie. Beide Aussagen sind richtig. Und die Dynamik, die sich aus ihnen ergibt, macht das Eheleben so spannend – neben anderen Dingen.

> Paradoxa haben nichts mit Widersprüchen gemein. Widersprüche heben sich gegenseitig auf, doch Paradoxa erhalten sich am Leben, denn jedes Mal, wenn Sie die Wahrheit einer Seite anerkennen, schleicht sich von hinten die Wahrheit der anderen Seite an und packt Sie.
> Auf der Konferenz gab es einige Anwesende, die Shareware kostenlos unter das Volk brachten, während andere für ihre kopiergeschützten Programme von Unternehmen teures Geld verlangten. Der Wert und damit auch der Preis für Software waren noch immer eine unbekannte Größe, und die Preise stiegen und fielen zugleich. Anders ausgedrückt: Der Markt hat sich nie beruhigt. Die Programme wurden zu dem Preis verkauft, den der Markt hergab, und der Markt gab alle erdenklichen Preise – in jeder Größenordnung – her. Man konnte die Unternehmen ausnehmen wie eine Weihnachtsgans.

Auch das Wort »Informationen«, das Brand verwendet hat, zeugt von einer gewissen Subtilität. Es handelt sich dabei um eine relativ moderne Verwendung dieses Begriffs, die auf Claude Shannons berühmte Abhandlung aus dem Jahr 1948 über die Informationstheorie[4] zurückgeht. Zuvor wurden unterschiedliche Begriffe (oder gar keine) genutzt, um das einzigartige Phänomen von in Codes verborgenen Ideen oder Anweisungen zu beschreiben. (Shannon selbst hat in einem Aufsatz von 1939, in dem er seine aufkeimenden Ideen beschrieb, stattdessen den Begriff »Intelligenz« verwendet.) Zu den damals verwendeten Begriffen gehörten »Sprache«, »Symbole« und »Zeichen«. Bis zum Informationszeitalter wurde das Wort »Informationen« in der Regel in Bezug auf Nachrichten verwendet: »Ich habe da neue Informationen«, als Synonym zu »Fakten«.

Shannon arbeitete für die Telefongesellschaft AT&T, und seine Theorie entstand im Kontext der Signalverarbeitung. Er definierte Informationen als Gegenteil von Rauschen – sinnvolle und sinnlose Signale – und berechnete, wie sich die einen aus den anderen extrahieren ließen. Im Grunde gilt das für analoge wie für digitale Signale, doch wenn wir heute von Informationen sprechen, meinen wir meistens digitale Bits und Bytes: die Ein-/Aus-Signale, die alles oder nichts bedeuten, je nachdem, wie wir sie entschlüsseln.

Ihr Textverarbeitungsprogramm hält eine MP3-Datei für Rauschen, und Ihr Festplattenrekorder kann nichts mit einer Tabelle anfangen, doch aus Sicht der Informationen handelt es sich in beiden Fällen um das Gleiche: einen Strom aus Bits.

Brand bezeichnete mit dem Begriff »Informationen« digital verschlüsselte Informationen, was auf seine Erfahrung mit digitalen Netzwerken schließen lässt, einschließlich dem von ihm selbst gegründeten Whole Earth 'Lectronic Link (WELL). Hier lernte er, dass Bits und ihre Bedeutung zwei Paar Schuhe waren. In wirtschaftlicher Hinsicht waren Bits praktisch kostenlos, doch ihre Bedeutung stellte einen Wert von kostenlos bis unbezahlbar dar, je nachdem, wer der Empfänger dieser Bits war.

»Als Modell für WELL diente mir meine Erfahrung, die ich aufgrund meiner Arbeit für die Telefongesellschaft gesammelt hatte. AT&T verkauft ja nicht das Gespräch, und es ist dem Unternehmen völlig egal, was sich die Teilnehmer zu sagen haben. Das Einzige, was sie interessiert ist, dass die Kunden dafür bezahlen, ein Telefon benutzen zu können. Der Inhalt der Gespräche ist irrelevant.«

Das Gegenstück der materiellen Welt ist die Kneipe. Sie ist ein Ort der Geselligkeit und der Unterhaltung, aber dafür muss man nicht zahlen. Der Gast zahlt lediglich für das soziale Schmiermittel, das Bier. »Irgendwie findet sich immer etwas, das man berechnen kann, ob es nun ein Bierkrug ist oder der Wählton oder etwas Entsprechendes, wie bei der kontextrelevanten Werbung. Am Ende wird immer etwas anderes in Rechnung gestellt als die Informationen.«

Ärgert es Brand eigentlich, dass seit 25 Jahren immer nur die halbe Aussage zitiert wird? Das sei genau das, was mit Memen passiere, lautete seine Antwort: Sie verbreiteten sich in ihrer effizientesten Form, ganz gleich, ob es so beabsichtigt war oder nicht. Winston Churchill habe auch nicht von Blut, Schweiß und Tränen gesprochen, sondern von Blut, Mühsal, Tränen und Schweiß. In manchen Ohren dürfte die ungekürzte Form besser klingen, aber bei einem dieser vier Begriffe handelt es sich nicht um eine Flüssigkeit. Die mimetische Verbreitung brachte die Wendung in ihre optimale Form.[5]

Kapitel 7

Mit »Free« konkurrieren

Microsoft hat sich diese Fähigkeit im Laufe mehrerer Jahrzehnte angeeignet, Yahoo hatte dafür nur ein paar Monate Zeit

Am 3. Februar 1975 wandte sich Bill Gates, damals noch Teilhaber von »Micro-Soft«, in einem offenen Brief an private Anwender und klagte, dass sein neu gegründetes Unternehmen 40 000 US-Dollar für die Entwicklung von Software ausgegeben hatte, die nun schamlos raubkopiert würde. Wenn dies so weiterginge, hieß es, wäre er in Zukunft nicht mehr in der Lage, neue Programme zu schreiben, und dies hätte fatale Auswirkungen für jedermann:

> Wie Sie alle sicherlich wissen, verwenden die meisten privaten Computeranwender geklaute Software. Hardware muss man bezahlen, aber Software wird kostenlos verteilt. Wen kümmert es, ob die Programmierer für ihre Arbeit bezahlt werden?[1]

Dieses Schreiben verfehlte seine Wirkung zu guter Letzt nicht. Als die Welt der Personal Computer den technikbegeisterten Freak hinter sich ließ und die Welt des ordentlichen Anwenders betrat, der weniger erfahren darin war, Raubkopien anzufertigen, setzte sich allmählich die Überzeugung durch, dass Programme ihr Geld wert seien. Zeitgleich mit der Entwicklung des Apple II und des IBM-PCs schossen Fachgeschäfte wie Pilze aus dem Boden, in denen Software zusammen mit der Anleitung – in handlichen Schachteln verpackt – verkauft wurde. Software entwickelte sich zu einer eigenen Branche, und Microsoft, nun ohne Bindestrich, verdiente sich eine goldene Nase.

Doch dies war beileibe nicht das letzte Mal, dass Microsoft mit »Free« konkurrieren musste. Die Produktpiraterie machte dem Unternehmen stets das Leben schwer, und das galt umso mehr, als Programme nicht mehr auf umständlich zu kopierenden Disketten, sondern auf CDs vertrieben wurden, die sich ähnlich einfach wie Musik-CDs kopieren ließen. Microsoft entwickelte Sicherheitscodes, die den Verkaufspackungen beigelegt wurden, doch die Softwarepiraten kopierten auch diese, mitsamt den Hologrammen auf der Packung. In den Ländern der Ersten Welt wurde die Produktpiraterie durch Gerichtsprozesse, Aufklärungskampagnen, Branchenverbände und mitunter auch diplomatisches Geschick in Schach gehalten, in der Dritten Welt dagegen geriet sie außer Rand und Band.

In China wurde das schnelle Wachstum des PC-Markts durch die Software-Piraten, die nicht nur die Programme von Microsoft schamlos kopierten, sondern auch die aller anderen Hersteller – von Spielen bis zu Lernprogrammen –, noch beschleunigt. Offiziell vertrat Microsoft in diesem Bereich eine harte Linie. Doch Gates und Co. waren Realisten, keine Frage. Sie wussten nur allzu gut, dass es ein Ding der Unmöglichkeit war, dem Raubkopierertum ein für alle Mal ein Ende zu bereiten, und dass jeder Versuch in dieser Richtung nichts als Kosten und Frust bei den Käufern erzeugen würde, die sich durch die mühsame Prozedur quälen mussten, um nachzuweisen, dass sie das Programm legal erworben hatten. Und einen Vorteil hatte die Produktpiraterie ja: Solange Raubkopien der Software erzeugt wurden, wurden sie auch genutzt, und all die vielen illegalen Anwender könnten sich in Marktanteile verwandeln, sobald die Entwicklung dieser Länder weiter fortschreiten würde.

»Obwohl in China Jahr für Jahr rund 3 Millionen Computer verkauft werden, zahlt niemand für unsere Software«, beschwerte sich Bill Gates 1998 vor einer Gruppe von Studenten in der Universität von Washington. »Doch eines Tages wird es so weit sein, und solange sie Software klauen, wollen wir, dass es wenigstens unsere Programme sind. Mit der Zeit werden sie von unserer Software abhängig, und irgendwann innerhalb der nächsten zehn Jahre ist der Moment da, an dem wir das Geld nur noch einsammeln müssen.«[2]

Nun ist dieser Moment gekommen. China wurde reicher, Computer spottbillig (angesagt sind mittlerweile »Netbooks«, die es für weniger als 250 US-Dollar zu kaufen gibt). Microsoft hat seine Preise für Netbook-Betriebssysteme auf 20 US-Dollar je Stück gesenkt (womit der Preis auf unter ein Viertel regulärer Betriebssysteme gesunken ist). Die Piraterie erzeugte eine Abhängigkeit und führte zugleich dazu, dass sich die Kosten für die Eroberung des Marktes durch eine entsprechende Produktanpassung in Grenzen hielten. Heute, also gut zwei Jahrzehnte nach der Blüte der Software-Piraterie, existiert in China ein gigantischer Markt für bezahlte Programme in friedlicher Eintracht mit dem für Raubkopien. Microsoft ist in China Marktführer, und immer mehr Verbraucher haben das nötige Kleingeld und keine Lust, sich noch weiter mit illegaler Software herumzuärgern. Gates Strategie, nur so viel gegen die Piraten zu unternehmen, dass ihr Ausmaß gerade noch tolerierbar bliebe, anstatt mit aller Gewalt dagegen vorzugehen, ist aufgegangen.

Gratisproben

In den 1990er Jahren kämpfte Microsoft nicht nur außerhalb Amerikas gegen das Raubkopierertum an, sondern musste sich auch im eigenen Land mit einer Variante von »Free« herumschlagen. Die Schlacht um das Betriebssystem hatte Microsoft zwar gewonnen, doch musste es sich schon gewaltig anstrengen, um seine dominante Stellung auch im Bereich der Anwendungssoftware, von der Textverarbeitung bis hin zur Tabellenkalkulation, zu behalten. Wettbewerbsprodukte wie das Office-Paket WordPerfect oder SmartSuite von Lotus verlangten von den PC-Herstellern nur noch absolute Tiefpreise dafür, dass diese ihre Programme auf den neuen Rechnern installierten. Ihre Hoffnung war, dass die Käufer der neuen PCs die vorinstallierte Software nutzen und sich daran gewöhnen würden, und wenn es dann Zeit für ein Upgrade war, hingen sie bereits an der Angel und wären willens, gutes Geld dafür hinzublättern. Aufgrund dieser Strategie verlangsamte sich Microsofts Wachstum derart, dass sich Gates etwas einfallen lassen musste. Er setzte auf die sanfte Tour. Microsoft entwickelte eine eigene abgespeckte Office-Variante, nannte sie Microsoft Works, und verlangte von PC-Herstellern lediglich 10 US-Dollar für die Installation auf fabrikneuen Rechnern. Vom Preisgefüge konnte er nun mit der Konkurrenz mithalten, und da Works voll kompatibel mit dem regulären Office-Paket war, wurden die Käufer in den Dunstkreis von Microsoft gelockt, auch wenn das Unternehmen an diesem Produkt nicht sonderlich viel verdiente.

Microsoft griff auf die gleiche Strategie zurück, als nicht mehr der Desktop, sondern das Internet im Mittelpunkt des Interesses der Computeranwender stand. Netscape bot seinen Web-Browser-Navigator kostenlos an, und entzog der aufkeimenden Branche damit von Anfang an den finanziellen Boden. Schlimmer jedoch war, dass der kostenlose Browser von Netscape optimal auf die unternehmenseigene Webserver-Software abgestimmt war – schließlich wollte man damit Microsoft ein paar Anteile des lukrativen Marktes für Server-Betriebssysteme abluchsen.

Wieder war Microsoft in die Enge getrieben worden und musste sich etwas einfallen lassen. In Rekordzeit entwickelte das Unternehmen einen eigenen kostenlosen Web-Browser, den Internet Explorer, und vertrieb ihn

Wie ist es möglich, Software im Gesundheitswesen kostenlos anzubieten?

Seit November 2007 haben sich Tausende von Ärzten bei dem Start-up-Unternehmen Practice Fusion aus San Francisco registrieren lassen, um eine kostenlose Software für die Verwaltung von Praxis und Patientendaten zu erhalten. Ansonsten kann Software für Ärztepraxen bis zu 50 000 US-Dollar kosten. Wie ist es möglich, dass eine Firma eine Patientenverwaltungssoftware kostenlos abgibt?

Der Verkauf von Daten kann lukrativer sein als der Vertrieb von Software

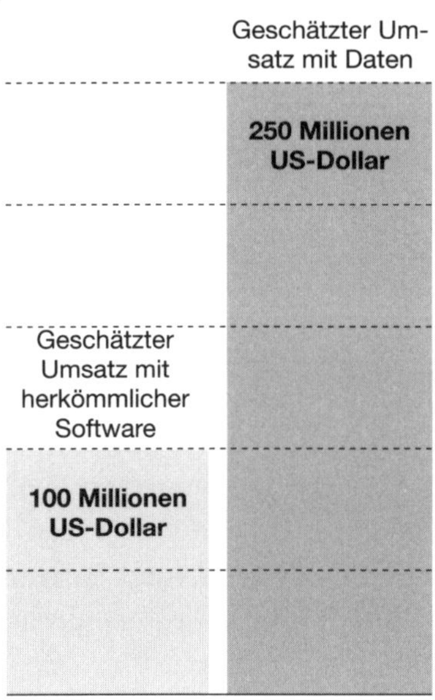

▶ **Freemium und Werbung.** Practice Fusion greift das Freemium-Modell auf und bietet zwei Versionen seiner Software an: eine kostenlose, die über Werbung finanziert ist (á la AdSense von Google), und eine werbefreie Version für 100 US-Dollar im Monat. Von den ersten 1 000 Ärzten, die sich für ein Programm von Practice Fusion entschieden haben, wollten nur 10 Prozent die kostenpflichtige Version. Kein Problem, schließlich lässt sich der wahre Umsatz woanders erzielen …

▶ **Geld verdienen über den Verkauf von Daten.** Durch den kostenlosen Vertrieb des Programms gewinnt Practice Fusion eine repräsentative Gruppe von Ärzten als Kunden, die ihrerseits eine gewaltige Datenbank mit Patientendaten erzeugen. Medizinische Organisationen, die bestimmte Krankheiten erforschen wollen, brauchen langfristige Patientendaten. Je nach Schwerpunkt der Studie (zum Beispiel männlich, mittleren Alters, adipös, Asthmaleiden) werden für den anonymisierten Datensatz zwischen 50 und 500 US-Dollar an den Arzt gezahlt. Ein Arzt hat durchschnittlich 250 Patienten in seiner Kartei, sodass die ersten 2 000 Kunden von Practice Fusion an die 500 000 Datensätze generieren. Jeder davon kann mehrfach verkauft werden, da es verschiedene Studien verschiedener Unternehmen gibt. Wenn jeder Datensatz also mit der Zeit einen Umsatz von 500 US-Dollar erzeugt, macht Practice Fusion damit mehr Geld, als wenn es seine Software zum stolzen Preis von einmalig 50 000 US-Dollar anböte.

kostenlos zusammen mit jeder Version seines Betriebssystems. Die Taktik ging auch hier auf und versetzte dem Wachstum von Netscape einen heftigen Schlag. Allerdings zahlte Microsoft einen hohen Preis dafür: Über ein Jahrzehnt lang wurde das Unternehmen mit Kartellverfahren überzogen und wegen Verstoßes gegen das Wettbewerbsrecht zu saftigen Geldstrafen verurteilt. Kartellrechtler warfen Microsoft vor, ein kostenloses Produkt mit einem nicht kostenlosen zu »verknüpfen«. Die Regulierungsbehörde urteilte, dass das kostenlose Verteilen von Produkten in Ordnung gehe, aber nicht, wenn man den Markt beherrsche und »Free« nur anwende, damit die Konkurrenz keinen Fuß in die Tür bekomme.

In dem Urteil hieß es, dass das marktbeherrschende Unternehmen die einzigartige und für die Konkurrenz unerreichbare Möglichkeit hat, ein kostenloses Produkt mit einem zahlungspflichtigen (für die es aufgrund seiner Quasi-Monopolstellung eine ordentliche Rendite einfährt) zu subventionieren, weshalb man vom Marktführer verlangen könne, sparsam im Umgang mit »Free« zu sein. Letztendlich wurde es Microsoft weiterhin gestattet, seine kostenlose Software – von Browsern über Backup-Programme – im Paket mit seinem Betriebssystem anzubieten, doch der Preis, den das Unternehmen in Form von Geldstrafen und Anwaltsgebühren zahlen musste, war hoch: mehrere 100 Millionen US-Dollar, ganz zu schweigen vom Imageverlust.

Der Angriff des Pinguins

Eine andere Form von kostenloser Software ist die sogenannte Open-Source-Software. Mit dieser Variante lieferte sich Microsoft jahrlang heftige Konkurrenzkämpfe, wenn auch nicht immer unter diesem Namen. Bis 1998 wurden Programme, die nach Belieben benutzt und modifiziert werden konnten, als »Shareware« oder »Freeware« bezeichnet. Es gab fast alles, was das Computerherz begehrte: kostenlose Betriebssysteme (zum Beispiel von UNIX), Programme zur Textverarbeitung oder Programmiersprachen. Doch mit dem Aufstieg des Internets zur Kommunikationsplattform wurden die informellen Zusammenschlüsse der Programmierer, die diese Art von Code schrieben, immer größer und effizienter. Sie führten eine Art Sonderlizenz ein, damit sich ihre Programme noch ungehinderter verbreiten konnten und mehr Menschen anziehen würden, die an der Entwicklung mitarbeiteten. Freeware entwickelte sich zu einer Macht, vor der man sich wappnen musste.

1998 entschloss sich Netscape, den Quellcode seines Webbrowsers öffentlich zugänglich zu machen. Diese Entscheidung sollte sich als Katalysator der Freeware erweisen. Der Verleger Tim O'Reilly berief Ende dieses Jahres eine Konferenz ein, auf der man sich auf den Begriff »Open Source« einigte. Der Hauptvorteil dieses neuen Namens war, dass das Wörtchen »Free« nicht darin vorkam. Richard Stallman – der ehemalige Hitzkopf des MIT – und seine extremen ideologischen Überzeugungen hatten »Free« nämlich einen unangenehmen Beigeschmack verliehen, als er mit seiner Stiftung Free Software versuchte, der Bewegung seine antikapitalistischen Ansichten überzustülpen.

Linus Torvalds, damals 29 Jahre jung, war einer der Teilnehmer dieser Konferenz. Sieben Jahre zuvor hatte er in Helsinki ein bescheidenes Projekt ins Leben gerufen, um eine vereinfachte Form des UNIX-Betriebssystems zu entwickeln, dem er den Namen Linux gab. Dank einer ausgewogenen Mischung aus gut geschriebenem Code, einer gewinnenden Persönlichkeit, einem grandiosen Organisationstalent und nicht zuletzt dank des Internets als Vehikel globaler Zusammenarbeit, kam das Projekt in die Gänge (die Angst vor der Dominanz Microsofts und die allgemeine Anti-Redmond-Stimmung der Software-Puristen verliehen dem Projekt weiteren Auftrieb).

Während der O'Reilly-Konferenz galt Linux bereits als Vorzeigekind dieser neuen Software-Kategorie, als leuchtendes Beispiel für einen funktionalen, populären Code, der auf einer Lizenz beruhte, die von allen Nutzern, die diese Software modifizierten, verlangte, ihre Modifikationen allen anderen Anwendern kostenlos zugänglich zu machen. Jeder hatte das Recht, die Software zu verkaufen, wenn ihm danach war, aber sie gehörte niemandem.

Zunächst war Linux vorwiegend Konkurrenz für andere Ausprägungen von UNIX, von der kostenlosen Variante von Sun bis hin zu den kommerziellen Versionen von IBM. Doch der Erfolg des Projekts, sowohl was die technischen Merkmale als auch die außergewöhnliche Fähigkeit betraf, kostenloses Talent und Engagement anzuziehen, sprach sich auch in Redmond herum, wo Microsoft selbstzufrieden auf einem mehrere Milliarden US-Dollar schweren Markt für Server-Betriebssysteme saß.

In Interviews, in denen Führungskräfte von Microsoft nach ihrer Strategie gefragt wurden, wie das Problem mit der Open-Source-Software gelöst werden könnte, verblüffte es mich immer wieder zu hören, mit welcher Verzögerung Microsoft darauf zu reagieren dachte. Immerhin hatte Microsoft von Anfang an mitbekommen, was es mit Linux auf sich hatte, doch seine Marketingexperten hatten es seit Ende der 1990er Jahre vorgezogen, dieses Problem in der Öffentlichkeit unter den Teppich zu kehren. Firmenintern galt Linux als lästige Mückenplage, die dem Riesen aber nichts Ernsthaftes anhaben konnte, weshalb auch kein strategisches Umdenken erforderlich schien. Für Microsoft kam erst 2002, als im September die Konferenz Linux World abgehalten wurde, der Punkt, an dem beschlossen wurde, – wie Programmmanager Peter Houston es nannte – »Linux ernsthaft anzugreifen«.

Um es nochmals in aller Deutlichkeit zu sagen: Diese Erleuchtung kam Microsoft 2002, mehr als ein Jahrzehnt nachdem Torvalds sein Linux-Projekt aus der Taufe gehoben hatte und vier Jahre nach O'Reillys Gipfel über Open-Source-Software. Und es waren drei Jahre vergangen, seit die »Linux-Blase« mit Unternehmen wie VA Linux und Red Hat an die Börse gegangen war und diese Unternehmen den Höhenflug ihrer Aktien miterlebten. Bis 2002 lag der Marktanteil von Linux bei Webserver-Betriebssystemen bei etwa 25 Prozent. Im Vergleich: Microsofts Marktanteil lag damals bei rund 50 Prozent.

Warum es so lange dauerte, bis Microsoft in die Gänge kam, und wie die Geschichte dann weiterging, lässt sich wohl am besten anhand der fünf Trauerphasen erzählen, die von der Psychologin Elisabeth Kübler-Ross aufgestellt wurden.

Phase 1: Nicht wahrhaben wollen

Was hat Microsoft eigentlich in den ersten zehn Jahren von Linux' Existenz getan? Wahrscheinlich nur darauf gehofft, das kostenlose Betriebssystem würde sich in Luft auflösen oder zumindest so unbedeutend bleiben wie die andere kostenlose Software, an deren Harmlosigkeit sich ja bis heute nichts geändert hat. Und selbst wenn sich Linux eben nicht in Luft auflösen würde, so hoffte die Führungsriege von Microsoft, dass seine Anziehungskraft sich nur auf Anwender erstreckte, die bereits mit UNIX und eben nicht mit dem Betriebssystem von Microsoft arbeiteten. Diese Hoffnung gab sicherlich keinen Anlass, sich bequem zurückzulehnen – schließlich war man ja auch an diesen UNIX-Kunden interessiert –, doch irgendwie war es doch besser, als in direkte Konkurrenz zu gehen. Doch weniger als alles andere konnten sich die Manager vorstellen, dass irgendjemand ein ernsthaftes Interesse an kostenloser Software und all den Kopfschmerzen haben könne, die nicht-professionell aufpolierte Produkte eben hervorriefen.

Doch die Kunden von Microsoft waren interessiert, vor allem, als immer größere Datenzentren geschaffen wurden, um das rasant wachsende Internet am Laufen zu halten. Zwar ist die Verwaltung eines Linux-Servers aufwändiger als die seines Gegenspielers von Microsoft, doch wenn man sich einmal an die Marotten von Linux-Systemen gewöhnt hat, tröstet einen der Gedanke an die Unsummen, die man einspart, wenn man Hunderte und Aberhunderte solcher Linux-Server einsetzt. Im Jahr 2003 lag der Marktanteil von Linux bereits bei knapp einem Drittel des gesamten Marktes für Webserver. Eine Möglichkeit für Microsoft, den Lauf der Dinge aufzuhalten, wäre gewesen, seinen Preis an den von Linux anzupassen, sprich ihn auf Null zu senken. Doch selbst beim bloßen Gedanken daran brach dem Management der Angstschweiß aus. Stattdessen schoss Microsoft aus dem Hinterhalt.

Im Unternehmen selbst gab es einige Ingenieure, die davor warnten, dass Linux keine Eintagsfliege, sondern langfristig eine harte Konkurrenz für das Kerngeschäft von Microsoft sei, und eine ernsthafte Reaktion befürworteten. 1998 verschickte ein Programmierer eine Rundmail, in dem er Open-Source-Software als »unmittelbare Bedrohung, sowohl was den Umsatz als auch was die Plattform von Microsoft anbelangt« beschrieb. In diesem Schreiben, das seinen Weg aus dem Unternehmen fand und unter dem Namen »Halloween-Memo«[3] (eine treffende Bezeichnung, da damit nicht nur der Tag gemeint ist, an dem das Memo versendet wurde, sondern auch die Angst und der Schrecken, die damit einhergehen) verbreitet wurde, hieß es weiter, »der freie Ideenaustausch bei OSS hat Vorteile, die wir mit unserem gegenwärtigen Lizenzmodell niemals erzielen können, und stellt deshalb für jeden Entwickler eine dauerhafte Gefahr dar.«

Doch in der Öffentlichkeit verfolgte Microsoft eine ganz andere Strategie. In einem Zeitungsartikel vom Dezember 1998 hieß es, »Microsofts Führungsriege stempelt Open-Source-Software als Modetrend ab. ›Komplexe künftige Projekte sind auf große Teams und viel Kapital angewiesen‹, meinte Ed Muth, Marketingleiter von Microsoft. ›Auf so eine Größenordnung sind Robin Hood und seine Kumpanen im Sherwood Forest doch gar nicht vorbereitet.‹«[4]

Phase 2: Zorn

Sobald es nichts mehr daran zu rütteln gab, dass Linux noch immer da war und sich außerdem zu einer ernsthaften Konkurrenz für Microsoft entwickelt hatte, schlug das Unternehmen einen feindseligen Kurs ein. Klar, Linux war kostenlos erhältlich, erklärte der Vertrieb noch unentschlossenen Kunden: »Einen Welpen gibt es auch in jedem Tierheim kostenlos. Aber was glauben Sie denn, was das für Sie bedeutet? Hunde brauchen ihr ganzes Leben lang viel zu essen, pupsen andauernd und müssen mindestens zweimal täglich Gassi gehen«. Diese Vorstellung ließ viele davor zurückschrecken, sich für Linux zu entscheiden.

Microsoft entschied sich für eine Angriffsstrategie, die den Geldbeutel der Anwender ins Visier nahm. Das Zauberwort dabei war »Total Cost of Ownership«. Die wahren Kosten einer Software seien nicht die Anschaffungskosten, sondern die Kosten für die Instandhaltung. Bei Linux, so führte Microsoft ins Feld, gebe es doch so gut wie keinen technischen Support, und die Trottel, die sich dafür entschieden, müssten tagein, tagaus Unsummen für ganze Heeresscharen von Programmierern und IT-Experten ausgeben, damit diese Klapperkiste überhaupt funktioniere.

Im Oktober 1999 zog Microsoft die Samthandschuhe aus und veröffentlichte ein Dokument mit dem Titel *Fünf Mythen über Linux*[5]. Darin waren sämtliche technischen Mängel fein säuberlich aufgelistet, die nur einen Schluss zuließen: Linux konnte mit den Produkten von Microsoft nicht mithalten. Und außerdem wäre kostenlos in diesem Fall gar nicht kostenlos. »Linux-Systemadministratoren brauchen regelmäßig eine halbe Ewigkeit, um die jüngsten Linux-Bugs zu kapieren und herauszufinden, was sich dagegen tun lässt«, verkündete Microsoft. »Die Linux-Community redet immer davon, dass Linux nichts beziehungsweise nur sehr wenig kostet. Es ist aber sehr wichtig zu wissen, dass Lizenzgebühren nur eine kleine Rolle im Entscheidungsprozess des Kunden spielen.«

Doch diese Taktik ging nicht auf – da keinerlei Beweise für die Richtigkeit von Microsofts Behauptungen vorlagen, taten es die Kunden als weiteren FUD (Furcht, Ungewissheit und Zweifel) des Softwareriesen ab. Linux und andere Open-Source-Projekte wie der Webserver Apache, die Datenbank MySQL und die Programmiersprachen Perl und Pythin fassten zwischenzeitlich weiter Fuß. Im November 2002 teilte ein frustrierter Windows-Programmmanager der Microsoft-Abteilung für Öffentlichkeitsarbeit wütend mit: »Wir müssen viel effizienter auf Presseberichte reagieren, in denen es heißt, dass Behörden und andere Großkunden auf der Suche nach [Open-Source-] Alternativen zu unseren Produkten sind. ... Wir müssen unbedingt etwas dagegen unternehmen ... und zwar schnell, und wir müssen mit Fakten aufwarten können, die einen Schlussstrich unter die verzerrte Wahrnehmung ziehen, dass Großkonzerne bereits auf [Open-Source-Software oder] Linux umgestiegen seien, obwohl sie in Wahrheit über diese Option erst nachdenken oder diese Technik bislang nur in Pilotprojekten einsetzen.«[6]

Phase 3: Verhandeln

Bis zur Weltkonferenz Linux World 2002 war Microsoft klar, dass es sich eine neue Strategie einfallen lassen musste. IBM hatte bereits eine eigene Linux-Abteilung geschaffen und wies seine Ingenieure an, Programmcodes für dieses Projekt zu schreiben. Es war an der Zeit, dass Microsoft aufhörte, sich wie eine Giftnatter zu gebärden, und sich stattdessen den Fakten stellte: Linux würde sich nicht in Luft auflösen und der Ärger, den Microsofts Vorgehensweise bei seinen Kunden hervorgerufen hatte, war nicht unerheblich daran beteiligt. »Uns ist klar geworden, dass wir nicht so emotional reagieren dürfen, wenn wir ernst genommen werden wollen«, meinte Houston, der Leiter des Teams bei Microsoft, das sich mit der Konkurrenz von Linux beschäftigt. »Im Moment graben wir uns mit jedem Wort, das über unsere Lippen kommt, ein noch tieferes Loch – sehr zur Freude unserer Mitbewerber.«[7] Auf der Konferenz trugen die Mitarbeiter von Microsoft T-Shirts mit dem Aufdruck: Lasst uns reden!

Nach der Tagung war Houston klar, weshalb es Microsoft nicht gelungen war, an Boden zu gewinnen. »Uns fehlten Beweise für unsere Behauptung, dass bei Linux die Betriebskosten viel höher seien. Und daran wollen wir jetzt arbeiten.« Aus diesem Grund wurde die Unternehmensberatung IDC mit einer unabhängigen Studie beauftragt. Es galt herauszufinden, ob

Windows tatsächlich besser abschneiden würde als Linux, wenn die laufenden Kosten mit in die Rechnung einflossen. Das Ergebnis war ein eindeutiges Ja, doch die Führungskräfte waren hin- und hergerissen bei der Frage, ob sie dieses Ergebnis verwenden sollten. Schließlich hatten sie seit Jahr und Tag nichts anderes behauptet, und die Frage war doch, ob die veränderte Beweislage irgendjemanden beeindrucken würde.

Wahrscheinlich nicht, aber dennoch konnte Microsoft ein paar Punkte machen. Den Kunden wurde klar, dass die Behauptung des Softwareherstellers nicht aus der Luft gegriffen war – Linux war komplizierter und teurer, als man auf den ersten Blick hätte meinen können. Microsoft verfolgte mittlerweile einen ganz anderen Plan und wagte die ersten vorsichtigen Schritte in die Welt der Open-Source-Software. Microsoft kündigte ein »Shared Source«-Programm an, in dessen Rahmen staatlichen Behörden der Quellcode für Windows und andere Microsoft-Produkte offengelegt wurde. Das Unternehmen verfuhr damit nach dem Motto: Wenn einer der Gründe, sich für Open-Source-Software zu entscheiden, Transparenz war, bitte, damit könne Microsoft auch dienen – allerdings nur, nachdem es seine Kunden zu absoluter Verschwiegenheit verpflichtet und auch anderweitig nichts unversucht gelassen hatte, um zu verhindern, dass der Code durchsickerte. Einige Behörden unterzogen sich dieser Prozedur, doch auf die Linux-Bewegung machte dies keinen Eindruck. Es war an der Zeit für eine radikalere Lösung.

Phase 4: Depression

Ende 2003 überraschte Microsoft die Branche mit der Einstellung von Bill Hilf, dem Projektleiter, der das Linux-Projekt bei IBM erfolgreich abgewickelt hatte. Während des Rekrutierungsprozesses hatte ihm Steve Ballmer, CEO von Microsoft, gesagt: »Wir brauchen eine Antwort auf ›Free‹.« Nichts, was der Softwaregigant bislang unternommen hatte, konnte den Lauf der Dinge aufhalten, und als Hilf dort anfing und mit den Ingenieuren redete, wusste er, weshalb. »Bei meinen ersten Gesprächen stellte sich schnell heraus, dass die Programmierer keine Ahnung hatten, wie Open Source funktioniert«, erzählte Hilf. »Mir kamen so viele Missverständnisse zu Ohren – für die Belegschaft von Microsoft war das Ganze nichts anderes als eine ausgemachte Gefahr.«[8]

Einer der Gründe, weshalb man bei Microsoft so wenig Ahnung von Open Source hatte, war der, dass die hauseigene Rechtsabteilung den Ingenieuren verboten hatte, daran zu arbeiten. Die Lizenz, die mit Linux und anderer Open-Source-Software verwendet wird, und die unter dem Namen GPL (General Public License – Lizenz für freie Software) bekannt ist, schreibt vor, dass jedes »Derivat« von Open-Source-Software seinerseits Open-Source ist. Für die Rechtsanwälte war die Sache damit klar: Es musste sich um einen Virus handeln. Im Klartext hieß das, jeder Programmierer, der damit arbeitete, lief Gefahr, andere Programme oder Teile davon, an denen er oder sie arbeitete, zu infizieren. Außerdem bestand das Risiko, dass ein kleiner Fehler aus Windows versehentlich ein Open-Source-Produkt machte.

Als Hilf ein Open-Source-Labor einrichten wollte, kam man seiner Bitte zwar nach, doch dort ging es zu wie in einem Hochsicherheitstrakt. Die Bauabteilung bohrte ein Loch in die Wände eines ehemaligen Lagerraums und gestattete Hilf, Netzwerkkabel durchzuführen. Anschließend war er jedoch weitgehend sich selbst überlassen, ihm stand nicht einmal ein Budget zur Verfügung. Hilf musste an gebrauchten Computern arbeiten und organisierte eine Veranstaltung unter dem Motto »Helft Hilf«, bei der er Ersatzteile für sich einsammelte. Jedem, der an Open-Source-Software arbeitete, war es strikt untersagt, bei anderen Projekten mitzumachen, denn die Angst vor der GPL-Krankheit steckte den Führungskräften noch immer in den Knochen. Die Zeitung *Seattle Post-Intelligencer* bezeichnete ihn in einem Artikel als »den einsamsten Menschen in ganz Redmond«.

Phase 5: Akzeptanz

Heute brummt es hörbar aus dem bis obenhin mit leistungsstarken Servern – selbstverständlich alles Neuware – vollgestopften Open-Source-Labor von Hilf. Und natürlich verfügt Hilf mittlerweile über ein Budget sowie über einen ganzen Trupp von Programmierern, die mit Open-Source-Projekten beschäftigt sind. Weshalb dieser Wandel? Pragmatismus lautet das neue Motto. Gates und Ballmer hatten sich nach Kräften bemüht, Linux vom Thron zu stoßen, doch auf diese Wiese gewann Linux noch mehr Auftrieb. Es ist an der Zeit für Microsoft, der neuen Realität ins Auge zu sehen: Microsoft vertritt nun die Position, dass seine Programme »Freekompatibel« sein müssen, soll heißen, die Software läuft mit Open Source und umgekehrt. Die Programmierer zerstreuen die Bedenken der Anwälte, indem sie lediglich »Patches« zur Verfügung stellen und nicht am Core-Open-Source-Code arbeiten.

Die Marktanteile bestätigen diese Geschichte. Microsoft hat bei der Serversoftware noch immer die Nase vorn, während Linux unverändert bei etwa 20 Prozent vor sich hin dümpelt. In anderen Märkten wie dem für Desktop-Betriebssysteme und Büroanwendungen konnte sich Microsoft einen Marktanteil von rund 80 Prozent sichern. Der Markt hat Bedarf an allen drei Konzepten: Alles gratis, kostenlose Software mit kostenpflichtigem Support oder Geld gegen beides.

Preisbewusste Klein- und Startup-Unternehmen und Privatanwender entscheiden sich oftmals für Open-Source-Software, die von Tag zu Tag besser wird. Doch großen Unternehmen geht es mehr um Risikominimierung denn um Kostenersparnis: Sie sind bereit, in ihre Software zu investieren – wobei es eigentlich keine Rolle spielt, ob es sich dabei um Programme von Microsoft oder kommerzielle Linux-Distributionen wie Red Hat handelt. Ihnen kommt es vor allem auf den Vertrag an, den sie beim Kauf der Programme abschließen. In den meisten Fällen ist darin ein sogenannter Service-Level-Vertrag enthalten, der nichts anderes besagt, als dass bei Störungen aller Art ein Ansprechpartner zur Verfügung steht.

Heutzutage ist sowohl Open als auch Closed Source ein riesiger Markt. In Sachen Umsatz stellt Microsoft alle seine Open-Source-Konkurrenten in den Schatten. Doch auf die Anwender bezogen wird sein Vorsprung immer kleiner. So schnappt der Browser Firefox seinem Konkurrenten IE von Microsoft immer mehr Marktanteile weg (und besitzt derzeit etwa 30 Prozent), und der Hersteller, das gemeinnützige Unternehmen Mozilla, finanziert die Entwicklung dieses Browsers fast ausschließlich über einen Teil der Werbeeinnahmen von Google, da Mozilla mitverdient, wenn die Anwender über die Firefox-Suchfunktion auf der Ergebnisliste von Google landen. Mozilla hat weniger als hundert Beschäftigte und kreist doch wie ein Geier über dem Browserteam von Microsoft. Auch hier hat sich ein Unternehmen um »Free« herum entwickelt, und es benötigte keine Kopplung an ein kommerzielles Betriebssystem.

Mittlerweile laufen die meisten großen Webseiten, von Google bis Amazon, auf Open-Source-Programmen. Selbst in alteingesessenen Unternehmen schleicht sich Open Source über Programmiersprachen wie Java und PHP durch die Hintertür hinein.

Wir haben es mit einer Hybridwelt zu tun, in der »Free« und sein Gegenpart friedlich koexistieren. Die Lektion, die wir von Microsoft und seiner Erfahrung lernen können, lautet: So etwas ist nicht nur möglich, sondern sogar wahrscheinlich. Eine Größe passt eben doch nicht allen.

Fallbeispiel: Yahoo gegen Google

Am 1. April 2005 kündigte Google in einer Pressemitteilung den neuen E-Mail-Dienst Gmail an. In Anbetracht der Tatsache, dass an diesem Datum auch im Internet so mancher Aprilscherz die Runde macht, wusste niemand so recht, ob man diese Ankündigung für bare Münze nehmen konnte oder nicht.

Doch sechs Meilen südlich von Googleplex, in der Zentrale von Yahoo, gab es keinerlei Zweifel an der Ernsthaftigkeit dieser Pressemitteilung. Seit sie erfahren hatten, dass Google an einem E-Mail-Dienst arbeitete und die Domain gmail.com auf sich eingetragen hatte, hatte das Management von Yahoo bang auf diesen Tag gewartet.

Yahoo war bis dato mit seinen 125 Millionen Anwendern der größte Anbieter von E-Mail-Diensten und verdiente damit gutes Geld. Die meisten seiner Kunden entschieden sich für die kostenlose Variante, bei der sie einen Speicherplatz von 10 Megabyte erhielten. Wer mehr wollte, konnte aus einem der Premium-Dienste mit einem Speicherplatz von 25 bis 100 Megabyte auswählen, und das ganz ohne Werbung. Das Geschäft lohnte sich, und Yahoo konnte seinen Vorsprung zu seinen Mitbewerbern wie Microsoft und AOL weiter ausbauen.

Doch als 2004 die ersten Gerüchte aufkamen, dass Google Interesse an diesem Markt zeigte, wuchs das Unbehagen. Nicht nur, dass jeder wusste: Was Google anpackt, verwandelt sich in Gold. Schlimmer war, dass man munkelte, Google wolle den hundertfachen Speicherplatz von Yahoo, nämlich 1 Gigabyte (1 000 Megabyte) anbieten – zum Nulltarif!

Die Topmanager von Yahoo, Dan Rosensweig, Brad Garlinghouse und Dave Nakayama, beriefen hektisch ein Treffen ein, um gemeinsam das weitere Vorgehen zu beratschlagen. Sie mussten etwas tun – zum einen strotzte Google vor Tatendrang und zum anderen war Google groß genug, um sich ein großes Stück Kuchen des E-Mail-Geschäfts zu schnappen. Und wenn Gmail tatsächlich einen Speicherplatz von 1 Gigabyte

Kostenloser Aktienhandel – wie ist das möglich?

E*TRADE war das erste Unternehmen, das die gesteigerte Effizienz des Internets nutzte, um die Maklerbranche zu revolutionieren. Zecco.com stellt die nächste Innovationswelle dar. Auf Zecco.com können Anleger kostenfrei bis zu zehn Aktien-Trades pro Monat ausführen. Seit der e-Broker 2006 damit begonnen hat, Gratis-Trading anzubieten, hat er 150 000 Teilnehmer hinzugewonnen. Selbst als der Markt im Herbst 2008 zum Sturzflug ansetzte, nahm die Zahl der eröffneten Depots um 50 Prozent zu und die Anzahl der täglichen Transaktionen um ein Drittel. Wie kann es sich Zecco leisten, auf Kundenprovisionen zu verzichten, für die selbst ein Discount-Broker 100 US-Dollar berechnen würde?

Wie Zecco an einem halbaktiven Trader 179 US-Dollar verdient

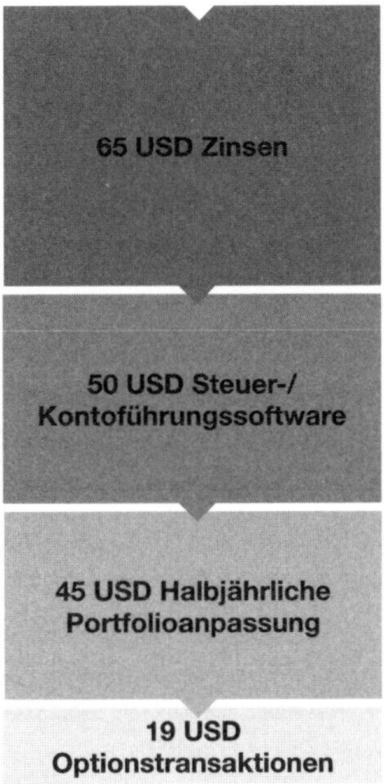

▶ **Mindestwerte festlegen, zusätzliche Trades berechnen**

Die zehn Gratistransaktionen können nur solche Trader in Anspruch nehmen, die eine Mindesteinlage von 25 000 US-Dollar halten. Fällt der Saldo unter 25 000 US-Dollar, berechnet Zecco 4,50 US-Dollar. Jede über die ersten zehn hinausgehende Transaktion schlägt ebenfalls mit 4,50 US-Dollar zu Buche. Ein Viertel aller Zecco-Kunden tätigt mehr als zehn Trades pro Monat. (Das bringt Zecco jeden Monat mindestens 170 000 US-Dollar ein.)

Im Regelfall beschränkten sich die Nutzer zwar auf ein oder zwei Transaktionen im Monat und halten ihr Guthaben über 25 000 US-Dollar, doch meist passen sie ihre Portfolios ein- oder zweimal pro Jahr an. Dabei kommt es jedes Mal im Schnitt zu 15 Trades (macht 45 US-Dollar pro Jahr für 45 Trades, von denen zwischen zehn und 20 gratis sind).

▶ **An nicht investiertem Geld verdienen**

Das geht ganz einfach und wird von allen Online-Brokern weidlich genutzt. Der durchschnittliche Zecco-Nutzer hat vielleicht 1 500 uninvestierte US-Dollar auf seinem Konto – für den Fall, dass sich eine vielversprechende Anlagegelegenheit ergibt. Wie eine Bank nimmt Zecco dafür 2 Prozent Zinsen ein (in diesem Fall also 30 US-Dollar im Jahr). Hält der Anleger auf seinem Margin-Konto ein Guthaben von 500 US-Dollar, verdient Zecco 7 Prozent (weitere 35 US-Dollar pro Jahr).

▶ **Bezahldienste und Werbeeinnahmen als Sahnehäubchen**

An Kunden, die ihre Kapitalertragsteuer verringern möchten, verkauft Zecco eine Steuerplanungs- und Portfoliomanagementsoftware. Nach zwei (kostenlosen) Probemonaten zahlt der Besteller dafür alle sechs Monate 25 US-Dollar (50 US-Dollar im Jahr). Aktive Trader abonnieren außerdem für 20 US-Dollar im Monat Marktinformationen über sogenannte Data Feeds. Und wie viele gewerbliche Webseiten schaltet auch Zecco Werbebanner.

kostenlos anböte, könnte dies im schlimmsten Fall das Aus für Yahoo bedeuten.

Ein klassisches Problem mit »Free«: Neueinsteiger haben es viel leichter als etablierte Marktteilnehmer. Und das liegt nicht nur daran, dass die Gefahr droht, ihre Einnahmen könnten für die Gegenmaßnahmen draufgehen, sondern auch daran, dass sie über einen riesigen Kundenstamm verfügen, und die Kosten, Millionen von Anwendern zufriedenzustellen, in Windeseile astronomische Höhen erreichen würden.

Google hatte noch keinen einzigen E-Mail-Kunden, weshalb es auch ein Leichtes war, potenziellen Kunden einen kostenfreien Speicherplatz im Gigabereich anzubieten, schließlich zog dieses Angebot keine realen Kosten nach sich. Ein paar Server sollten für die ersten tausend Kunden ausreichen. (Wie sich im Nachhinein herausstellte, hielt Google dieses Angebot nur im ersten Jahr aufrecht, sodass das Unternehmen sicher sein konnte, die wachsende Nachfrage befriedigen zu können, ohne für teures Geld Hardware in rauen Mengen kaufen zu müssen.) Yahoo dagegen hatte Millionen von Kunden. Wenn Yahoo das gleiche Angebot machte wie Google, hätte es vermutlich ein ganzes Warenhaus voller Server anschaffen müssen, um mit dem wachsenden Bedarf nach Speicherplatz Schritt halten zu können.

Je länger das Management von Yahoo über dieses Problem nachdachte, umso schlimmer sah ihre Lage aus. Würde sich ihr Geschäft mit Premium-Abonnements, das unmittelbaren Umsatz generierte, nicht nur Werbeeinnahmen, in Luft auflösen, wenn ihre Kunden woanders zehnmal so viel Speicherplatz zum Nulltarif erhielten? Würden Anwender das System missbrauchen und den von Yahoo zur Verfügung gestellten Speicherplatz für ihre Sicherungskopien nutzen? Doch die schlimmste Vorstellung war, dass es nicht genügen würde, sich einfach an Google dranzuhängen – sie müssten ihren Konkurrenten schon *überbieten*, um ihre Position als Marktführer behalten zu können.

Die Führungsriege malte sich aus, wie ihr Firmensitz vor lauter Festplatten förmlich überquoll – dem teuersten Speichermedium überhaupt, sowohl was Anschaffungspreis als auch was die Stromkosten betrifft – und das alles nur, um der Pressemitteilung von Google etwas entgegensetzen zu können. Diese Aussicht war mehr als niederschmetternd – und unfair. Aber hatten sie denn eine andere Wahl?

Garlinghouse und Nakayama addierten Zahlen, bis ihnen die Köpfe qualmten. Sämtliche Flipcharts waren mit Tabellen zugekritzelt. Zum einen waren da die Speicherkosten, die zum Glück wenigstens sanken. Und dann gab es da noch die Prognose über die gestiegene Nachfrage, die die klassische Form eines langen Schwanzes annehmen würde: Einige wenige Verbraucher würden Unmengen konsumieren, während sich der Verbrauch beim Rest in Grenzen hielt. Doch wie schnell würde sich das ändern? Würden ihre Kunden noch immer alle Mails löschen, nachdem sie sie gelesen hatten oder doch lieber aufheben, weil der Speicherplatz ja nichts kostete, und es somit keinen Grund mehr gab, irgendetwas zu löschen?

Außerdem musste man sich bei Yahoo Gedanken darüber machen, auf welche Speichermedien die ganzen E-Mails verteilt werden sollten: auf

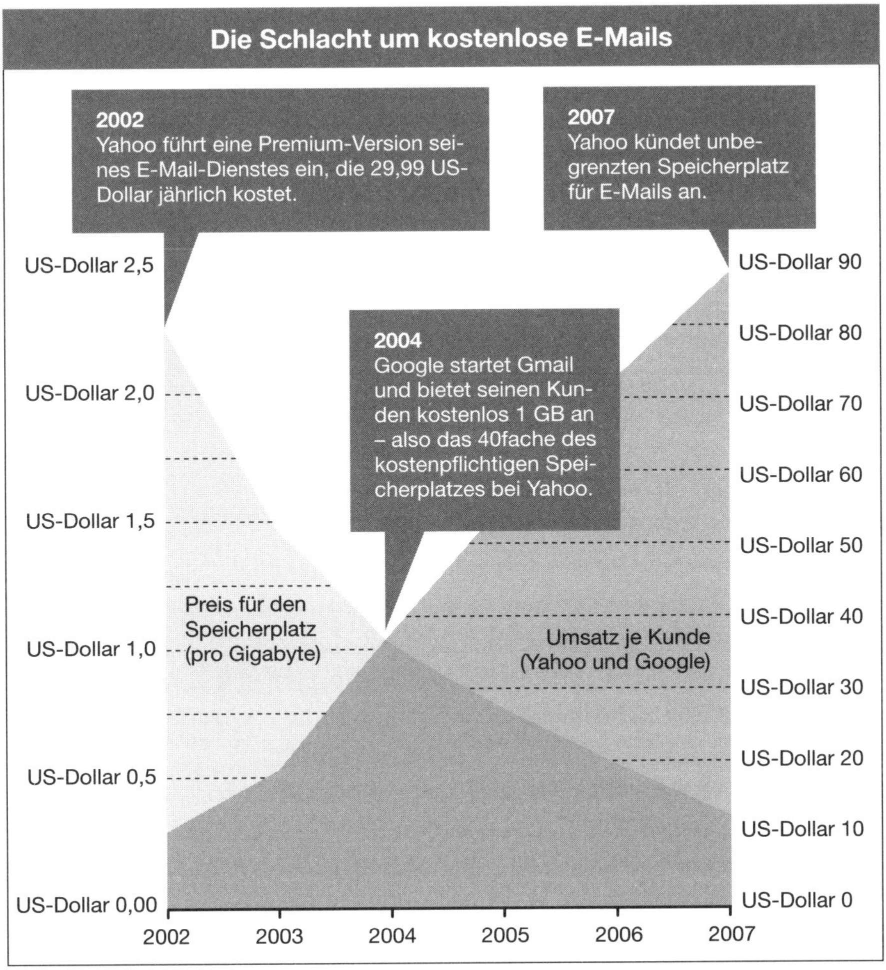

schnelle, langsame oder schrecklich langsame? Eine Möglichkeit wäre ja, ältere E-Mails auf billigere, langsamere Speichermedien auszulagern, und die schnelleren, teuren Medien, bei denen Suchfunktionen viel schneller ablaufen, nur für aktuellere E-Mails zu nutzen. Doch dafür wäre eine komplette Erneuerung der Softwarearchitektur vonnöten, was weitere Risiken und Kosten mit sich brächte.

Und dann war da ja noch die Sache mit dem Umsatz. Der Yahoo-E-Mail-Dienst brachte dem Unternehmen nicht nur Einnahmen durch Werbung und Premium-Abonnements, sondern sorgte auch für eine Kundenbindung an Yahoo als Gesamtunternehmen. Jedes Mal, wenn ihre Kunden den E-Mail-Bereich verließen und zum Beispiel auf Nachrichten oder Finanzen klickten, verdiente Yahoo gut daran. Yahoo konnte es sich schlicht nicht leisten, Marktanteile im E-Mail-Sektor zu verlieren, da diese Kunden auch wichtig für den Rest des Unternehmens waren. Außerdem erhöhte sich der Wert jedes einzelnen Kunden analog zu den Werbegebühren (siehe Abbildung auf Seite 137).

Anfang 2004 stand fest, dass Google seinen E-Mail-Dienst Gmail starten würde wie geplant. Yahoo musste darauf vorbereitet sein. Am 1. April war es dann soweit, und Yahoos schlimmste Befürchtungen wurden Realität: 1 Gigabyte kostenloser Speicherplatz. Rosensweig, der damalige leitende Geschäftsführer von Yahoo, gab den Startschuss für den Kauf von Servern und Speichermedien im Wert von über 10 Millionen US-Dollar. Auf der Analystenkonferenz am 15. Mai 2004 kündigte Yahoo an, dass mit sofortiger Wirkung ein Speicherplatz von 10 bis 100 Megabytes angeboten würde – und zwar zum Nulltarif. Die Kapazitäten würden weiter erhöht, und alle Anwender, die bislang für diese Größenordnung bezahlt

Wieso sind die Preise für eine exklusive Konferenz, die kostenlos im Internet übertragen wird, so happig?

Eine Eintrittskarte für die Konferenz TED zu den Themen Technik, Unterhaltung und Design, zu der nur geladene Gäste kommen dürfen, kostet sage und schreibe 6000 US-Dollar. Jedes Jahr eilen CEOs, die Elite Hollywoods und so mancher Ex-Präsident zu einem Ressort in Kalifornien (jetzt in Long Beach, während die Veranstaltung vorher 25 Jahre in Monterey stattfand), um 18-minütige Präsentationen mitzuverfolgen, die von Leuten wie dem Darwinisten Richard Dawkins, dem geistigen Vater der Sims Will Wright und Al Gore (mitunter auch von meiner Wenigkeit) abgehalten werden. Nach Jahren der Exklusivität begann TED 2006 mit der kostenlosen Übertragung der Reden auf seiner Homepage. Bis heute wurden sie über 50 Millionen Mal angesehen. Wie kann es sich TED leisten, seine Kronjuwelen zu verschenken?

Die TED-Konferenz, Preise und Besucherzahlen

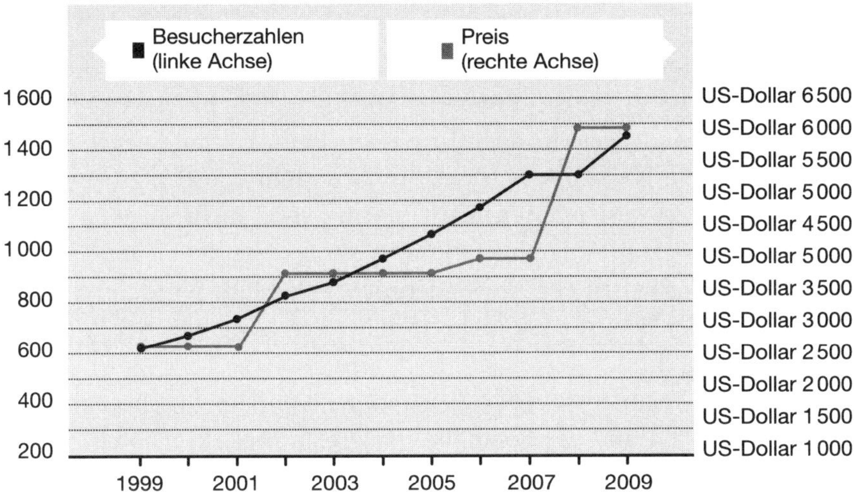

▶ **Online ist nicht das Gleiche wie live.** Daheim vor dem PC zu sitzen und die Veranstaltung mitzuverfolgen ist nur der halbe Spaß. Mindestens genauso viel Spaß macht es nämlich, sich unter die Gäste zu mischen, die häufig vom gleichen Kaliber sind wie die Redner. Man geht zu der Konferenz, weil einen die Reden interessieren, aber man bleibt, weil man die Unterhaltung in den Gängen genießt. Außerdem ist es ein erhebendes Gefühl, das Neueste vom Neuen als Erster zu erfahren. Die Eintrittskarten sinken also nicht etwa im Wert, nur weil man sich die Reden mit einer leichten Verspätung im Internet ansehen kann. Nein, wenn irgendetwas sogar an Wert gewinnt, dann sind es die Tickets, weil es sich mittlerweile herumgesprochen hat, was man verpasst, wenn man nicht hingeht. 2004, als die TED-Konferenz zum ersten Mal online übertragen wurde, lag der stolze Preis für eine Eintrittskarte bei 4400 US-Dollar. 2008 musste man schon 6000 US-Dollar dafür hinlegen (doppelt so viel wie 1999). Im Preis inbegriffen waren zwar DVDs und besondere Mailaktionen für die Teilnehmer, aber Fakt ist, dass nur das Ticket zählt. Letztes Jahr wurde eine Eintrittskarte bei eBay für 33850 US-Dollar versteigert, der Erlös kam einer gemeinnützigen Organisation zugute. Sicherlich, im Ticket inbegriffen waren noch ein paar »Bonbons« wie eine Einladung zu Kaffee und Kuchen mit eBay-Gründer Pierre Omidyar oder ein Mittagessen mit Schauspielerin Meg Ryan. Doch mit etwas Glück trifft man auf der Veranstaltung genau die gleichen Superstars; beide zählen zu den Stammgästen.

▶ **Mit wachsender Nachfrage nach den Tickets steigen auch die Besucherzahlen.** Seit 1998 haben sich die Besucherzahlen von TED nahezu verdreifacht, der jährliche Zuwachs liegt bei etwa 10 Prozent. Nur 2008 erhöhten sich diese Zahlen nicht. Warum nur? Der Veranstaltungsort in Monterey platzte aus allen Nähten, weshalb nicht mehr Gäste zugelassen wurden. 2009, drei Jahre nach der ersten kostenlosen Internetübertragung, fand die Veranstaltung in einem Theater im Süden Kaliforniens mit doppelt so vielen Sitzplätzen statt.

hätten, könnten sich auf eine Rückerstattung freuen. Bis zum Ende des Jahres hatte Yahoo Google eingeholt, beide Dienste boten nun einen kostenlosen Speicherplatz von 1 Gigabyte an. 2007 setzte Yahoo aufs Ganze und bot seinen Kunden unbegrenzten Speicherplatz zum Nulltarif. (Gmail dagegen hatte nur zögerlich mitgehalten und bietet momentan 8 Gigabyte.)

Was dann passierte, überraschte alle Topmanager von Yahoo. Erstaunlicherweise liefen ihnen die Premiumkunden nicht scharenweise davon. Anscheinend waren viele Kunden bereit, für ihren E-Mail-Dienst zu zahlen, um auf diese Weise der Werbung an ihren Bildschirmen zu entgehen. Andere wiederum verlängerten ihren Vertrag zwar nicht, blieben Yahoo aber dennoch bis zum Ablauf ihres Jahresvertrags treu. Im Grunde änderte sich auch das Verhalten der Anwender nicht – E-Mails wurden weiterhin gelöscht, und der Bedarf nach mehr Speicherplatz stieg wesentlich langsamer an als befürchtet.

Nakayamas Team entwickelte Programme, die dem Missbrauch einen Riegel vorschoben und der Spamflut erfolgreich Einhalt geboten. Außerdem lag es an Yahoo festzulegen, was genau »unbegrenzter« Speicherplatz sein sollte. Dem Anwender stand es zwar frei, beliebig viele E-Mails zu speichern, aber Yahoo achtete darauf, wie schnell das Ganze vor sich ging. Ein zu hohes Tempo wurde als Missbrauch gedeutet. Nakayama beschrieb die Problematik mit diesen Worten: »Sie können so weit fahren, wie Sie wollen, aber Sie müssen sich an die Geschwindigkeitsbegrenzung halten.« Für Yahoo bedeutete diese Regel, dass sie sich dort mit der Anschaffung neuer Speichermedien mehr Zeit lassen konnten als ursprünglich angenommen, was das ganze Unterfangen deutlich günstiger machen würde, da die Preise dafür immer weiter sanken.

Letzten Endes hat Yahoo auf das richtige Pferd gesetzt: Sie verloren so gut wie keine Marktanteile, sind noch immer Marktführer, und Gmail liegt abgeschlagen auf dem dritten Platz. Yahoo-Mail versank nicht in einem Sumpf an Ausgaben, sondern erzielte weiterhin Profit. Und Yahoo konnte sich sogar gegen Googles »Free« durchsetzen, indem es als erstes Unternehmen noch mehr Speicherplatz zum Nulltarif anbot – nämlich unbegrenzten. Yahoo hat seine Preise bis zum Gehtnichtmehr »abgerundet«, und letzten Endes hat sich diese Strategie gerechnet.

Doch Google gab sich nicht geschlagen. Im Gegenteil, sein Marsch in Richtung »Free« hatte gerade erst begonnen. Google setzte sich zum Ziel, in Märkte einzudringen, in denen die besonderen wirtschaftlichen Eigenschaften von Software, Daten und Informationen verkrustete Branchenstrukturen aufsprengen und Platz für neue Firmen schaffen könnten.[9]

Kapitel 8

Demonetarisierung

Google und die Geburt eines Wirtschaftsmodells für das 21. Jahrhundert

Folgende Adresse gilt mittlerweile als Sehenswürdigkeit: 1600 Amphitheatre Parkway, Mountain View, Kalifornien – die Hochburg von »Free«. Die Rede ist von Googleplex, der Zentrale des größten aller Unternehmen, die ihr Geld mit dem Verschenken von Dingen verdienen. In der Mittagspause spielen die außergewöhnlich durchtrainierten Ingenieure Strandvolleyball oder drehen eine Runde mit ihren Mountainbikes. Wieder drinnen, schlüpfen sie in ihre schwarzen Hemden und schmieden neue Pläne, wie sie die einmaligen Grenzkostenvorteile ihrer gewaltigen Datenzentren nutzen können, um in neue Märkte einzudringen und die Reichweite des Suchmaschinengiganten noch weiter auszubauen.

Derzeit bietet Google an die hundert Produkte an, von Bildbearbeitungssoftware bis Textverarbeitungs- und Tabellenkalkulationsprogrammen – und fast alle zum Nulltarif. Ja, zum Nulltarif – ohne Wenn und Aber. Und dabei geht Google so vor, wie es einem modernen digitalen Unternehmen ansteht: Es verschenkt eine Reihe von Dingen und verdient seine Brötchen mit einigen wenigen anderen.

Mit den Werbeeinnahmen bei einer Hand voll von Kernprodukten verdient sich Google eine derart goldene Nase – überwiegend mit Suchergebnissen und Werbeanzeigen, die auf den Webseiten Dritter platziert werden und an deren Umsatz Google beteiligt ist –, dass es sich es leisten kann, ansonsten »Free« zu folgen. Neue Dienste werden meist von technikbegeisterten Freaks ausgeheckt, die sich Fragen stellen wie »Wäre es cool?« oder »Brauchen das die Leute?« oder »Passt dies zu unserer Technologie?«. Die banale Frage »Lässt sich damit Geld verdienen?« stellt sich bei Google erst einmal niemand.

Das klingt verrückt? Für Konzerne wie General Motors oder General Electric wäre es das vermutlich auch, aber für Firmen in der digitalen

Welt kann sich so ein Ansatz als goldrichtig entpuppen. Wer sich heutzutage auf die Socken macht und erstmal Kunden einsammelt, ohne ein fertiges Geschäftsmodell in der Tasche zu haben, gilt nicht mehr als Spinner, wie es zweifelsohne in der Dotcom-Ära Ende der 1990er Jahre der Fall gewesen wäre. Damals wäre ohne einen Schubkarren voller Startkapital und massenhaft Regalen voller Sun-Server gar nichts gegangen. Heutzutage kann jedes beliebige Web-Start-up auf dieselbe Sorte riesiger Serverfarmen zugreifen wie Google, was das Anbieten von Online-Diensten spottbillig macht. Mithilfe von Hosting-Diensten wie EC2 von Amazon, die es Jungunternehmen ermöglichen, ohne jegliche eigene physische Infrastruktur ins Geschäft zu kommen, lassen sich Dienste an Millionen von Anwendern liefern – ohne dafür viel mehr als eine Kreditkarte zu benötigen.

Infolgedessen können Unternehmen klein anfangen und sich dennoch hohe Ziele stecken, ohne ein großes finanzielles Risiko einzugehen oder im Grunde noch gar nicht zu wissen, wie sie genau ihre Brötchen verdienen wollen. Paul Graham, der Gründer der Risikokapitalgesellschaft Y Combinator, die sich auf kleine Startup-Unternehmen spezialisiert hat, gibt den Möchtegern-Unternehmern den simplen Rat: »Bieten Sie etwas an, das die Leute wirklich brauchen.« Er finanziert Neuunternehmen mit so kleinen Summen wie 5 000 US-Dollar und bestärkt sie darin, sich für Open-Source-Software und gehostete Server zu entscheiden und zunächst von zu Hause aus zu arbeiten. Die meisten bieten ihr Produkt oder ihren Dienst erstmal kostenlos an, um zu sehen, ob ihre Idee überhaupt ankommt. Wenn ja, geht es weiter mit den nächsten Fragen. Wie viel würden diese Kunden dafür ausgeben? Oder lässt sich auf andere Art und Weise Geld damit verdienen? Es können Jahre vergehen, bis es endlich so weit ist (und manchmal tritt es nie ein), doch weil die Kosten einer solchen Firmengründung so niedrig sind, werden selbst im schlimmsten Fall keine Unsummen von Kapital vernichtet.

Mittlerweile tummeln sich im Internet unzählige große und kleine Unternehmen dieser Art. Doch Google ist mit Abstand das größte, und weil es in einem seiner Unternehmensbereiche so viel Geld macht, ist »Free« für Google keine Zwischenstation auf dem Weg zu einem ausgefeilten Geschäftsmodell, sondern das Herz seiner Produktphilosophie.

Damit Sie verstehen können, wie sich Google zum absoluten Vorreiter der Kostenlos-Branche entwickeln konnte, machen wir einen kleinen Ausflug in seine Firmengeschichte, die sich grob in drei Phasen einteilen lässt.

1. (1999 – 2001) Google erfindet eine Methode, wie sich die Internet-Suche trotz des immer größer werdenden Datenaufkommens immer besser bewerkstelligen lässt (anders als alle vorherigen Suchmaschinen).
2. (2001 – 2003) Google bietet ein Selbstbedienungssystem an, mit dem Werbetreibende selbst Anzeigen erstellen können, die entsprechend bestimmten Schlüsselwörtern oder Inhalten angezeigt werden, und bringt sie dazu, sich gegenseitig zu überbieten, um sich die besten Plätze für ihre Werbung zu sichern.
3. (2003 bis jetzt) Google kreiert zahlreiche andere Dienste und Produkte, um seine Reichweite zu vergrößern und die Kundenbindung zu verstärken. Sofern sinnvoll wird das Werbeprinzip auf andere Produkte erweitert, aber nicht zu Lasten der Kundenerfahrung.

Dieses Konzept hat erstaunlich gut funktioniert. Inzwischen hat sich Google in einen Konzern verwandelt, der gute 20 Milliarden US-Dollar schwer ist und mehr Profit erwirtschaftet (2008 waren es über 4 Milliarden US-Dollar) als alle US-amerikanischen Automobilhersteller und Fluggesellschaften zusammen genommen (zugegeben, in Zeiten der globalen Wirtschaftskrise muss das nicht viel heißen!). Google hat nicht nur als erstes Unternehmen ein Geschäftsmodell auf Grundlage von »Free« aufgebaut, sondern auch den Umgang mit Rechnern revolutioniert, da immer mehr Anwendungen und Funktionen, die früher von lokalen Rechnern bewältigt wurden, nun in der Cloud, der »Rechnerwolke«, in irgendwelchen Datenzentren irgendwo in der Welt ablaufen und auf die unsere Webbrowser zugreifen (im Idealfall über Googles eigenen Browser Chrome).

Sie würden gerne wissen, wo sich diese Rechnerwolke genau befindet? Auch dieses Geheimnis ist nicht mehr wirklich geheim – machen Sie sich doch auf den Weg zu folgender Adresse: The Dalles, Oregon, einem Landstrich entlang des Columbia Rivers, 80 Meilen von Portland entfernt. Vielleicht erhaschen Sie dort ja einen Blick darauf – zumindest von außen. Hier befindet sich nämlich ein Datenzentrum von Google – ein Gebäude so riesig wie eine Fabrik, bis unter die Decke vollgestopft mit Zehntausenden von Computerboards und Festplatten in Regalen, die sich wiederum in transportablen Containern befinden. Nicht zu vergessen die ganzen Netzwerkkabel, die alle in einem dicken Glasfaserkabelstrang münden, der das Gebäude mit dem Internet verbindet.

Diese Datenzentren verkörpern den Dreiklang moderner Technologie: Datenverarbeitung, Bandbreite und Speicherung. In dem Maße, wie Google immer mehr dieser Zentren auf der ganzen Welt erstellt, werden sie nicht billiger, aber leistungsstärker. Die Computer jedes neuen Datenzentrums sind schneller als ihre Vorgänger, und auf die Festplatten passen mehr Daten als je zuvor. Infolgedessen benötigen diese Datenzentren immer dickere Kabelstränge, die sie mit der Außenwelt verbinden. Wenn Sie all dies zusammenzählen, liegt schnell auf der Hand, weshalb Google Jahr für Jahr ein neues Datenzentrum baut, das doppelt so viel leisten kann wie das, was vor 18 Monaten gebaut wurde, obwohl es in etwa genauso viel gekostet hat.

Wie ist es möglich, dass eine Telefonauskunft nichts kostet?

AT&T und seine Mitbewerber kassieren jährlich 7 Milliarden US-Dollar für ihre Telefonauskunft. Jeder Anruf kostet zwischen 50 US-Cent und 1,75 US Dollar. Google dagegen bietet seine automatische Auskunft in den USA unter GOOG-411 kostenlos an. Wie kann es sich der Suchmaschinenmoloch leisten, dafür nichts zu verlangen?

Google verzichtet jetzt auf Umsatz, um später einen heiß umkämpften Markt zu betreten.

Quelle: Jingle Networks, Linguistic Data Consortium, Opus Research

▶ **Kostenlose Daten.**
Jedes Mal, wenn die Anrufer unter der GOOG-411 eine Telefonnummer wissen möchten, liefern sie Google wertvolle Informationen. Jeder Anruf bietet Daten für die künftige Spracherkennung, denn jeder Anrufer liefert einzigartige Variationen im Akzent, in der Wortwahl und der Aussprache von Geschäftsnamen, die Google für die Verbesserung seiner Sprachalgorithmen nutzt. Der geschätzte Marktwert dieser Daten, die seit Herbst 2008 erfasst werden: 14 Millionen US-Dollar.

▶ **In die Zukunft investieren.**
Der Wert dieser Sprachdaten ist nicht annähernd so hoch wie der Umsatz, den Google mit einer Gebühr in Höhe von 1 US-Dollar pro Telefonauskunft erzielen könnte. Weshalb verzichtet das Unternehmen auf diese Einnahmequelle? Firmenchef Peter Norvig bezeichnet GOOG-411 als Prüfstand für eine sprachgesteuerte Suchmaschine für Handys. Angesichts der möglichen Werbeeinnahmen bei diesem Dienst könnte sich Google hier einen milliardenschweren Marktanteil sichern.

Infolgedessen sinken die Kosten, die Google für das Bereitstellen Ihres Gmail-Posteingangs entstehen, alle 18 Monate um die Hälfte. Von Anfang an ging es bei diesen Kosten nur um Centbeträge, aber selbst diese werden Jahr für Jahr geringer. Und das gilt natürlich auch für die Berechnung Ihrer Route auf Google Maps, die Schlagzeilen auf Google News und die 3-Minuten-Trailer auf YouTube. Natürlich verschlingt der Bau von neuen Datenzentren hunderte Millionen US-Dollar, doch da das von ihnen verarbeitet Datenvolumen Jahr für Jahr schneller wächst, als die Ausgaben für die Infrastruktur steigen, sinken die Kosten je Byte, die Google entstehen, wenn es Ihnen etwas Gutes tut, Tag für Tag.

Heute verfügt Google geschätzt über etwa eine halbe Million Server, die in über 36 Datenzentren untergebracht sind. Bevorzugter Standort sind Regionen, in denen Strom günstig zu haben ist, wie zum Beispiel in der Nähe eines Wasserkraftwerks im Pazifischen Nordwesten. (Ironischerweise ist Strom eine der wenigen Ressourcen von Google, die nicht zu billig sind, um ihren Verbrauch zu messen. Ganz im Gegenteil, Analysten haben kalkuliert, dass die Kosten für den Strom, den ein Google-Server während seiner gesamten Lebensdauer verschlingt, höher sind als der Anschaffungspreis des Servers. Womit auch klar ist, weshalb das Unternehmen ein eigenes Programm für erneuerbare Energie betreibt, das sich der Entwicklung von umweltfreundlicheren und günstigen Energiequellen verschrieben hat.)

Kein anderes Unternehmen verfügt über eine Infrastruktur dieser Größenordnung, auch wenn Microsoft, Yahoo, IBM, HP, Amazon und einige andere nicht allzu weit davon entfernt sind. Dies bringt Google einige entscheidende Pluspunkte im Rennen um »Free« ein. So gering die Datenkosten der anderen Unternehmen auch sein mögen, Googles sind geringer und sinken zudem schneller – einfach aufgrund der Größenvorteile. Dank seines unglaublichen Einkaufsvolumens kann Google extrem niedrige Preise für Hardware, Bandbreite und sogar Strom aushandeln. (CEO Eric Schmidt witzelte gerne, dass die Computerracks von Google nur deshalb auf Rollen stehen, damit man sie bequem aus dem Gebäude schaffen kann, wenn der Eigentümer des Datenzentrums Konkurs angemeldet hat, was jedem Unternehmen passierte, bis Google endlich beschloss, diese Zentren auf eigene Rechnung bauen zu lassen. Im Geschäft mit »Free« holt sich so manches Unternehmen blaue Flecken, wenn es seine Rechenaufgaben nicht ordentlich erledigt.)

Die Max-Strategie

Weshalb sich Google mit Haut und Haaren »Free« verschrieben hat? Ganz einfach: weil es der beste Weg ist, den größtmöglichen Markt zu erreichen und die Massen für ein neues Produkt zu begeistern. Schmidt[1] bezeichnet diese Taktik Googles als »Max-Strategie«, und er ist sich sicher, dass sie eines Tages die Informationsmärkte bestimmen wird. An sich klingt diese Strategie nicht weiter kompliziert: »Ganz gleich was Sie tun, denken Sie im großen Maßstab, insbesondere, was den Vertrieb anbelangt. Anders ausgedrückt: Da die Grenzkosten des Vertriebs bei Null liegen, ist es ja kein Problem, Ihre Sachen bis in den hintersten Winkel unseres Planeten zu bringen.«

Anschließend nennt er als Beispiel eine Fernsehsendung. Stellen Sie sich bitte vor, wir beide – ja, Sie und ich – wären die geistigen Eltern von *The Sopranos*, einer US-amerikanischen Fernsehserie, die vom Leben einer fiktiven italo-amerikanischen Mafiafamilie in New Jersey handelt. Nun fragen Sie sich, wie wir das mit dem Vertrieb bewerkstelligen. Wie das Leben nun mal so spielt, arbeitet zufällig ein Freund von mir bei HBO, der mir versprochen hat, die Serie wöchentlich auszustrahlen und die Finanzierung zu übernehmen. Das ist natürlich großartig, aber noch längst nicht alles, was es für unser Projekt braucht.

Wir beschließen, dass es ohne ein Blog nicht geht, schließlich wollen wir etwas Aufmerksamkeit, bevor wir auf Sendung gehen.

Kurz vor der Erstausstrahlung benötigen wir eine PR-Firma, damit die Presse darüber berichtet. Nicht schlecht wäre auch etwas *Online-Buzz*, zum Beispiel durch eine Facebook-Seite oder ein virales Video. Sobald die Sendung erst mal läuft, bieten wir einen Dienst an, der die Kunden per SMS und Twitter über die einzelnen Folgen auf dem Laufenden hält. Dadurch locken wir sie auf die Homepage unserer Serie, wo sie mehr über die Darsteller und Charaktere erfahren können, was wiederum dazu führt, dass die Begeisterung für die Sendung kaum noch zu bremsen ist.

Das ganze Filmmaterial, das wir nicht für die Sonntagsfolge verwendet haben, stellen wir auf YouTube. Schließlich drehen wir so viele Szenen ab, dass wir dafür genug Material haben. Außerdem gibt es noch eine Abstimmung, welche herausgeschnittene Szene nach Meinung des Publikums unbedingt hätte ausgestrahlt werden sollen. Und so weiter, und so fort. Wir nehmen die Grundidee von *The Sopranos* und füllen jede noch so kleine Nische der Verbraucheraufmerksamkeit damit auf. Gut möglich, dass wir nur mit der Grundlage unserer Sendung – unser Vertrag mit HBO – Geld verdienen, aber alles andere trägt zum Erfolg unserer Serie bei.

Nun wissen Sie, was eine Max-Strategie ist.

Wie Schmidt schon gesagt hat, funktioniert diese Strategie bestens, wenn man zum Beispiel über einen Deal mit HBO verfügt. Und genau das hat Google mit seiner Werbemaschinerie (AdWords, bei dem Sie auf Google für Ihr Unternehmen werben können, und AdSense, bei dem Anzeigen auf den Content Ihrer Website abgestimmt werden). Doch was können Sie tun, wenn Ihnen der Geldgeber noch fehlt? Auch in diesem Fall kann eine Max-Strategie größte Aufmerksamkeit erregen und Ihnen möglicherweise ein interessantes Image verschaffen, doch mit der Herausforderung, diese Aspekte in Geld zu verwandeln, stehen Sie dann alleine da. Kleiner Trost, es gibt Schlimmeres als das – die Schwierigkeit besteht meist darin, Popularität zu gewinnen, nicht sie in Bares zu konvertieren – doch wenn es Ihnen nicht gelingt, dieses kleine Detail zu lösen, sollten Sie bedenken, dass eine Max-Strategie auch zu gewaltigen Bandbreiterechnungen führen kann, die Sie leider nicht bezahlen können.

Dieses Problem hat Google zum Glück nicht. Es hat ein Geschäft geschaffen, das ebenso schnell wächst, wie die Webnutzung zunimmt (eigentlich sogar schneller, da es die Suchmaschine mit dem größten Marktanteil ist, und auch im Bereich Werbung seinen Konkurrenten mindestens eine Nasenlänge voraus ist). Das Einzige, was Googles Wachstum bremst, ist das Tempo, mit dem das Web wächst. Aus diesem Grund dienen alle anderen Produkte (teilweise oder vollständig) nur einem Zweck: die Nutzung des Webs anzukurbeln, entweder über kostenlosen kabellosen Zugang oder über freie Speicherkapazitäten.

Bei diesen anderen Produkten – im Fachjargon Komplementärprodukte – handelt es sich um Waren oder Dienstleistungen, die in der Regel gemeinsam konsumiert werden wie beispielsweise Bier und Kartoffelchips oder Autos und Autokredite. Auf Google ist alles, was online passiert, eine Ergänzung seines Kerngeschäfts. Jedes Blog-Posting bietet neue Nahrung für den Web-Crawler von Google, der das Internet auf der Suche nach immer neuen Daten durchforstet, was zu noch besseren Suchergebnissen führt. Jeder Klick in Google Maps liefert weitere Informationen über das Verbraucherverhalten, und jede E-Mail in Gmail lässt Rückschlüsse auf menschliche Netzwerke zu. All diese Informationen kann Google dafür nutzen, um neue Produkte zu entwickeln oder sein Werbegeschäft weiter auszubauen.

Das Interessante an diesen Komplementärprodukten ist, dass eine steigende Nachfrage beide Produkte – Bier und Kartoffelchips – betrifft. Je mehr Menschen sich im Internet tummeln, umso besser läuft Googles Kerngeschäft. Wenn es Google mithilfe von »Free« also gelingt, uns dazu zu bewegen, mehr Zeit online zu verbringen, steigert Google damit letzten Endes seinen Gewinn.

Heute verbringen die meisten Beschäftigten von Google ihre Arbeitszeit damit, darüber nachzudenken, was sich noch alles verschenken lässt. Eine ganze Abteilung beschäftigt sich mit der Frage, was im Bereich Wi-Fi in dieser Hinsicht machbar ist, während andere Abteilungen Open-Source-Programme schreiben. Google bietet Wissenschaftlern kostenlosen Speicherplatz an und scannt Klassiker ein, um diese ins Netz zu stellen. Auch Bildbearbeitungsprogramme werden kostenlos unters Volk gebracht, und das Sahnehäubchen obendrauf ist der kostenlose Speicherplatz für die damit erstellten Fotoalben. Google Earth ist kostenlos, und als Zugabe hat Google Zugang zu neuen Bildern eines Satelliten, der die Erde umkreist, um noch bessere Landkarten zu erzeugen. Googles sprachgesteuerte Telefonauskunft ist kostenlos (siehe Abbildung auf Seite 144). Und wenn Sie ein neues Handy auf den Markt bringen wollen, liefert Ihnen Google das passende Betriebssystem dazu – natürlich zum Nulltarif.

Schmidt erklärt anhand eines Beispiels, weshalb dieser scheinbare Altruismus dennoch sinnvoll ist. »Die ersten Studien über Google News haben belegt, dass die Wahrscheinlichkeit, dass ein Nutzer von Google News bei seiner nächsten Suchanfrage auf eine der angezeigten kontextrelevanten Anzeigen klickt, doppelt so hoch ist, also sagten alle ›Wunderbar‹. Ein echtes Lockvogelprodukt – es generiert Datenverkehr. Sicherlich haben wir es hier mit einem Dienst zu tun, von dem die ganze Welt profitiert und so weiter, aber wenn man mal darüber nachdenkt, wird einem klar, dass es hier nicht um das Produkt Google News, sondern um Google selbst geht. Wenn wir es irgendwie schaffen, Sie irgendwann dazu zu bringen, ein anderes Produkt von uns zu nutzen, das wir dann in bare Münze umwandeln können, hat es sich gelohnt.«

Für Nicolas Carr, Autor von *The Big Switch: Der große Wandel. Die Vernetzung der Welt von Edison bis Google*, stellt sich das Ganze so dar: »Google hat ein echtes Interesse daran, dass Informationen nichts kosten, denn wann immer der Preis dafür sinkt, macht Google noch mehr Geld.«[2]

Das ist die Macht von Komplementärprodukten.

Da Googles Kerngeschäft so viel Gewinn abwirft und auf einer solch enormen IT-Infrastruktur beruht, ist das Unternehmen in der Lage, alles andere billiger und effizienter zu machen. Es ist ein Leichtes für Google, neue Produkte zu entwickeln, da sie auf den bereits vorhandenen aufbauen können, und sobald sie im Markt sind, ist es für Google ein Kinderspiel, auch aus diesem neuen Produkt einen Verkaufsschlager zu machen, da Google auf der ganzen Welt Rang und Namen hat. Google ist in der glücklichen Lage, erst halb fertige Produkte (Betaversionen) auf den Markt zu bringen, weil es aufgrund dieser gigantischen Massentests innerhalb kürzester Zeit weiß, ob sich eine Weiterentwicklung lohnt oder nicht. Selbst die »Flops« von Google wie das soziale Netzwerk Orkut oder Google Chats werden noch immer von Millionen von Anwendern genutzt. Google kostet ein Fehler nur ein müdes Schulterzucken, weshalb es keine Angst davor hat, auch mal ein Risiko einzugehen.

Das alles klingt wohl durchdacht, doch das scheint nur auf den ersten Blick so. Sicherlich gibt es unter der Belegschaft von Google auch einige Wirtschaftswissenschaftler und Geschäftsstrategen, doch mehrheitlich sind Ingenieure beschäftigt, deren Job es ist herauszufinden, was technisch machbar ist und was in Zukunft gefragt sein könnte. Erst später kommen die Betriebswirtschaftler ins Spiel (die in diesem Kreis von Technikfreaks eher als Menschen Zweiter Klasse angesehen werden), die sich fragen, inwieweit das, was sich diese Techniker ausgedacht haben, zu dem Verkauf von Werbeanzeigen passt.

Manchmal winken die Manager ein bestimmtes Projekt ab, weil die »Ablenkungskosten« (das heißt, den Ingenieuren bliebe dann zu wenig Zeit für andere Projekte) zu hoch sind, oder weil das Ganze doch nicht so cool ist, wie ihre Entwickler glauben. Sie lehnen es aber garantiert nicht ab, weil sich damit kein Geld verdienen ließe. In der Hochburg des »Konzepts Kostenlos« ist »Free« nun mal der Standard. Dazu braucht es keine großen Theorien. Das ist schlicht und ergreifend die logische Konsequenz dessen, dass man im Herzstück einer der größten Kostenreduzierungsmaschinen sitzt, die die Welt je gesehen hat.

Ein gewaltiges Sauggeräusch

All dies kann einem auch Schauer über den Rücken jagen. Auch wenn es sich zunächst gut anhört, dass die neuen Technologien dazu führen, dass alle Preise im Sinkflug begriffen sind, wird es doch merklich unangenehm, wenn zu diesen sinkenden Preisen auch Ihr Gehalt gehört. Von den Kumpels in Wales bis zu den Automechanikern in Detroit hat dieses Rennen um das günstigste und zugleich effizienteste Modell seinen Tribut gefordert. Wie Jeff Zucker, Chef des Medienkonzerns NBC Universal, es ausdrückt, hat die Fernsehbranche große Angst davor, dass »eines Tages analoge Dollar gegen digitale Pennies eingetauscht werden.« Doch offenbar kann keiner aus dieser Branche etwas dagegen tun: In der Medienwelt wird mit knapper Ware gehandelt (die Anzahl der Fernsehkanäle ist endlich), im Internet dagegen nicht. In einem Massenmarkt lassen sich aber keine Preise für knappe Ware erzielen – und man muss auch gar nicht, denn es sind ja auch die Kosten niedriger.

Man muss nicht groß darüber nachdenken, um darauf zu kommen, weshalb diese Entwicklung den Branchen Angst macht, deren Einfluss auf die Preisgestaltung schwindet. Für alle Betroffenen ist die »Demonetarisierung« traumatisch. Trotzdem können Sie aufatmen: Immerhin geht der Wert an sich nicht verloren, er wird lediglich neu verteilt und mitunter auf eine Art und Weise, die sich nicht in Geld messen lässt.

Um zu sehen, wie dies in der Praxis aussehen soll, werfen wir einen Blick auf Craigslist, das zentrale städtische Online-Netzwerk mit Anzeigenseiten für alle möglichen Bedürfnisse von Jobs, Wohnungen über Handwerker und Dienstleistungen bis hin zu Foren und vielem anderen mehr.

Seit seiner Gründung vor 13 Jahren gilt Craigslist bei den Zeitungsverlagen Amerikas als Sündenbock, der ihnen durch seine kostenlosen Kleinanzeigen mindestens 30 Milliarden Wertverlust an der Börse eingebracht haben soll. Trotzdem macht Craigslist gerade einmal genug Gewinn, um die Rechnungen für seine Server selbst bezahlen und sich sogar ein paar Dutzend Mitarbeiter leisten zu können. 2006 machte die Webseite über die paar Sachen, die es nicht kostenlos anbietet – eine Jobbörse in elf US-amerikanischen Städten und eine Wohnungsbörse in New York City – einen Gewinn von 40 Millionen US-Dollar. Das sind gerade einmal 12 Prozent der 326 Millionen US-Dollar, um die der Umsatz im Bereich Kleinanzeigen jährlich sinkt.

Doch »Free« ist nicht ganz so einfach – oder destruktiv –, wie es sich jetzt anhört. Nur weil Produkte kostenlos sind, heißt das eben noch lange nicht, dass da nicht irgendwo auf dieser Welt jemand sitzt, der gewaltige Summen daran verdient, oder dass ganz viele ein bisschen daran verdienen. Craigslist gehört zur zweiten Kategorie. Der Gründer Craig Newmark schöpft nur einen Bruchteil des gesamten Werts ab, denn das meiste davon wird in irgendeiner Form auf die Hunderttausende von Besuchern dieser Webseite umgelegt.

Im Vergleich zu den herkömmlichen Kleinanzeigen in den Tageszeitungen sparen die Besucher der Website von Craigslist eine Menge Geld, und ihre Anzeige ist länger öffentlich. Wer sich durch die Kleinanzeigen klickt, dem bietet Craigslist die ganz normalen Vorteile des Internets, von einfachen Suchfunktionen über automatische Benachrichtigungen. Da beides zusammen sehr viele Besucher anzieht (genau, die Max-Strategie), ist die Wahrscheinlichkeit, dass der Wohnungsinhaber einen Interessenten für sein Apartment oder der Unternehmenschef einen neuen Mitarbeiter findet, höher als bei anderen Medien. Und da »Free« den Pool an Interessenten noch weiter vergrößert, ist es sogar noch wahrscheinlicher, dass das Apartment oder der Job (oder der Bewerber) noch besser sind, als sie das bei einer herkömmlichen (bezahlten) Anzeige wären.

»Free« sorgt in jedem Markt für eine höhere Liquidität, und eine höhere Liquidität bedeutet in der Regel, dass ein Markt besser funktioniert. Das ist der eigentliche Grund, weshalb es Craigslist geschafft hat, dem Printanzeigengeschäft einen so großen Marktanteil abzuluchsen. »Free« hat die Kunden zwar angelockt, aber geblieben sind sie wegen der hohen Markteffizienz, die mit ihm einhergeht.

»Liquidität« wird in der Regel als Fachbegriff aus der Finanzwelt angesehen, doch in seiner allgemeinen Form bezieht sich das Wort auf die Fähigkeit, im Markt ein Wirtschaftsgut schnell gegen ein anderes tauschen zu können. Das heißt im Endeffekt, dass *es die Masse macht*. Wenn nur 1 Prozent aller hundert Schüler eines Abschlussjahrgangs sich freiwillig für die Arbeit am Jahrbuch meldet, wird das Buch bestimmt nicht rechtzeitig fertig. Doch wenn nur 1 Prozent der Wikipedia-Besucher beschließt, einen Artikel zu verfassen, wird daraus schnell die größte Wissensfundgrube aller Zeiten. (Tatsächlich gehört nur *einer von zehntausend* Wikipedia-Besuchern zu den aktiven Nutzern.) *Die Masse macht's* bedeutet in diesem Zusammenhang, dass ein kleinerer Prozentsatz ausreicht, um großen Einfluss auszuüben. Und deshalb ist mehr hier zugleich auch besser.

Der springende Punkt ist, dass das Internet, zu dem Hunderte von Millionen Menschen auf der ganzen Welt Zugang haben, im Grunde eine Liquiditätsmaschine ist. Da es so unglaublich viele Menschen erreicht, kann es mit einer Teilnehmerquote arbeiten, die in der traditionellen Welt mit seinen Grenzkosten weit oberhalb von Null ein Desaster auslösen würde.

YouTube genügt es, wenn nur einer von tausend Besuchern Videos hochlädt. Spammer können schon mit einer Rücklaufquote von 1:1 Million ein Vermögen machen. (Damit Sie wissen, von welcher Größenordnung ich hier rede: In meiner Branche, Zeitschriften, gilt eine Rücklaufquote von weniger als 2 Prozent bei einer Direktmailing-Aktion für ein Abonnement als Flop.)

Doch alle Kostenvorteile, die ein Online-Unternehmen so hat, werden durch die Vorteile der Liquidität noch bei weitem übertroffen. Man mag sich kaum ausmalen, wie viele Kapazitäten brachliegen (anders ausgedrückt: wie viele gute Produkte und Dienste es im Internet gibt, die längst nicht so populär sind, wie sie es eigentlich sein sollten). Und andersherum gibt es natürlich auch einen riesigen Pool an ungestillten Bedürfnissen (Bedürfnisse und Wünsche, die wir haben, aber nicht ausleben können, oder die uns nicht mal bewusst sind). Unternehmen wie Craigslist verknüpfen ungestillte Bedürfnisse mit ungenutzten Angeboten. Das funktioniert aber nur, weil sie ihre Kleinanzeigen extrem günstig und in einem beeindruckend großen Maßstab anbieten können (die Anwender von Craigslist platzieren Monat für Monat über 30 Millionen Kleinanzeigen, 10 000-mal so viele wie in den größten Tageszeitungen geschaltet werden).

Trotzdem verdient Craigslist relativ wenig Geld – nur einen winzigen Bruchteil von dem, was es den Zeitungsverlagen wegschnappt. Wo landet denn das ganze Geld?

Damit Sie den Geldfluss nachvollziehen können, muss man sich den Markt anders vorstellen, als nur den Ort, an dem sich zwei Parteien – Käufer und Verkäufer – begegnen. Betrachten Sie den Markt als Ökosystem mit vielen Parteien, bei denen es aber nur bei einer Teilmenge zum Tausch von Ware gegen Geld kommt. Wenn wir uns das Größenverhältnis von Craigslist klar machen (monatlich rund 50 Millionen Anwender), liegt es auf der Hand, dass hier wesentlich mehr Geld den Besitzer wechselt als bei den traditionellen Zeitungsverlagen. Außerdem sind Angebot und Nachfrage besser aufeinander abgestimmt, und das Preis-/Leistungsverhältnis ist auch besser, obwohl im Marktplatz selbst weniger Geld verbleibt. Die Wertschöpfung der traditionellen Zeitungsverlage wurde von einigen wenigen auf viele verteilt.

Risikokapitalgeber haben einen treffenden Ausdruck für das Phänomen geprägt, dass »Free« eine Branche schrumpft und gleichzeitig andere Märkte eröffnet: »ein Null-Milliarden-Dollar-Geschäft«. Fred Wilson,

Partner des Risikokapitalunternehmens Union Square Ventures, erklärt seine Wortschöpfung: »Damit wird ein Geschäft bezeichnet, das einen Markt betritt, wie zum Beispiel das Anzeigen- oder Nachrichtengeschäft, und das dank der unglaublichen Effizienz seiner operativen Tätigkeit nur einen Bruchteil des Umsatzes generieren muss, den die Marktführer benötigen, um schwarze Zahlen zu schreiben.«[3]

Josh Kopelman, ebenfalls Risikokapitalgeber, erzählte mir dazu folgende Geschichte:

> Mein erstes Unternehmen, Infonautics, war eine Online-Forschungs- und Informationsagentur, die sich an Studenten wandte. Als ich dort arbeitete, konnte ich aus erster Hand erfahren, was »asymmetrischer Wettbewerb« ist. 1991, im Jahr der Firmengründung, lag der Umsatz im Enzyklopädie-Markt bei rund 1,2 Milliarden US-Dollar. Marktführer war Britannica mit einem Marktanteil in Höhe von etwa 650 Millionen US-Dollar. Sie setzten unumstritten den Maßstab in diesem Geschäft. An zweiter Stelle saß die World Book Encyclopedia ziemlich sicher im Sattel. Beide Unternehmen verkauften Jahr für Jahr erfolgreich Hunderttausende von Enzyklopädien.
>
> Doch 1993 sollte sich diese Branche grundlegend und nachhaltig wandeln. In diesem Jahr brachte Microsoft die Encarta für 99 US-Dollar heraus. Bei dieser Erstveröffentlichung handelte es sich um nichts anderes als die Enzyklopädie von Funk & Wagnall, die in Fachkreisen als mittelmäßig bis schlecht galt, – mit dem einzigen Unterschied, dass sie jetzt als CD-ROM angeboten wurde. Doch Microsoft wusste genau, dass die einzigartigen neuen technischen Möglichkeiten und damit der Verfall der Produktionskosten den Markt kräftig durchrütteln würden. Bis 1996 war der Umsatz von Britannica auf 325 Millionen US-Dollar gesunken – auf die Hälfte der Verkaufszahlen von 1991 –, und Britannica hatte seine legendäre Vertretermannschaft vor die Tür gesetzt. Zugleich brach der Markt für Enzyklopädien in diesem Jahr auf weniger als 600 Millionen US-Dollar ein. In den USA erzielte Microsoft mit seiner Encarta einen Umsatz von 100 Millionen US-Dollar.
>
> In nur drei Jahren hatte der Synergieeffekt einer bahnbrechenden Technik (CD-ROM) und Kosteninfrastruktur (lizenziertes Wissen statt verlagseigene Redaktionen) sowie eines neuartigen Vertriebsmodells (Einzelhandel statt Außenvertrieb) und Preismodells (99 US-Dollar statt 1 000 US-Dollar) den Markt für Enzyklopädien halbiert. Über eine halbe Milli-

arde US-Dollar wurde diesem Markt entzogen. Microsoft war es gelungen, das, was für Britannica einen echten Vermögenswert darstellte (ein erfolgreiches Haustürgeschäft) in eine Bürde zu verwandeln. Microsoft setzte mit seiner Encarta zwar 100 Millionen US-Dollar um, doch zugleich schrumpfte dieser Markt um mehr als 600 Millionen US-Dollar. Umgelegt bedeutet das, dass Microsoft für jeden US-Dollar Umsatz seinen Konkurrenten 6 US-Dollar Umsatz wegschnappt. Microsoft hat also durch das Schrumpfen des Marktes Geld verdient.[4]

Und jetzt hat Wikepedia, die Online-Enzyklopädie, die überhaupt nichts kostet, den Markt weiter schrumpfen lassen – dieses Mal sowohl den Markt für Druckausgaben als auch den für CD-ROM-Enzyklopädien. (Microsoft hat 2009 den Verkauf der Encarta eingestellt.) Wikipedia verdient keinen einzigen Cent, aber da wir alle von dieser unvergleichlichen Wissensquelle zum Nulltarif profitieren, haben wir alle die Chance, dieses geballte Wissen einzusetzen, um damit mehr Geld zu verdienen.

Der Wert, den Britannica zu seiner Glanzzeit geschaffen hat, ließ sich aus der Kombination des unmittelbaren Umsatzes von Britannica und der erhöhten Produktivität der glücklichen Besitzer dieser Bände berechnen. Wikipedia dagegen ist kostenlos, auf einfachstem Wege zugänglich, riesig und auch sonst für wesentlich mehr Menschen nützlich, was bedeutet, dass es die Produktivität von viel mehr Menschen verbessert, als es die Britannica je getan hat. Aber Wikipedia verdient keinen Cent daran, obwohl es Britannica viele Cents wegnimmt. Anders ausgedrückt führt Wikipedia auf der einen Seite zu einem Wertverlust, der sich konkret beziffern lässt (unmittelbarer Umsatz), und schöpft auf der anderen Seite enormen Wert, den wir aber nicht messen können (unser kollektives Wissen).

Genau das bewirkt »Free«: Es wandelt milliardenschwere Branchen in millionenschwere um. Dieser Wert löst sich im Normalfall jedoch nicht in Luft auf, auch wenn man manchmal diesen Eindruck hat. Nein, dieser Wert fließt woanders hin, wo er sich nur schwer messen lässt.

Im Kleinanzeigenmarkt haben die Verlage mitsamt Mitarbeitern und Aktionären viel verloren, während der Rest von uns davon profitiert hat, wenn auch nur minimal. Doch wir – das amerikanische Volk – sind denen – den Verlagsinhabern und Aktionären – zahlenmäßig haushoch überlegen. Und es ist absolut möglich, dass die 30 Millionen US-Dollar, die dem Kapital des Zeitungsmarktes jetzt fehlen, irgendwann wieder auftauchen und ein deutlich höheres Bruttoinlandsprodukt bewirken, auch wenn wir nie in der Lage sein werden, diesen Zusammenhang explizit nachzuweisen.

Unternehmen, die auf diese Strategie setzen, errechnen bestimmt nicht, wie viele Gewinner und Verlierer am Ende herauskommen. Stattdessen machen sie einfach das, was am leichtesten ist: Sie schenken den Menschen, was sie haben wollen, und verfolgen ein Geschäftsmodell nur dann, wenn es denn unbedingt sein muss. Von außen gewinnt man aber schon den Eindruck, Zeuge einer revolutionären Tat zu sein. Sarah Lacy schrieb dazu in der *BusinessWeek*: »Man denkt unweigerlich an Robin Hood, der von den Reichen nahm und den Armen gab. Im aktuellen Fall sind wir alle die Nutznießer, man denke nur an die Verbraucher, denen auf diese Weise mehr Geld in den Taschen bleibt, oder die Start-up-Unternehmen, die es viel einfacher haben, konkurrenzfähige Alternativen zu entwickeln.«[5]

All das passiert tagein, tagaus, und Sie stecken mittendrin. Flatrates haben dem Telefonmarkt viel Geld abgegraben. Doch beschwert sich darüber irgendjemand? (Außer den Telefongesellschaften, natürlich.) Der Online-Reiseveranstalter Expedia hat die Reisebranche demonetarisiert, und E*TRADE den Börsenmarkt (und dabei den Weg für andere kostenlose Börsenmakler frei gemacht wie zum Beispiel Zecco – siehe Abbildung Seite 135). In all diesen Fällen gibt es jedoch wesentlich mehr Gewinner als Verlierer. »Free« ist zerstörerisch, keine Frage, aber wenn sich der Staub gelegt hat, bleiben viele funktionierende Märkte zurück. Der Trick dabei ist, auf das richtige Pferd zu setzen.

Die Kosten von »Free«

Doch was, wenn diese neue Vermögensverteilung doch nicht so ausgewogen ist, wie bislang der Eindruck erweckt wurde? Was, wenn das Vermögen doch nicht von einigen Wenigen auf Viele umverteilt wird? Was, wenn sich das Geld tatsächlich in Luft auflöst, oder schlimmer noch, unter noch weniger Menschen als zuvor aufgeteilt wird?

Genau darum macht sich Schmidt von Google Sorgen. Das Internet ist das klassische Beispiel eines Marktes, der, wie sich Wirtschaftswissenschaftler ausdrücken, von einem »Netzwerkeffekt« dominiert wird. In solchen Märkten, in denen es ein Leichtes für Nutzer ist, miteinander zu kommunizieren, neigen wir Menschen dazu, unserem Herdentrieb nachzugeben. Da sich somit kleine Unterschiede im Marktanteil zu großen auswachsen können, wird der Abstand zwischen dem Marktführer und der Nummer 2 immer größer.

Ein traditioneller Markt teilt sich ungefähr so auf: Die Nummer 1 hat etwa 60 Prozent aller Marktanteile, die Nummer 2 rund 30 Prozent und die Nummer 3 an die 5 Prozent. Doch in Märkten, die vom Netzwerkeffekt beherrscht werden, kann die Verteilung so aussehen: Nummer 1 hat 95 Prozent, Nummer 2 nur noch 5 Prozent, und Nummer 3 geht leer aus. Der Netzwerkeffekt bündelt die Macht, »die Reichen werden immer reicher«.

Genau mit diesem Argument wurde das Kartellverfahren begründet, das in den 1990er Jahren gegen Microsoft eröffnet wurde, doch Schmidt ist sicherlich nicht wegen dauerhafter Monopolstellungen beunruhigt. Im derzeitigen Webmarkt, der so leicht zugänglich ist wie kein anderer Markt, ist es ein Kinderspiel für neue Mitbewerber, in diesen Markt vorzustoßen. (Google bedient sich übrigens genau dieses Arguments, wenn ihm seine Monopolstellung vorgeworfen wird.) Schmidt macht sich auch keine Sorgen, weil die Auswahl an Produkten und Dienstleistungen limitiert ist: Auch hier sorgt die Tatsache, dass es kaum Barrieren gibt, die ein Eindringen in den Online-Markt verhindern können, dafür, dass sich zahlreiche Konkurrenten im Netz tummeln, und alle die kleinen Unternehmen und anderen Bewohner des langen Schwanzes einen gigantischen Markt unter sich aufteilen. Nein, Schmidt macht sich schlicht und einfach Sorgen ums Geld: Jeder hat die Chance, ein Geschäftsmodell um »Free« herum aufzubauen, doch nur die Nummer 1 verdient sich damit eine goldene Nase.

Weshalb aber sollte sich ein Unternehmen wie Google Gedanken darüber machen, wie andere Firmen »Free« zu ihrem wirtschaftlichen Vorteil einsetzen können? Weil Google auf andere Unternehmen und ihre Daten und Informationen angewiesen ist, um diese zu indizieren, strukturieren oder sonst wie zu verpacken, um selbst daran zu verdienen. Wenn das digitale »Free« Branchen das Geld entzieht, bevor es neuen Geschäftsmodellen gelingt, es wieder ins Spiel zu bringen, gibt es nur noch Verlierer.

Denken Sie noch mal an die Misere der Zeitungsverlage. Der Erfolg der kostenlosen Craigslist hat den großen Tageszeitungen satte Umsatzeinbußen beschert und viele Journalisten ihren Job gekostet. Doch die niedrigen Kosten und die benutzergenerierten »hyperlokalen« Alternativen reichen bislang nicht aus, um diese Lücke wieder zu füllen. Vielleicht wird dies ja in Zukunft so sein, bislang jedenfalls noch nicht. Für Google heißt das, dass weniger lokale Nachrichten zur Verfügung stehen, die indiziert werden können. Gut möglich, dass es mehr lokale Nachrichten gibt, aber da sie eben nicht von einer professionellen Nachrichtenagentur hereinkommen, fehlt Google die Sicherheit geprüfter Qualität. Stattdessen muss es selbst herausfinden, ob es sich um eine Ente handelt oder nicht – und das kann im Einzelfall ziemlich schwierig sein.

Deshalb würde es Google sehr begrüßen, wenn die Zeitungen im Geschäft blieben, auch wenn die Tatsache, dass der Erfolg des eigenen Werbemodells auch den Zeitungsverlagen Marktanteile wegnimmt, die ganze Angelegenheit noch schwieriger macht, als sie eh schon ist. Auch um dieses Paradoxon macht sich Schmidt so seine Gedanken. Es könnte nämlich passieren, dass sich die kurzfristigen negativen Folgen der Demonetarisierung bemerkbar machen, bevor sich ihre langfristige positive Wirkung zeigt. Ist es möglich, dass »Free« uns doch nicht alle ein wenig reicher macht, sondern ein paar von uns superreich?

Aus Sicht des milliardenschweren Herrschers in der Hochburg des Gratiskonzepts mag dies ironisch klingen, doch Google hat ein starkes Interesse daran, dass es viele Sieger gibt, denn diese erzeugen wieder Informationen, die Google aufbereiten kann.

»Traditionelle Märkte teilen sich entsprechend des Preises in verschiedene Segmente auf und schaffen so Raum für Hersteller im oberen, mittleren und unteren Marktsegment«, erläutert Schmidt. »Das Problem mit ›Free‹ ist, dass es mit den Preisdifferenzen im Markt aufräumt. Dann gibt es einfach keine Produktpalette mit unterschiedlichen Preisen mehr, sondern der Gewinner räumt alles ab.« Kurz gesagt, Schmidt macht sich also Sorgen darüber, dass »Free« für Google nur allzu gut funktioniert, aber nicht gut genug für den Rest.

Auf der Liste der vierhundert reichsten Amerikaner, die das Magazin *Forbes* jährlich zusammenstellt, finden sich nur elf Namen, die ihren Wohlstand »Free« zu verdanken haben. Vier davon, darunter auch Schmidt, sind bei Google beschäftigt, zwei bei Yahoo, zwei bei Broadcast.com, einem ehemaligen Online-Video-Unternehmen, das während der Glanzzeit der Dotcom-Unternehmen an Yahoo verkauft wurde, und dessen Gründer Mark Cuban und Todd Wagner den Verkaufspreis wohl klug investiert haben. Dann finden sich auch noch Mark Zuckerberg von Facebook und Oprah Winfrey auf der Liste, die ihr Vermögen von 2,7 Milliarden US-Dollar im (kostenlosen) Privatfernsehen gemacht hat.

Die ganzen Medientycoons wie unter anderen Rupert Murdoch und Barry Diller habe ich weggelassen, da sie Mischkonzernen vorstehen, die ihre Brötchen zum Teil auf die herkömmliche Weise und zum Teil mit »Free« verdienen. Und die *Forbes*-Liste[6] hört nun mal bei 400 auf, sodass Leute, die mit »Free« zwar reich, aber eben nicht superreich wurden, nicht aufgenommen wurden. Meiner Meinung nach fehlen die Gründer von MySpace und ein paar Open-Source-Helden wie die Gründer von MySQL (das 2008 für 1 Milliarde US-Dollar an Sun verkauft wurde). Doch Schmidts Bedenken bleiben: Wenn wir Erfolg darin messen, dass große Mengen von Wohlstand geschaffen werden, der auf mehr als bloß ein paar Köpfe verteilt wird, dann ist »Free« (noch) nicht so weit wie der Klassiker Geld gegen Ware.

Doch es mehren sich die Zeichen, dass sich dies in absehbarer Zeit ändern wird. Wie, das verstehen Sie am besten, wenn Sie einen Blick auf die Veränderungen der ersten echten Kostenlos-Branche werfen: die Medien.

Kapitel 9

Die neuen Medienmodelle

Kostenlose Medien sind nichts Neues. Neu ist jedoch, dass dieses Modell auf alles andere, was online erhältlich ist, übertragen wird

Die Blütezeit des kommerziellen Rundfunks begann im Jahr 1925. Ganz Amerika war von dem Fieber ergriffen. Die Familie versammelte sich vor dem Radio wie früher um die Feuerstelle. Man genoss es, Sendungen aus Städten zu hören, die Hunderte oder Tausende von Meilen entfernt waren. Bei dieser wunderbaren technischen Möglichkeit, Millionen von Menschen gleichzeitig zu erreichen, hatten die Radiosender von damals gar keine andere Wahl, als das zu erfinden, was als *Massenmedien* in die Geschichte eingehen sollte: Unterhaltung, Nachrichten und Informationen, die so viele Zuhörer wie möglich ansprechen sollten und den Grundstein der Popkultur des 20. Jahrhunderts legten. Es gab da nur ein Problem: Niemand wusste so recht, wie die Bezahlung für dieses neuartige Vergnügen aussehen könnte.

Bis dahin wurde die Programmgestaltung mit ein paar Groschen entlohnt (manche Radiosender erlaubten jedem, der an ihre Tür klopfte, auf Sendung zu gehen), oder aber die Hersteller der Radiogeräte beteiligten sich an den Kosten. David Sarnoff, Geschäftsführer der Radio Corporation of America (RCA) erklärte damals: »Wir gehen vor allem deshalb auf Sendung, damit Kunden, die unsere RCA-Radios kaufen, ihre Neuanschaffung auch nutzen können.« Doch je mehr Anhänger das Radio fand, umso klarer wurde, dass der unstillbare Hunger nach neuen Inhalten nicht durch eine Hand voll Hersteller gestillt werden konnte.

Das Magazin *Broadcast* veranstaltete einen Wettbewerb um die beste Antwort auf die Frage »Wer soll für das Radio zahlen und wie?«. Wie Susan Smulyan in ihrem Buch *Sellig Radio* berichtet, fanden sich unter den rund 800 eingesendeten Antworten Vorschläge wie Hörerspenden (Hallo, National Public Radio!), staatliche Lizenzvergabe und, ganz clever, Verkauf von Programmheften. Der Gewinner schlug »als Nachweis des Rundfunkempfangs« eine Steuer auf Vakuumröhren vor. (Daraus hat sich tatsächlich das britische Gebührenmodell entwickelt hat, bei dem Zuhörer und Zuschauer eine Jahressteuer für ihre Rundfunkgeräte entrichten und als Gegenleistung kostenlos BBC empfangen.)

Andere nannten Werbung als mögliche Einnahmequelle, aber dieser Vorschlag stieß auf wenig Gegenliebe. Die Vorstellung, dieses neue Medium durch gesponserte Inhalte abzuwerten, schien unerträglich. In einer Zuschrift hieß es: »Schwülstige Werbung ... zerschneidet die Lebensader des Rundfunks ..., indem sie für Apathie und Desinteresse bei den Zuhörern sorgt und die Verkaufszahlen der Radiogeräte sinken lässt.«

Doch NBC, eine der ersten neuen Rundfunkanstalten Amerikas, war fest entschlossen, selbst herauszufinden, ob es mit der Rundfunkwerbung klappen könnte oder nicht. Aus diesem Grund wurde Frank Arnold, der bekannteste Befürworter der Rundfunkwerbung, 1926 zum Programmleiter ernannt. Für Arnold war Rundfunk »die vierte Dimension der Werbung«, weitaus besser als die prosaischen drei Dimensionen Zeitungen, Zeitschriften und Plakatwerbung. Andere wiederum sprachen davon, wie es das Radio auf magische Weise möglich macht, dass die Werbetreibenden »Gäste im Hause der Zuhörer« werden.

Eines der Probleme mit dem alle Entfernungen überwindenden Medium war jedoch, dass sich eben diese Entfernungen nun rächten. Die Megastationen an der Ostküste Nordamerikas strahlten immer mehr Sendungen aus, um auch den letzten Zuhörer, der Tausende von Meilen entfernt vor seinem Radio saß, zu erreichen. Doch da zugleich mehr und mehr lokale und regionale Radiosender aufkamen, übertönten die lokalen Signale die nationalen. (Die Federal Communications Commission, die Zulassungsbehörde für Kommunikationsgeräte in Amerika, wurde teilweise gegründet, um für Ordnung im Äther zu sorgen.) Infolgedessen schien das Radio wieder auf die lokalen Werbepartner angewiesen zu sein, doch die damit erzielten Einnahmen reichten nicht aus, die Nachfrage nach neuen Inhalten zu befriedigen.

Die Rettung kam in Form von AT&T, der Telefongesellschaft. William Peck Banning, der spätere Vorsitzende, erinnert sich noch daran, dass in den 1920er Jahren »kein Mensch wusste, in welche Richtung sich der Rundfunk entwickeln würde. Ich für meinen Teil ging davon aus, dass wir mit Sicherheit irgendwann damit zu tun hätten, schließlich war das Radio ein naher Verwandter des Telefons.« Er sollte Recht behalten. Für die Fernübertragung der Radioprogramme wurden störungsfreie Kabel von

AT&T verwendet, sodass sie dann erneut über die lokalen Sendemasten im ganzen Land ausgestrahlt werden konnten. Damit schlug die Geburtsstunde des ersten nationalen Rundfunknetzes und des ersten nationalen Marktes für Rundfunkwerbung in Amerika. (Zuvor hatte es mehrere kleinere lokale Werbemärkte gegeben, die sich auf Unternehmen in der Reichweite der einzelnen Sender beschränkten.)

Ein paar Jahrzehnte später schlug das Fernsehen den gleichen Pfad ein. Sowohl Rundfunk als auch Fernsehen waren kostenlos und finanzierten sich über Werbeeinnahmen. Dies war der Anfang des »Free«-Medienmodells: Eine dritte Partei (der Werbetreibende) subventioniert den Programminhalt, sodass eine zweite Partei (der Zuhörer oder Zuschauer) davon profitiert, ohne dass ihr Kosten dafür entstehen.

Heute ist dieses Drei-Parteien-Modell das Herzstück einer 300 Milliarden US-Dollar schweren Werbebranche, die nicht nur kostenlose Medien wie den traditionellen Rundfunk unterstützt, sondern auch die meisten zahlungspflichtigen Medien von Zeitungen und Zeitschriften bis hin zum Kabelfernsehen subventioniert, weshalb diese Medien viel günstiger angeboten werden, als sie es eigentlich wären. Und nun, aufgrund des Internets – einem Medium, bei dem die Medien keine Vorreiterstellung innehaben – wird dieses Modell auch zur Grundlage von allem anderen.[1]

Werbung außerhalb der Medien

Was ändert sich denn an Werbung, wenn sie ihren angestammten Platz in den Medien verlässt und Software, Dienste und Inhalte fördert, die von ganz normalen Menschen kreiert wurden und nicht von Medienunternehmen? Viel. Zuallererst werden die üblichen Regeln für Vertrauen auf den Kopf gestellt. Ich möchte Ihnen gerne ein Beispiel aus meiner eigenen Welt schildern.

Vor längerer Zeit besuchte ein Freund, der bei Google arbeitet, die Büroräume der Zeitschrift *Wired*, für die ich arbeite. Ich zeigte ihm unseren »Magazinraum«, in dem sämtliche Seiten der Ausgabe, an der wir gerade arbeiten, an der Wand hängen. Sobald die Seiten Form annehmen, verändern wir ihre Reihenfolge, um herauszufinden, wo sich die einzelnen Beiträge am besten in der fertigen Zeitschrift machen. Schließlich möchten wir nicht, dass die einzelnen Themen oder gestalterischen

Elemente kollidieren, das Ganze muss seinem eigenen Fluss und Rhythmus folgen.

Außerdem nutzen wir diese Wand noch dafür, um aufzupassen, dass es nicht so aussieht, als ob ein Zusammenhang zwischen der Werbung und den redaktionellen Beiträgen besteht. Dies ist auf die »Chinesische Mauer« zurückzuführen, die bei den meisten traditionellen Medien zwischen der Redaktion und der Anzeigenabteilung besteht und verhindert, dass die Anzeigenkunden den Inhalt des redaktionellen Teils bestimmen. Doch uns reicht das noch nicht. Wir möchten, dass unsere Leser uns vertrauen, weshalb wir selbst die geringsten Anzeichen von Einflussnahme verhindern, indem wir peinlich genau darauf achten, dass eine Automobilwerbung nicht neben einem Bericht über Kraftfahrzeuge oder eine Sony-Werbung nicht neben einer Rezension eines Sony-Produkts abgedruckt wird. Im Idealfall haben wir gar keine entsprechende Werbung in der jeweiligen Ausgabe.

Als ich das alles meinem Freund von Google erklärte, schaute er mich mit großen Augen verwundert an. Aus seiner Sicht völlig zu Recht, schließlich macht Google das genaue Gegenteil.

Der unglaubliche Erfolg von AdSense, einem Programm von Google, ist nicht zuletzt darauf zurückzuführen, dass hier Werbung mit redaktionellen Beiträgen gekoppelt wird. Google kassiert nicht schlecht dafür, genau das zu tun, was uns verboten ist: Sony-Werbung genau neben der Rezension eines Sony-Produkts zu platzieren. Die Leser finden das richtig gut – so etwas nennt sich Relevanz.

Weshalb ist diese Vorgehensweise in den Printmedien ein absolutes Tabu, online dagegen mehr als in Ordnung? Um diese Frage zu beantworten, müssen wir uns ansehen, wie sich die Werbung auf ihrem Weg ins Internet ändert.

Ich selbst kann nur mit der möglicherweise etwas dürftigen Erklärung aufwarten, dass Anwender mit anderen Erwartungen ins Internet gehen. Anscheinend erfassen sie intuitiv all das, worüber mein Freund und ich nachgedacht haben, als wir im Magazinraum standen – die Wände voll mit Papier. Zeitschriften werden von Menschen gemacht, und bei Menschen besteht nun mal die Gefahr, dass sie bestechlich sind. Doch die Werbung im Internet wird von Algorithmen gemacht, und auf irgendeine Weise macht sie das sauberer.

Das ist natürlich pure Fiktion. Unzählige Werbeanzeigen im Internet wurden von Menschen ausgesucht und platziert, und auch ein Algorithmus lässt sich sehr einfach korrumpieren. Doch wenn Google eine Anzeige unter den redaktionellen Inhalten eines Dritten platziert, besteht für die meisten kein Zusammenhang, weshalb sich die Anwender auch keine Gedanken über unlautere Einflussnahme machen.

Es kann aber auch gut möglich sein, dass wir aus der klassischen Welt des Journalismus das Ganze falsch angepackt haben. Möglicherweise schmeicheln wir nur unserem Ego, wenn wir auf der strikten Trennung von Staat und Kirche bestehen, und unseren Lesern ist es völlig egal oder fällt es nicht einmal auf, wenn eine Sony-Werbung und ein Artikel über Sony auf derselben Seite stehen. Oder aber sie fänden es gut und empfinden uns Journalisten als die Angsthasen, die ständig befürchten, als käuflich zu gelten. Ich weiß es nicht. Was ich aber genau weiß, ist, dass unsere Berufsverbände strenge Regeln über solche Dinge verfasst haben, und wenn ich dagegen in irgendeiner Weise verstieße, dürfte meine Zeitschrift nie wieder eine Auszeichnung entgegennehmen und wäre noch anderen Repressalien ausgesetzt.

Eines liegt jedoch auf der Hand: Online ist Werbung etwas ganz anderes als in den Printmedien. Im Grunde lautet das Motto der alten Schule: Man kann ruhig die 90 Prozent der Leserschaft nerven, die an dem Produkt nicht interessiert sind, um die restlichen 10 Prozent anzusprechen, die es vielleicht sind (denken Sie an Werbung für Prothesenreiniger während der Live-Übertragung eines Fußballspiels).

Das Google-Modell verkörpert das krasse Gegenteil: Mithilfe intelligenter Software wird die Werbeanzeige nur denjenigen gezeigt, für die sie auch relevant ist. Man nervt nur die 10 Prozent der Leserschaft, die an dem Produkt nicht interessiert sind, um die 90 Prozent anzusprechen, die es vielleicht sind.

Keine Frage, das klappt auch nicht immer, und vermutlich haben Sie schon viele Anzeigen bei Google gesehen, die Sie genervt haben. Doch die Abstimmung wird in dem Maße immer besser, wie das gesteigerte Angebot von maßgeschneiderten Werbeanzeigen auf die gesteigerte Nachfrage nach maßgeschneiderten Inhalten trifft. Auf meiner Flugroboter-Website, wo wir mit Google AdSense Werbeanzeigen schalten, die sich mit so obskuren Produkten wie »dreiachsigen Beschleunigungsmessern« an eine extrem schmale Zielgruppe wenden, führte ich eine Umfrage unter unseren Lesern durch, in der ich wissen wollte, ob ich das mit den Anzeigen besser bleiben lassen sollte.

Die Mehrheit bat mich, alles zu lassen wie es ist, da sie die Anzeige für genauso relevant empfand wie die sonstigen Inhalte. Einer kleineren

Gruppe war noch nicht mal aufgefallen, dass es auf meiner Webseite Werbung gibt. Nur eine Hand voll Anwender war gegen die Werbung. (Ich ließ alles beim Alten.)

Wie die neuen Medien die alten Medien ändern

Interessant am werbegestützten »Free« ist auch, dass dessen Glanzzeit im traditionellen Mediengeschäft bereits am Abklingen war. Je mehr sich in Nordamerika die Entwicklung vom kostenlosen Fernsehen hin zum gebührenpflichtigen Kabelfernsehen durchsetzte, umso stärker wurden die Inhalte von einer Melange aus mehreren Einkommensströmen wie *Content-Syndication* (die Mehrfachverwendung von Inhalten) und Kabellizenzgebühren gestützt, die wenig mit klassischer Werbung zu tun hatten. Sogar der Rundfunk, konkret der Satellitenrundfunk, kombinierte mehr und mehr direkte Gebühren und Werbung und erinnert damit zunehmend an das Printmediengeschäft, das seine Werbeeinnahmen mit einer Mischung aus Abonnements und Kioskverkauf absichert.

Doch der Aufstieg des Internets stellte alles auf den Kopf. Nach einigen Jahren mit Online-Experimenten, bei denen man immer wieder versuchte, die User für die Inhalte zahlen zu lassen, wurde es fast jedem klar, dass der Kampf gegen die digitalen Gesetzmäßigkeiten ein aussichtsloses Unterfangen wäre. »Free« hatte gewonnen. Und nicht nur das – die Preiserwartungen, die online geweckt wurden, infizierten auch die Offline-Welt.

Den Zeitungsverlagen wurde bewusst, dass die Google-Generation nicht wie ihre Eltern bereit sein würde, eine Tageszeitung zu abonnieren, also druckten sie eine kostenlose Ausgabe speziell für junge Erwachsene und verteilten sie in den Straßen und U-Bahn-Stationen. Andere Verlage hielten an ihrem Preis fest, verknüpften die Druckwaren aber mit Gratisgeschenken von Besteck-Sets bis CDs (siehe Abbildungen auf Seite 167 und Seite 181). Mit dem Abschwung der gesamten traditionellen Zeitungsindustrie entwickelten sich kostenlose Zeitungen zum einzigen Fanal der Hoffnung und verzeichneten (überwiegend in Europa) Zuwächse von 20 Prozent, womit ihr Anteil am Gesamtmarkt 2007 bereits bei 7 Prozent lag.

In der Zwischenzeit sinkt auch die Zahl der TV-Zuschauer beständig, zumindest, was die heißumkämpfte Zielgruppe der 18- bis 24-Jährigen anbelangt, die lieber ein paar Videoclips oder auch ganze Sendungen auf

YouTube oder Hulu ansehen. Breitband ist auch hier das Schlagwort des neuen kostenlosen Fernsehens, und die Anziehungskraft des traditionellen Fernsehens scheint immer mehr zu schwinden.

Das Ende bezahlter Inhalte

Der Wandel ist Teil einer umfassenderen Entwertung von Inhalten, die nicht nur von den Vorlieben jüngerer Generationen vorangetrieben wird, sondern auch von der technischen Entwicklung. Jonathan Handel, Rechtsanwalt in der Unterhaltungsbranche (und ehemaliger Computerwissenschaftler) in Los Angeles, hat sechs Ursachen für den Aufstieg von »Free« ausgemacht[2], die ich auf den nächsten Seiten aufgreife:

1. **Angebot und Nachfrage.** Das Angebot von Inhalten verzeichnet einen millionenfachen Zuwachs, die Nachfrage kann da nicht mithalten: Schließlich haben wir nach wie vor nur zwei Augen, zwei Ohren und 24 Stunden pro Tag. Natürlich sind nicht alle Inhalte gleich – Facebook kann sich nicht mit der *New York Times* vergleichen, außer eine bestimmte Facebook-Seite gehört einem Freund von Ihnen, dann ist diese Seite wesentlich interessanter (für Sie) als die *Times*. Der Unterschied ist zum einen, dass es viel mehr Facebook-Seiten gibt als Seiten in der *Times* und dass erstere erstellt wurden, ohne an den finanziellen Aspekt zu denken.
2. **Verlust von Materie.** Wir können gar nicht anders: Wir wissen Atome mehr zu schätzen als Bits. Da es sich durchsetzte, Inhalte nicht länger auf CDs zu brennen und in Verpackungen zu stecken, sondern stattdessen die Daten durch Kabel zu jagen, wurde aus Inhalten etwas Abstraktes, das man nicht mehr (be-)greifen konnte. Außerdem haben wir verinnerlicht, dass der Diebstahl eines Gegenstands bedeutet, dass ein anderer diesen nicht mehr hat, was ihm einen finanziellen Schaden beschert – doch für digitale Dateien gilt das nicht.
3. **Einfacher Zugang.** Sich im Internet auf die Suche nach Inhalten zu machen, ist ein Kinderspiel. Oft ist es viel einfacher, als das Gesuchte in einem Laden zu finden und dort zu kaufen. In dem Maß, wie solche »Suchkosten« sinken, nimmt auch unsere Bereitschaft ab, für leicht zugängliche Inhalte zu zahlen.

4. **Der Wandel zu werbegestützten Inhalten.** Gewohnheiten und Standards, die man sich im Internet zugelegt hat, übertragen sich auch auf das »wahre Leben«. Wenn Inhalte online kostenlos sind, weshalb dann nicht überall?
5. **Die Computerindustrie setzt ganz auf kostenlose Inhalte.** Apple verdient seine zig Millionen nicht mit dem Verkauf von Musik, sondern von iPods. Kostenlose Musik sorgt für eine Aufwertung von Abspielgeräten, eine Erfahrung, die die Rundfunkbranche schon in den 1920er Jahren machen musste.
6. **Die »Generation Free«.** Die Generation, die mit Bandbreite aufwuchs, hat die Ökonomie der digitalen Welt wohl in ihr Erbgut aufgenommen. Ganz gleich, ob man jemals von »gegen Null gehenden Grenzkosten« gehört hat oder nicht, intuitiv ist klar, was gemeint ist. Aus diesem Grund steht eine ganze Generation Urheberrechten entweder gleichgültig oder feindlich gegenüber. Sie sieht einfach keinen Sinn darin.

Das sind die Gründe, weshalb sich die werbegestützten Modelle im Internet auf dem Siegeszug befinden und nichts sie aufhalten wird.

An diesem Punkt sollten bei einem skeptischen Leser alle Alarmglocken schrillen. Den Werbedollars da draußen müssen doch Grenzen gesetzt sein. Werbung kann nicht alles fördern.

Das ist die Wahrheit, und tatsächlich ist Online-Werbung auch nicht so viel wert wie dieselbe Werbung offline. Der Grund hat wieder mit Überfluss beziehungsweise Knappheit zu tun. Dazu Scott Karp, Gründer von Publish2, einer Nachrichtendienst- und Analyseagentur: »Bei Werbung in den traditionellen Medien – Zeitungen, Zeitschriften oder Fernsehen – geht es darum, ein knappes Gut, nämlich Platz, zu verkaufen. Das Problem ist, dass es im Internet Platz im Überfluss gibt – Platz ist dort scheinbar unbegrenzt vorhanden. Wenn nun also Medienunternehmen aus der Welt der klassischen Werbung versuchen, online auf dieselbe Weise Platz zu verkaufen wie offline, müssen sie feststellen, dass sie nur minimal an der Preisschraube drehen können.«[3]

Eine Hochglanzillustrierte kann von einem Werbepartner mehr als 100 US-Dollar je 1 000 Leser verlangen, könnte sich aber glücklich schätzen, bei einer Online-Werbung 20 US-Dollar je 1 000 Anwender zu bekommen. Im Internet gibt es nun mal viel mehr Konkurrenz, die Werbetreibenden haben viel mehr Auswahl, und der Preis sinkt bis zum äußersten Minimum, das der Markt hergibt. Dies gilt für »Display Advertising«,

Wie ist es möglich, dass Besteck nichts kostet?

Controlinveste ist einer der führenden Medienkonzerne Portugals, zu dem Zeitungsverlage, Rundfunk- und Fernsehsender sowie Web-Projekte zählen. Auch zwei der auflagenstärksten Zeitungen des Landes gehören zu dieser Gruppe: die kostenlosen *Global Notícias* und das regulär verkaufte *Jornal de Notícias*. Wie die meisten europäischen Tageszeitungen wird auch das *Jornal de Notícias* überwiegend am Kiosk verkauft, was bedeutet, dass das Blatt jeden Tag um seine Leser kämpfen muss. Aus diesem Grund werden der Zeitung als Marketingmaßnahme häufig Gratisartikel beigelegt (wie die kostenlose Prince-CD der *Daily Mail*; siehe Abbildung auf Seite 181). Controlinveste ist aber noch einen Schritt weiter gegangen.

Zum 120. Geburtstag des *Jornal des Notícias* gab es ein kostenloses 60-teiliges Besteck. Von Montag bis Freitag war jeder Ausgabe ein Messer, eine Gabel oder ein Löffel beigelegt, der Samstagsausgabe ein Servierbesteck (insgesamt 12 Teile). Wer eine Zeitung verpasst hatte, dem fehlten eine Gabel oder ein Löffel. Das Besteck gab es einzeln verpackt an den Kiosken und wurde dem Käufer zusammen mit der Zeitung ausgehändigt. Dieser Marketingtrick ließ die Auflage in nur drei Monaten um 36 Prozent hochschnellen.

In einem gesättigten Markt mit konstant sinkenden Auflagen erstaunen diese Zahlen umso mehr. Inwieweit die Zeitung daran verdient? In zweierlei Hinsicht: Erstens ist Besteck viel günstiger, als wir glauben, vor allem wenn es in großen Mengen gekauft wird, und zweitens wird die Gewinnspanne bei Zeitungen immer größer, je mehr die Anzahl der verkauften Ausgaben die normale Auflage übersteigt. Der Kioskpreis für das *Jornal de Notícias* liegt bei 0,88 Euro (Durchschnittspreis aller Ausgaben von Montag bis Samstag). Im Verkaufspreis enthalten sind Steuern, Druck- und Vertriebskosten sowie der Gewinn des Kioskbesitzers und natürlich auch der Profit des Zeitungsverlags. Alle anderen Fixkosten (Lohnkosten, Gebäudekosten und sonstige Infrastruktur) werden über die Auflagenstärke und Werbeeinnahmen abgedeckt. Je mehr Ausgaben verkauft werden, umso effizienter verteilen sich die Kosten und der Gewinn steigt. Und wie schafft es der Verlag, dass mehr Exemplare einen Leser finden? Genau, durch kostenlose Werbegeschenke!

Angesichts der Größenordnung der Bestellmenge wird der Hersteller in China einen satten Rabatt auf das Besteck einräumen, sodass sich der Einkaufspreis im Bereich von nur einigen Cent bewegt. Jeder Löffel, der einer Zeitung beigelegt wird, schmälert natürlich die Gewinnspanne, doch nachdem die Fixkosten erwirtschaftet sind, kehrt sich dieser Effekt bald wieder um, da die Grenzkosten dann äußerst gering sind. Und wenn die Geschenke für konstant hohe Auflagen sorgen, kann der Verlag seinen Werbekunden mehr Geld abverlangen.

Doch das Besteck war noch nicht das Ende der Geschichte. Allein 2008 verschenkte Controlinveste folgende Dinge:

- **Einen Werkzeugkoffer mit Werkzeug**. Der Koffer wurde der Sonntagsausgabe (der Ausgabe, die sich am besten verkauft, obwohl sie am teuersten ist) beigelegt. Den Ausgaben von Montag bis Freitag wurde je ein Werkzeug beigelegt (insgesamt 177 Stück). Resultat: Die Auflage stieg innerhalb von drei Monaten um 20 Prozent.
- **DVDs**. Am Freitag enthielt die Zeitung einen Gutschein für eine DVD, die es dann kostenlos zur Samstagsausgabe gab. Resultat: Die Auflage stieg innerhalb von zwei Monaten um 47 Prozent.
- **Geschirrset**. Die Samstagsausgabe enthielt einen Gutschein für einen Teller, der der Sonntagsausgabe beigelegt wurde. Das hieß, die Käufer mussten die beiden teuren Wochenendausgaben erstehen. Das Geschirrset war übrigens 19-teilig. Resultat: Die Auflage stieg innerhalb von vier Monaten um 70 Prozent.
- **Sprachkurs.** Die Software für einen Sprachkurs für Englisch, Spanisch, Chinesisch, Französisch, Russisch, Italienisch, Deutsch, Arabisch, Griechisch, Japanisch und Hebräisch wurde auf mehrere CD-ROMs verteilt. Jeder Tagesausgabe wurde eine CD-ROM oder ein Lehrbuch beigelegt. Insgesamt wurden 48 Datenträger, 22 Bücher und zwei Aufbewahrungsboxen verschenkt. Resultat: Die Auflage stieg innerhalb von vier Monaten um 63 Prozent.

Bannerwerbung und Bilder, die für eine Marke werben, und nicht unmittelbar Umsätze generieren.

Doch es gibt noch eine andere Form von Werbung im Internet, verkörpert durch die Text-Werbeanzeigen von Google, die neben den Suchergebnissen von Google und auf Drittanbieterwebseiten angezeigt werden. Die Werbepartner zahlen nur, wenn ihr Link auch tatsächlich angeklickt wird. Google verkauft also nicht den Platz, sondern das Interesse der Verbraucher an bestimmten Produkten, auf die sich durch die Eingabe von Suchbegriffen rückschließen lässt. Und das wiederum ist ein knappes Gut, denn die Anzahl der Menschen, die an einem gegebenen Tag »Berkeley Wäschetrockner« in das Suchfeld eingeben, ist endlich.

Während die traditionelle Werbung im Internet also an ihre Grenzen stößt, hat Google die Werbung auf eine Art und Weise neu definiert – Produkte werden mit geäußerten Wünschen und Interessen verknüpft –, die immer mehr Zulauf findet. Eric Schmidt, CEO von Google, schätzt den potenziellen Markt für Online-Werbung auf rund 800 Milliarden US-Dollar; damit ist dieser doppelt so groß wie der gesamte Markt für Werbung, online und offline zusammengenommen. Der Grund dafür liegt auf der Hand: Unternehmen zahlen nur für Ergebnisse. Wenn Sie sich sicher sein können, dass Sie pro 10 Cent Werbekosten 1 US-Dollar umsetzen, sind nach oben keine Grenzen gesetzt. Der Vergleich mit der herkömmlichen Werbeindustrie zeigt – »Die Hälfte meiner Werbungskosten sind zum Fenster hinausgeworfen. Wenn ich nur wüsste, welche Hälfte.«[4] –, dass der Kampf schon entschieden ist.

Der Triumph des Medienmodells

Aus diesem Grund hat sich das werbegestützte Modell auch außerhalb des Internets durchgesetzt. Und zwar findet es sich überall dort, wo Geld zu holen ist. Fred Wilson, Risikokapitalgeber aus New York, ist der Überzeugung, dass »die meisten Anwendungen im Internet mit irgendeiner Form von Medienmodell zu Geld gemacht werden. Und damit meine ich nicht Bannerwerbung. Denken Sie an die verschiedenen Möglichkeiten, wie eine Zielgruppe, die Ihren Dienstleistungen Aufmerksamkeit schenkt, von den Unternehmen oder Personen bezahlt werden könnte, denen ein Teil dieser Aufmerksamkeit etwas wert ist«[5].

Man kann das Internet auch als verlängerten Arm des Mediengeschäftsmodells ansehen, das sich nun über unendlich viele andere Branchen erstreckt. Google ist im üblichen Sinn natürlich kein Medienunternehmen, aber es macht mithilfe des Mediengeschäftsmodells Milliarden US-Dollar Umsatz. Das Gleiche gilt für Facebook, MySpace und Digg. Alle drei Firmen sind reinrassige Softwareunternehmen. Die einen strukturieren die Inhalte Dritter, die anderen schaffen Raum dafür, dass Menschen ihre eigenen Inhalte erzeugen können. Aber sie sind, anders als traditionelle Medienunternehmen, nicht damit beschäftigt, selbst Inhalte zu erschaffen oder diese zu vertreiben.

Beim Stichwort »Mediengeschäftsmodell« denken die meisten Menschen sofort an Werbung. Sicherlich trifft dies zu einem Großteil zu, aber wie wir im Mediengeschäft nur allzu gut wissen, verbirgt sich hinter diesem Begriff noch viel mehr.

Erstens, Werbung im Internet hat neue Formen gefunden, die weit über das übliche Zahlungsmodell der »Impressions«, bei dem je tausend Zuhörer oder Zuschauer bezahlt wird, hinausgehen. (Dieses Abrechnungsmodell ist als »Tausend-Kontakt-Preis« oder CPM bekannt, wobei bei der Abkürzung verwirrenderweise die römische Ziffer M für 1000 verwendet wird.) Online gibt es die Varianten »Klickvergütung« (Cost per Click – CPC), die von Google verwendet wird, und »Verkaufsvergütung« (Cost per Transaction – CPT), bei der der Werbetreibende nur dann zahlt, wenn aus einem Anwender auch ein zahlender Kunde geworden ist, wie es bei dem Partnerprogramm von Amazon der Fall ist.

Dann gibt es noch das Zahlungsmodell »Lead Generation« (die erfolgreiche Kontaktanbahnung zwischen Anbieter und potenziellem Kunden), bei der die Werbetreibenden entweder für Namen und E-Mail-Adressen der Anwender zahlen, die eine bestimmte Website wegen der kostenlosen Inhalte aufgerufen haben, oder für Informationen über diese Verbraucher. Hier sponsern die Werbepartner entweder eine ganze Webseite oder einen Teil davon mit einem Fixbetrag, unabhängig von der Besucheranzahl. Wieder eine andere Variante besteht darin, dafür zu bezahlen, in Suchergebnisse aufgenommen zu werden; dies wird von Google und anderen angeboten. Oder man besinnt sich auf die gute alte Produktplatzierung und zahlt dafür, dass eine Marke oder ein Produkt in einem Video oder Videospiel eine Rolle erhält.

Nun geben Sie noch Text, Video, Animation, Audiodaten und die virtuelle Welt (Videospiele) hinzu, und Sie können sich ein Bild davon machen, wie sehr sich die Welt der Werbung auf ihrem Vormarsch in Richtung Internet gewandelt hat. Vor 20 Jahren ließ sich Werbung in fünf grobe Kategorien unterteilen: Print- (Anzeigen und Kleinanzeigen), Fernseh-, Rundfunk- und Außenwerbung (Plakate und Werbetafeln) sowie Werbezettel (Flugblätter und dergleichen). Heutzutage gibt es allein online mindestens 50 verschiedene Modelle, und jedes einzelne von ihnen ändert sich täglich. Es ist verwirrend – oder beflügelnd – zuzusehen, wie sich eine ganze Branche Tag für Tag neu erfindet, weil ein neues Medium die Bühne betreten hat.

Die Ork-Ökonomie

Unter »Medien« verstehen wir Rundfunk, Fernsehen, Zeitschriften, Zeitungen und journalistische Homepages. Doch Medien umfassen einfach Inhalte aller Art. Wie können wir nun herausfinden, ob und inwieweit sich unsere Gesellschaft davon beeinflussen lässt? Indem wir messen, wie viel Zeit wir damit verbringen. Bei einer solchen Messung können nur wenige der oben aufgezählten Medien mit einer bestimmten Form von Inhalten mithalten, obwohl diese Form gemeinsam mit den anderen Medien um die Aufmerksamkeit der Verbraucher buhlt. Die Rede ist von Videospielen, von Shooter-Spielen auf Xbox-360-Konsolen bis hin zu Massen-Mehrspieler-Online-Rollenspielen.

Die Spieleindustrie ist nicht nur wild entschlossen, ihren Erzrivalen Hollywood in punkto Umsatz zu schlagen und dafür zu sorgen, dass die Spieler mehr Zeit vor der Konsole als vor dem Fernseher verbringen, sondern legt dabei auch ein erstaunliches Tempo hin. Keine andere Branche ist so schnell dabei, sich voll und ganz »Free« zu verschreiben, wie die Spieleindustrie.

Es war einmal eine Zeit, da kaufte man Videospiele im Laden. Diese Spiele waren in hübschen Schachteln verpackt und kosteten zwischen 40 und 50 US-Dollar. Man ging damit nach Hause, schob die Diskette ins Laufwerk, spielte eine Woche lang wie verrückt und verlor dann rasch das Interesse. Fast der gesamte Umsatz wurde innerhalb der ersten sechs Wochen nach Erscheinen des Spiels am Markt erzeugt. Im Prinzip ließ sich das Ganze mit Hollywood vergleichen, jedoch ohne den lukrativen DVD- und Syndikationsmarkt – ein Geschäft, in dem nur der erste Erfolg zählt und es keine zweite Chance gibt.

Auch heute erwerben viele Menschen ihre Videospiele noch immer auf diesem Weg, so verrückt das jetzt auch klingen mag. Doch Spiele sind die letzten digitalen Produkte, die auf diesem Vertriebskanal in die Hände des Verbrauchers gelangen. Nicht mehr lange, und auch dieses Modell hat ausgedient. Ebenso wie die Musik- und die Computerbranche ihre Geschäfte überwiegend online abwickeln, geht der Trend auch bei den Videospielen in diese Richtung. Und eines steht fest: Wer nicht mehr Atome (Plastikverpackungen und CD-ROMs) eintütet und verschickt, sondern Bits durch die Leitungen schickt, der landet früher oder später bei »Free«. Innerhalb des nächsten Jahrzehnts wird sich diese 10 Milliarden US-Dollar schwere Branche von ihrem hauptsächlich traditionell orientierten Geschäft mit abgepackter Ware in ein Online-Geschäft wandeln, wobei der Einstiegspreis bei Null liegen wird.

Die ersten Anzeichen für diese Entwicklung wurden schon 2003 in China gesichtet. Aufgrund der Produktpiraterie im chinesischen und koreanischen Markt war es zunehmend schwierig geworden, Videospiele über die üblichen Vertriebskanäle zu verkaufen. Deshalb setzten die Hersteller auf den Online-Markt mit seiner beeindruckenden Wachstumsrate. Die Cyber-Cafés in China boomten, da dort all diejenigen Zugang zum Internet hatten, die sich keinen eigenen Computer leisten konnten. In Südkorea zog es die Jugend, die üblicherweise bis zum Tag der eigenen Hochzeit bei den Eltern lebt, weg von den üblichen Treffpunkten auf der Straße hinein in die Computer-Spielhöllen, die sogenannten »PC-bangs«.

Die Spieler bevorzugen die Online-Variante ihrer Spiele, weil sie sich dort mit Gleichgesinnten messen können: Schließlich spielt man im Internet gegen reale Gegner, nicht gegen künstliche Intelligenz. Bei den beliebtesten Spielekategorien, bei der unglaublich viele Spieler online gegeneinander antreten (wie zum Beispiel bei World of Warcraft oder seinen Vorgängern wie Everquest), ist das Spiel nie zu Ende, sodass sich die Spiele zu einer jahrelangen Obsession entwickeln können. Nicht umsonst trägt der derzeitige Champion den Spitznamen »World of War*crack*«.

Auch für die Spielehersteller lohnen sich Online-Spiele in mehrerer Hinsicht. Zum einen sparen sie sich die Herstellung von CD-ROMs, Anleitungen und Verpackungen, und sie brauchen keinen Zwischenhändler mehr, da die Spieler sich die Spiele selbst aus dem Internet herunterladen. Für die Hersteller fallen also so gut wie keine Fertigung- und Vertriebskosten mehr an. Im Internet gibt es Regalfläche in Hülle und Fülle, was auch bedeutet, dass ältere Spiele und Nischenware nicht durch aktuelle Spiele und Mainstream-Produkte verdrängt werden, da sie alle jederzeit heruntergeladen werden können. Außerdem ist es kinderleicht, Online-Spiele zu aktualisieren, neue Features hinzuzufügen und Bugs zu entfernen.

Doch der wichtigste Grund ist noch immer der, dass sich im Internet wesentlich einfacher Geld verdienen lässt. Ist der potenzielle Käufer am Point-of-Sale vorbeigeschlendert, hat der Hersteller so gut wie keine Möglichkeit mehr, ihn für seine Spiele zu begeistern. Anders im Internet: Hier bietet sich die Möglichkeit, eine langfristige Beziehung zu seinen Kunden aufzubauen. Es vollzieht sich also ein ähnlicher Wandel, wie damals, als Gillette das Geschäft mit Rasierern auf den Kopf stellte, indem er durch den Verkauf günstiger Rasierapparate dafür sorgte, dass seine Kunden den Rest ihres Lebens Bedarf an seinen Wegwerfklingen hatten.

Infolge dieser Entwicklung wurde die Online-Spielebranche zum aufregendsten Experiment mit »Free« überhaupt. Im Jahr 2008 erzielte diese Branche mit dem Verkauf von Online-Spielen allein in den USA etwa 1 Milliarde US-Dollar. In China ist der Umsatz noch höher, 2010 soll er bei satten 2,67 Milliarden US-Dollar liegen. Darunter fällt fast alles, von Spielen für den iPod, die über iTunes heruntergeladen werden können (kostenlos, kostenpflichtig oder eine Mischform aus beiden), Casual Games wie Poker und Sudoku, Spiele für Kinder wie Club Penguin, Neopets, Webkinz und nicht zu vergessen die Massen-Online-Mehrspieler-Welt, die derzeit einen fantastischen Boom erlebt.

Jeder dieser Märkte ist zu einer Petrischale geworden, in der neue Arten von »Free« kultiviert werden, weswegen man die Branche beobachten sollte, wenn man neue innovative Geschäftsmodelle entdecken möchte, die sich größtenteils auch außerhalb der Welt der Spiele anwenden lassen. Dabei ist »Free« beileibe nichts Neues in der Spielebranche: Seit Ewigkeiten gibt es die allseits beliebten Demo-Spiele, die entweder Spielezeitschriften beigelegt werden oder online zur Verfügung stehen. Der Spieler kann das Spiel kostenlos einige Zeit lang testen, bis er ein bestimmtes Level erreicht hat, und dann entweder die Vollversion oder einen Code kaufen, der die restlichen Levels freischaltet. Doch in den letzten Jahren kamen wesentlich innovativere Geschäftsmodelle rund um »Free« auf, die nur aufgrund der allgegenwärtigen Bandbreite, die aus dem Zugang zum Internet ein Kinderspiel machte, möglich wurden. Lassen Sie mich die fünf erfolgreichsten Konzepte beschreiben:

1. Der Verkauf virtueller Dinge

Der Online-Einzelhändler Target erzielte 2008 über 1 Million US-Dollar mit einer Plastikkarte, die für die Mehrheit seiner Kunden ein einziges Rätsel darstellte. Darauf stand ein Zahlencode, der mit irgendetwas namens Maple Story zusammenhing. Diese Plastikkarte wurde in Vielfachen von 10 und 25 Dollar verkauft. Doch was bitte ist Maple Story? Fragen Sie ein beliebiges 12-jähriges Kind (oder seine Eltern). Maple Story ist ein Mehrspieler-Online-Spiel, das ursprünglich aus Südkorea stammt, dort mit mehr als 15 Millionen Spielern zum absoluten Renner wurde und 2005 von seinem Hersteller Nexon in die USA importiert wurde. Heutzutage gibt es weltweit mehr als 60 Millionen registrierte Spieler.

Wie viele andere Online-Mehrspieler-Games kostet auch Maple Story nichts; man kann sich langsam, aber sicher auf höhere Levels bewegen, mit anderen zusammenspielen und auch sonst Spaß haben, ohne einen Cent auszugeben. Doch wem das zu langsam geht, der kann einen Teleportationsstein kaufen, mit dem man bequem und schnell von einem Ort zum anderen kommt, ohne sich mühsam durch die vielen Landschaften zu schleppen. Dafür braucht man aber so genannte »Mesos« (das Zahlungsmittel in Maple Story), die man entweder aufgrund der herausragenden Leistungen seines Spielercharakters erhält oder über die bereits erwähnte Plastikkarte käuflich erwerben (oder, wenn man bereits volljährig sein sollte, mit der eigenen Kreditkarte online kaufen) kann.

Nach dem gleichen Prinzip kann man in Maple Story auch virtuelle Dinge kaufen, die dabei helfen, noch mehr Mesos zu verdienen oder sich zwischen den Welten zu bewegen, ohne auf den »Bus« warten zu müssen. Oder man kauft sich einen »Schutzengel«, der einen im Fall der Fälle sofort wieder zurück ins Leben bringt, ohne dass man zurückgehen und ab einem bestimmten Punkt wieder von vorne anfangen muss. Mit den Nexon-Punkten lassen sich aber auch neue Ausrüstungen, Frisuren oder auch Gesichter kaufen. Das Einzige, was nicht käuflich zu erwerben ist, sind Superwaffen, das wäre unfair – die Hersteller wollen verhindern, dass eine Zwei-Klassen-Gesellschaft entsteht, angeführt von den Spielern, die sich alles leisten können. Aber es lässt sich mit Geld Zeit sparen, ein cooleres Aussehen erwerben und auch sonst so mancher Aufwand ersparen. Die Gelegenheiten, Geld auszugeben seien völlig zwanglos, meint der ehemalige Vorstand von Nexon, Nordamerika, Alex Garden[68]. Man muss nichts kaufen, aber man kann, wenn man möchte.

Welche Dimensionen der Markt für virtuelle Dinge mittlerweile angenommen hat, veranschaulicht am besten das folgende Beispiel, in dem vor allem Erwachsene – nicht Kinder – eine Rolle spielen. Anfang 2008 stellte die Unternehmensleitung von Google fest, dass der Ausdruck »WOW« zu den zehn häufigsten Suchbegriffen zählte. Handelte es sich etwa um eine Pandemie des Erstaunens? Nicht wirklich. WOW ist die Abkürzung für World of Warcraft, und die Anwender waren auf der Suche nach Gold. Kein echtes Gold, sondern virtuelles – die Währung dieses Spiels. Während ich an diesem Buch schreibe, liegt der Wechselkurs bei etwa 20 WOW-Gold für 1 US-Dollar. In China gibt es Fabriken, in denen sich Arbeiter den ganzen Tag lang durch das Spiel klicken, um möglichst viel von diesem virtuellen Vermögen anzuhäufen und es anschließend in den Sekundärmärkten außerhalb des Spiels zu verkaufen.

Das Geschäft mit virtuellem Vermögen läuft nicht schlecht, mitunter wird damit sogar mehr Umsatz gemacht als mit dem Verkauf des Spiels. Weshalb sollte man sich damit begnügen, Spiele auf CD-ROMs für gutes Geld nur einmal zu verkaufen, wenn es doch die wunderbare Möglichkeit gibt, über das Internet über Jahre hinweg Bits zu Geld zu machen? Die Leute, denen das Spiel ihr sauer verdientes Geld wert ist, sind per definitionem die engagiertesten und ausdauerndsten Spieler, was zur Folge hat, dass sie (fast) jeden Preis zahlen – und das auch noch gerne. (Denken Sie nun aber nicht, dass so etwas nur in der Welt der Spiele funktioniert. Auch Facebook arbeitet mit diesem Modell. Dort gibt es digitale »Geschenke«, die sich die Mitglieder gegenseitig schenken können (wobei sie diese natürlich vorher kaufen müssen). So erzeugt das soziale Netzwerk einen geschätzten Umsatz von rund 30 Millionen US-Dollar im Jahr.

Wer seine Spiele auf CD-ROM anbietet, läuft Gefahr, den Hollywood-Effekt des »zweiten Wochenendes« zu erleben: Wenn ein Kinofilm nicht so gut ist, wie der Trailer suggeriert, fühlen sich die Leute auf den Arm genommen – und so etwas spricht sich schnell herum. Doch bei Spielen, die man kostenlos spielen kann und in denen nur bestimmte Gegenstände etwas kosten, bei denen man einsieht, warum man diese wollen könnte, ist das Risiko enttäuschter Käufer viel geringer und die Wahrscheinlichkeit des Wiederholungskaufs höher. Einfach ausgedrückt: Man nimmt nur von denjenigen Geld, die es ausgeben *wollen*, weil sie erkennen, dass sie etwas erwerben, das für sie von Wert ist.

»Wenn die Spielebranche mit ihren verpackten Waren mit dem Kinogeschäft zu vergleichen ist«, meint Garden, »dann entsprechen unsere Online-Spiele eher dem Fernsehen.« Das Ziel lautet, eine langfristige und dauerhafte Kundenbeziehung aufzubauen, anstatt auf ein einziges Wochenende zu setzen, an dem die Kassen klingeln müssen.

In einigen Fällen verkaufen die Betreiber des Online-Spiels die digitalen »Bonbons« selbst. In anderen dagegen stellen sie nur den Handelsplatz zur Verfügung, auf dem die Spieler virtuelle Gegenstände kaufen und verkaufen können, und verlangen im Gegenzug eine Transaktionsgebühr, so wie eBay es tut. Als Beispiel für das zweite Geschäftsmodell möchte ich Sony erwähnen. Der Hersteller hat 2005 einen Handelsplatz namens Station Exchange für sein Spiel EverQuest II geschaffen. Dort konnten die Spieler gegen eine Aufnahmegebühr von 1 US-Dollar Ausrüstungsgegenstände aus dem Spiel zum Verkauf anbieten. Kommt ein Geschäft zustande, werden 10 Prozent des erzielten Kaufpreises fällig. Sony bot sogar einen Hinterlegungsservice an, damit die Spieler ihre Ware auch wirklich erhielten. Zwar hatte dieses Modell letztlich nur mäßigen Erfolg, doch in den Augen des Topmanagements von Sony war das Projekt so vielversprechend, dass es flugs zur Zukunft der gesamten Branche erklärt wurde.

2. Abonnements

Im Jahr 2007 verkündete Disney, dass es 700 Millionen US-Dollar für eine Webseite bezahlen würde, auf der Kinder so tun können, als wären sie kleine Zeichentrick-Pinguine im Schnee. Wenn Ihnen jetzt der Gedanke in den Kopf schießt, dass mehr als eine halbe Milliarde US-Dollar eine ganz hübsche Stange Geld ist für ein Spiel mit flugunfähigen Vögeln – ganz gleich, ob Sie diese Tiere mögen oder nicht –, dann haben Sie vermutlich keine kleinen Kinder. Denn wenn Sie welche hätten, stünden die Chancen gut, dass Sie bereits vom Club Penguin gehört haben, einer Online-Gemeinde, die zum Zeitpunkt des Kaufs dieser Webseite bereits 12 Millionen Kinder angelockt hatte (unter ihnen auch ein paar von den meinigen). 2006 und 2007 hat sich die Club-Penguin-Manie auf der globalen Spielwiese mit einer Geschwindigkeit verbreitet, die ansonsten Kopfläusen vorbehalten ist.

Club Penguin ist kostenlos, und rund 90 Prozent der Nutzer, normalerweise Kinder im Alter zwischen sechs und zwölf Jahren, geben nicht einmal 1 Cent dafür aus. Doch wenn das Iglu »aufgerüstet«, sprich möbliert werden oder der Pinguin ein Haustier haben soll, müssen die Kinder so lange quengeln, bis die Eltern die Kreditkarte zücken und das Spiel für 6 US-Dollar monatlich abonnieren. Zum Zeitpunkt des Kaufs durch Disney verzeichnete der Club Penguin 700 000 zahlende Abonnementen (6 Prozent aller Anwender), die einen Jahresumsatz von über 40 Millionen US-Dollar erzeugten.

Bei diesem Modell handelt es sich um das am weitesten verbreitete in der Online-Spielebranche, vor allem bei Spielen, denen eine soziale Komponente anhaftet. RuneScape, ein weiteres Onlinespiel, das in einer Welt voller Orks und Elfen spielt, kann stolz auf 1 Million Abonnenten (aus insgesamt 6 Millionen Spielern) blicken, deren Monatsbeiträge von 5 US-Dollar sich zu der erklecklichen Summe von 40 Millionen US-Dollar Jahresumsatz addieren. Nur mal zum Vergleich: Das entspricht, sowohl was den Umsatz als auch was die Zahl der Abonnenten anbelangt, der Online-Version des *Wall Street Journal*, der weltweit größten zahlungspflichtigen Website in der Zeitungsbranche. RuneScape war sogar zugkräftiger als die Online-Variante der *New York Times,* zumindest bevor das Blatt 2008 auf das kostenlose Modell setzte. Anscheinend geben die Menschen ihr Geld lieber dafür aus, ihre Gegner mithilfe eines Zauberspruchs abzuwehren, als sich die neuesten für den Pulitzer-Preis nominierten Nachrichten zu Gemüte zu führen. (Die Bewertung dieser Entwicklung überlasse ich lieber anderen.)

3. Werbung

Vor der Präsidentschaftswahl in Nordamerika 2008 fiel den Spielern, die sich mit einem Live-Autorennen namens Burnout Paradise auf ihrer Xbox vergnügten, auf, dass eine der Plakatwände an der Rennstrecke in ihrem Spiel bemerkenswert aktuell war. Man sah Barack Obama, der einen einlud, voteforchange.com, eine der Webseiten seiner Wahlkampagne zu besuchen. Nein, es handelte sich hierbei nicht um eine politische Aussage der Programmierer. Obamas Wahlbüro hat für diese Werbung in die Tasche greifen müssen. Und das ist nur eine von Tausenden von Werbeanzeigen, die sich in Videospielen für Spielkonsolen wie der Xbox 360, Sony PS3 oder auf PCs breit machen.

In einigen Fällen sorgen diese Anzeigen für zusätzliche Einnahmen, doch zunehmend ermöglichen sie das kostenlose Spielemodell. Es gibt Spiele, in denen die Werbung bereits von Anfang an in das Originalspiel integriert ist, doch da die Anzahl an Online-Spielen konstant zunimmt, lassen sich die Werbeanzeigen auch im Handumdrehen einbauen, indem die Plakatwände, die Poster an den Häuserfassaden oder sogar die Kleidung der Charaktere je nach Werbeträger Gestalt annehmen.

In gewisser Weise hat sich Werbung in Online-Spielen zum Nonplusultra des Produktplacements gemausert: Nicht nur, dass jedem Spieler unterschiedliche Anzeigen übermittelt werden können, sondern es ist auch möglich, die Anzeigen jedes Mal, wenn das Spiel gespielt wird, zu ändern, um die Relevanz sicherzustellen und für Abwechslung zu sorgen. Manchmal sieht die Werbung in den Spielen der Werbung in der realen Welt zum Verwechseln ähnlich, ein anderes Mal wird wesentlich subtiler vorgegangen, sodass man auf den ersten Blick die Marke der Stiefel in einem Snowboarding-Spiel oder den Soundtrack gar nicht als Werbung wahrnimmt. Und dann gibt es noch Spiele, die durch und durch Werbung sind, wie zum Beispiel die Xbox-Spiele von Burger King, in deren Autorennen, spektakulären Verfolgungsjagden und bei dem Erkunden geheimnisvoller Schauplätze sich immer alles um die Figur des King der Fastfood-Kette dreht.

Am häufigsten verbreitet ist diese Form der Werbung bei den Casual Games, relativ einfach gestrickten Spielen, die über den Web-Browser gespielt werden. Die Zahlen dieser Branche sind jedoch alles andere als schlicht: Yahoo-Games und AddictingGames (der Name – *süchtig machende Spiele* – ist Programm) von MTV erreichen jeweils über 10 Millionen Spieler im Monat, und basieren beide auf einem werbegestützten kostenlosen Spielemodell. Insgesamt ist dieser Markt bereits mehr als 200 Millionen Dollar im Jahr schwer, und das Beratungsunternehmen Yankee Group schätzt, dass die 700-Millionen-US-Dollar-Grenze bis zum Jahr 2010 erreicht wird.

4. Grund und Boden

Second Life ist eigentlich kein Spiel, sondern eine eigene Welt, die Sie erforschen und in der Sie neue Leute kennen lernen können. Nichtsdestotrotz ist Second Life mit einer halben Million aktiver Benutzerkonten so populär wie ein Spiel. Es ist kostenlos – was sonst –, und sobald Sie die Software heruntergeladen haben, können Sie nach Belieben umherstreifen, ohne Ihre Kreditkartennummer eingeben zu müssen. Doch je öfter Sie sich in dieser Kunstwelt aufhalten, umso wahrscheinlicher wird es, dass Sie Wurzeln schlagen und sich ein eigenes Haus bauen wollen. Dazu brauchen Sie erst mal ein Baugrundstück – und an diesem Punkt kommt der Anbieter dieses Dienstes, Linden Labs, ins Spiel.

Linden Labs ist im virtuellen Immobiliengeschäft tätig, übrigens kein schlechtes Geschäft. Anders als im wahren Leben verfügt Linden Labs über so viel Land, wie es braucht, und die Spieler bebauen die Landschaften selbstständig mit ganzen Städten – Wohnhäusern, Bürogebäuden, Läden und anderen Attraktionen – nach ihren eigenen Vorstellungen. Die monatliche Pacht liegt je nach Grundstücksgröße zwischen 5 und 195 US-Dollar. Wenn Sie einmalig 1 675 US-Dollar hinblättern und einen monatlichen Dauerauftrag über 295 US-Dollar einrichten, können sich aber auch Ihren Traum von der eigenen Insel erfüllen.

Doch nicht nur Linden Labs verdient sich damit eine goldene Nase. Innerhalb von Second Life ist ein Sekundärmarkt entstanden, in dem sich Immobilienhändler tummeln, die ihr Geschäft mit bebautem Land machen. Eine der erfolgreichsten Immobilenmakler ist »Anshe Chung«, die behauptet, damit Millionärin geworden zu sein.

Viele andere Online-Spiele greifen auf dieses Modell zurück und treiben regen Handel mit Raumstationen, Burgen oder Liegeplätzen für Piratengaleonen. In gewisser Hinsicht haben wir es hier mit einer Unterkategorie von virtuellen Waren wie dem Gold in Warcraft oder der Kleidung im Club Penguin zu tun. Der Unterschied ist jedoch, dass Sie bei Second Life nichts kaufen, sondern »Gebühren für die Nutzung von Grundstücken« zahlen, und wenn Sie die Zahlung einstellen, wird das Grundstück oder Haus in der Regel an jemand anders verkauft.

5. Handelsware

Es ist der Morgen des ersten Weihnachtsfeiertages 2008. In Millionen amerikanischer Haushalte liegen unter dem Weihnachtsbaum an sich ganz normale Stofftiere – wenn da nicht dieser Anhänger wäre. Auf diesem Anhänger ist ein Code aufgedruckt, der es dem glücklichen Besitzer ermöglicht, ins Internet zu gehen und dort mit einer virtuellen Variante seines eigenen Stofftiers zu spielen. Diese einfache Kombination – ein Plüschtier und sein virtueller Doppelgänger – hat Webkinz zwei Jahre in Folge zum Marktführer der amerikanischen Spielzeughersteller gemacht.

Das Webkinz-Modell ist eine clevere Kombination aus »Free« und Nicht-»Free«. Was zieht die Kinder mehr an: das Stofftier oder das Online-Spiel? Schwer zu sagen, aber vermutlich hätte keines der beiden ohne das andere so einen durchschlagenden Erfolg erlebt. Man könnte dieses Modell auch als natürliche Ausdrucksform der Verschmelzung der Ökonomie des 20. und des 21. Jahrhunderts ansehen. Die Atome (das Stofftier) kosten Geld, doch die Bits (das Online-Spiel) sind kostenlos. Die meisten Kinder haben irgendwann einmal genug Stofftiere in ihrem Kinderzimmer um sich geschart, doch in der virtuellen Welt geben sie sich erst zufrieden, wenn sie jeder Tierschau Konkurrenz machen könnten. Und wie kommt man an immer mehr virtuelle Tiere? Richtig, man muss immer mehr Plüschtiere kaufen. Ein Teufelskreis, der dem Hersteller Hunderte von Millionen US-Dollar Umsatz beschert – was schon sehr lange kein Plüschtierhersteller mehr geschafft hat.

Viele Unternehmen dieser Branche, von Lego bis Mattel, setzen nun auf diese Mischform aus Online und Offline und bieten Spielwaren mit einem Code an, der in der Online-Welt den Zugriff auf virtuelle Produkte ermöglicht. Neopets, ein anderes kostenloses Online-Spiel für Kinder, verkauft in der realen Welt Sammelkarten der virtuellen Haustiere, und Maple Story macht das Gleiche mit seinen Charakteren. Auf anderen Spiele-Webseiten kann man alles Mögliche, von Sammelfiguren bis zum T-Shirt erwerben.

Dies ist die reinste Form der Grenzkostenökonomie – man verschenke die Version, deren Vertrieb so gut wie nichts kostet, und steigere damit den Wert eines Produkts, das in den Läden eine Gewinnspanne von etwa 40 Prozent erzielt. »Free« sorgt dafür, dass sich das Geschäft mit bezahlter Ware noch mehr lohnt.

Kostenlose Musik

Während sich Unternehmen in der Videospielbranche auf »Free« stürzen, um das Wachstum zu beschleunigen, ist es in der Musikbranche der rettende Strohhalm, der den endgültigen Absturz verhindern soll. Und die ersten Experimente waren vielversprechend. Der Erfolg der Musikgruppe Radiohead mit ihrem Zahl-was-du-für-richtig-hältst-Experiment für ihre Scheibe *In Rainbows* ist legendär. Anstatt das siebte Album wie üblich über den Handel zu veröffentlichen, war es ausschließlich im Internet erhältlich, und jeder konnte selbst bestimmen, wie viel er dafür zahlen wollte. Manche entschieden sich, nichts dafür zu bezahlen, so wie ich (allerdings nicht, weil ich dachte, das Album wäre nichts wert, sondern weil ich wissen wollte, ob das tatsächlich zulässig war), andere legten freiwillig über 20 US-Dollar dafür hin. Im Durchschnitt wurde ein Verkaufspreis von 6 US-Dollar erzielt.

In Rainbow wurde Radioheads kommerziell erfolgreichstes Album. In einer Zeit, in der die Verkaufszahlen in der gesamten Branche abstürzen, konnte Radiohead diese beneidenswerten Zahlen verzeichnen:[7]

- Das Album hat sich insgesamt weltweit drei Millionen Mal verkauft – als Internet-Download, als CD, als Deluxe-Discbox mit dem regulären Album auf CD, einer Bonus-CD und zwei Schallplatten, sowie über iTunes und andere digitale Einzelhändler.
- Die Deluxe-Discbox zum stolzen Preis von 80 US-Dollar wurde 100 000 Mal verkauft.
- Bevor die physische CD auf den Markt kam, hat Radiohead über das Internet bereits mehr Geld mit *In Rainbows* gemacht, als mit dem Verkauf des vorherigen Albums in allen Formaten.
- Als zwei Monate nach der Veröffentlichung des Albums im Internet die CD auf den Markt kam, war *In Rainbows* sofort die Nummer eins in den amerikanischen und britischen Charts, ebenso wie bei den kostenpflichtigen Downloads auf iTunes, wo in der ersten Woche bereits 30 000 Stück verkauft wurden.
- Die Tournee von Radiohead, die begann, kurz nachdem das Album herauskam, war mit 1,2 Millionen verkauften Tickets die erfolgreichste Tour der Band.

Es gibt haufenweise Künstler wie Radiohead, die es zu schätzen wissen, dass sie mit »Free« ein deutlich größeres Publikum erreichen, von dem einige eines schönen Tages zahlende Kunden werden, weil sie ihr Konzert besuchen, sich das T-Shirt der Band besorgen oder – man lese und staune – ihre Musik kaufen. Musiker wie Trent Reznor von Nine Inch Nails bis Prince setzen ähnliche Modelle von »Free« um. Und es gibt reihenweise Unternehmen, die nur am Rande mit der Musikbranche zu tun haben, aber erheblich von ihr profitieren wie zum Beispiel Apple, das mit seinen iPods unbestritten die Nase vorn hat. Es würde Tausende von Dollar verschlingen, die geräumigen iPods mit bezahlter Musik zu füllen.

Doch wer denkt bei dem Stichwort »Musikbranche« nicht an die gebeutelten Plattenfirmen, die »Free« (meist in Form von Produktpiraterie) für ihre missliche Lage verantwortlich machen? Dieser Vorwurf ist sicherlich gerechtfertigt, aber es ist ein Fehler, die Interessen der Plattenfirmen mit denen der Musikbranche als Ganzes gleichzusetzen. Plattenfirmen verpacken und verkaufen seit Jahrzehnten Musik, die in ihren Studios aufgenommen wurde, und dieses Geschäft – das wissen wir alle – sieht seinem Ende entgegen. Doch jeder andere Zweig der Musikbranche verzeichnet eine steigende Nachfrage, was häufig auf den Einsatz von »Free« zurückzuführen ist.

Heute gibt es mehr Musikgruppen und damit auch mehr Musik als je zuvor. Der größte Musikhändler in Amerika, iTunes, hat 2008 etwa 4 Mil-

Wie ist es möglich, dass eine Musik-CD nichts kostet?

Im Juli 2007 brachte Prince sein neues Album, *Planet Earth*, auf den Markt, indem er seine CD – die regulär zu einem Verkaufspreis in Höhe von 19 US-Dollar angeboten wurde – 2,8 Millionen Sonntagsausgaben der Londoner Tageszeitung *Daily Mail* beilegte. (Die Zeitung enthält oft CD-Beilagen, nur diesmal handelte es sich um eine brandneue komplette CD eines Stars.) Wie kann ein Künstler, der mit Platin für die erste Million verkaufter Alben ausgezeichnet wurde, sein neues Werk einfach herschenken? Und wie ist es möglich, dass eine Tageszeitung eine solche CD kostenlos vertreibt?

Prince verdiente mit dem Verschenken seines Albums Geld.

Prince	Potenzielle Lizenzgebühren	5,6 Millionen US-Dollar
	Lizenzgebühr von der Daily Mail	1 Million US-Dollar
	Bruttoeinnahmen beim Konzert in London	23,4 Millionen US-Dollar
	Nettoumsatz	18,8 Millionen US-Dollar
Daily Mail	Lizenzgebühr	1 Million US-Dollar
	Herstellung/Werbung	1 Million US-Dollar
	Erhöhter Absatz am Kiosk	1,3 Millionen US-Dollar
	Verlust	700 000 US-Dollar

▶ **Mehr verkaufte Tickets**
Genau genommen machte der Künstler bei diesem Deal Verlust. Prince erhielt von der *Daily Mail* eine Lizenzgebühr von 36 Cent pro CD anstelle der üblichen 2 US-Dollar. Dieser Fehlbetrag wurde jedoch durch den Zuwachs beim Ticketabsatz mehr als wettgemacht. Die ausverkauften 21 Konzerte in der Londoner 0_2-Arena bescherten ihm Rekordeinnahmen.

Quellen: Daily Mail, 0_2-Arena

▶ **Stärkung der Marke *Daily Mail***
Die kostenlose Beigabe erhöhte die Auflage der Zeitung an diesem Tag um 20 Prozent. Dies ermöglichte zusätzliche Einnahmen, die allerdings nicht ausreichten, um die Ausgaben abzudecken. Dennoch betrachtet *Daily Mail* die Aktion als Erfolg. Dem geschäftsführenden Direktor Stephen Miron zufolge funktionierte das »Gimmick« sowohl inhaltlich als auch finanziell: »Mit dieser Aktion haben wir uns als Pioniere erwiesen, was unsere Attraktivität bei den Werbetreibenden erhöht.«

lionen neuer Songs (was rund 400 000 Alben entspricht) in seinen Katalog aufgenommen. Es gibt heute wohl kaum noch eine Band, die nicht ihre eigene Webseite auf MySpace hat, wo man sich vier oder mehr Songs kostenlos anhören kann. Und dem iPod haben wir es zu verdanken, dass immer mehr Menschen mehr Musik hören als je zuvor, denn schließlich kann man seine gesamte Musiksammlung überall mit hinnehmen. Das Geschäft mit den Musiklizenzen für Fernsehen, Kinofilme, Werbespots oder Videospiele nimmt immer mehr zu. Und auch das Geschäft mit den Klingeltönen, personalisierten Freizeichen und ganzen Songs für das Mobiltelefon boomt. Nicht zu vergessen Apple, dessen altes Mac-Motto »Rip, Mix, Burn« man auch als Dankeschön an die Macht kostenloser Musik verstehen kann, den Verkauf der eigenen Computer, Musikabspielgeräte und Mobiltelefone anzukurbeln.

Doch den größten Aufschwung erlebt die Konzertbranche, die davon profitiert, dass es durch die kostenlose Musik immer mehr Fans gibt, die ihre Band live erleben möchten. Und Live-Auftritte ließen die Kassen schon immer gut klingeln. Allen Krueger, Wirtschaftswissenschaftler an der Universität Princeton, hat festgestellt, dass die 35 erfolgreichsten Musikgruppen, die 2002 auf Tour waren, wie die Eagles und die Dave Matthews Band, viermal mehr mit ihren Konzerten einnahmen als durch Albenverkäufe und Lizenzgebühren. Ausnahmebands wie die Rolling Stones erwirtschaften über 90 Prozent ihrer Einnahmen durch Live-Auftritte. Ein Ticket kann leicht mehrere 100 US-Dollar kosten, ganz zu schweigen von dem Weiterverkauf auf dem Sekundärmarkt. (2007 hat eBay den größten in dieser Branche tätigen Händler, StubHub, gekauft.) Und weshalb auch nicht? Schöne Erinnerungen sind doch wahrlich ein knappes Gut.

Heute dauert die Saison der Sommerfestivals bis zu einem halben Jahr, und eine ganze Generation wächst damit auf, ihr Leben um diese Ereignisse herum zu planen. Doch die Einnahmen kommen nicht nur von den Gästen: Tourneen werden oft gesponsert (wie die Vans Warped Tour durch den Skateboardschuhhersteller Vans.) Auch Unternehmen wie Camel lassen sich die Gelegenheit, Probepäckchen ihrer Zigaretten und andere Produkte unters Volk zu bringen, etwas kosten. Festivals und das ganze Drumherum – Lebensmittel, Imbiss, Getränke, Unterkunft sowie Merchandising-Produkte wie T-Shirts und Anstecker – haben sich zu einer eigenen Tourismusbranche entwickelt, die ihre Kunden mit Musik lockt, von der viele Fans geglaubt haben, dass sie niemals Geld dafür ausgeben würden.

Die großen Plattenfirmen wissen nur allzu gut, dass sie immer mehr an Einfluss verlieren. So hat Edgar Bronfman, der Chef von Warner Music, seine Investoren bereits 2007 darüber informiert, dass die Musikbranche boomt, die Plattenindustrie jedoch nicht.[8] Was man mit dieser Erkenntnis anfangen soll, steht jedoch auf einem anderen Blatt. Manche Plattenfirmen beschlossen, mit allen Mitteln um ihre Pfründe zu kämpfen, sprich, unerbittlich gegen Raubkopierer vorzugehen und von Unternehmen, die ihren Kunden neue Wege, Musik zu hören, eröffnen wollen, wie zum Beispiel über Internetradios, Tantiemen in einer Höhe zu fordern, die einen sprachlos macht. Andere Plattenfirmen entschieden sich für eine andere Strategie und verschrieben sich dem Modell 360 Grad, bei dem sämtliche Aspekte im Leben eines Künstlers – Konzerte, Lizenzen, Werbeverträge und Markenprodukte – vermarktet werden. (Allerdings mit bislang nur mäßigem Erfolg, was zu einem Großteil darauf zurückzuführen ist, dass die Plattenfirmen in diesem Job noch nicht sonderlich gut sind, und sich viele Künstler über die hohe Gebühr beschweren, die die Firmen dafür kassieren.)

Viele der kleineren Labels setzen erfolgreich innovative Konzepte um und greifen dabei auch auf »Free« in einer mehr oder weniger ausgeprägten Form zurück. RCRD LBL, ein Unternehmen, das vom Starblogger Pete Rojas gegründet wurde, bietet seinen Kunden kostenlose Musik gegen Werbung. Auch das Konzept »Bestimme-den-Preis-selbst« setzt sich mehr und mehr durch. Und selbst die ganz kleinen Plattenfirmen, die auf die Wiederbelebung der guten alten Vinyl-LPs setzen, bieten anspruchsvollen Musikliebhabern regelmäßig kostenlose Downloads an, um sie auf den Geschmack zu bringen. Ende des Jahres 2006 führte das Label INO Records in Nashville ein Experiment mit dem Album »Mockingbird« von Derek Webb durch. Er erklärt, was passiert ist:

> Ich hatte eine Platte produziert, auf die ich sehr stolz war, doch das Werbebudget meiner Plattenfirma war schon bis auf den letzten Cent ausgegeben, und der Verkauf tröpfelte nur langsam vor sich hin. Letztlich konnte ich meine Plattenfirma überreden, meine Songs zu verschenken. Natürlich gab es einen Haken an der Sache. Jeder, der sich mein Album herunterladen wollte, musste nicht nur seinen Namen, seine E-Mail-Adresse und seine Postleitzahl angeben, sondern auch die E-Mail-Adressen (die wir allerdings nicht speicherten) von fünf seiner Freunde, denen er oder sie mein Album weiterempfiehlt. Auf diese Weise verschenkte

ich in drei Monaten 80 000 Alben. Mithilfe eines Filters kann ich die E-Mail-Adressen nach Postleitzahl sortieren, und weiß deshalb genau, wo meine Fans leben. Dann schreibe ich sie per E-Mail an, wenn ich in ihrer Nähe spiele. Es funktioniert. Meine Konzerte sind jetzt ausverkauft. Ich verkaufe ziemlich viel Merch[andise]. Ich habe Erfolg.[9]

Webb ist beileibe nicht der Einzige, der eine solche oder ähnliche Erfahrung gemacht hat. Besonders interessant ist, dass auch diejenigen, die mit der alten Methode den größten Reibach gemacht haben, die pragmatische Auffassung teilen, dass die ganze Branche neue Wege gehen muss. In einem Interview sagte der Rapmusiker 50 Cent auf die Frage, wie sich der Datenaustausch an den Musikbörsen auf sein Label – G-Unit Records – auswirke, dass er das Glück habe, nicht nur Sänger, sondern auch Künstler zu sein. Sicherlich leide seine Plattenfirma darunter, aber eine Schlacht zu verlieren, bedeute ja nicht, den Krieg zu verlieren:

Niemand kann sich dem technischen Fortschritt entziehen. Wir müssen uns alle anpassen. Wichtig ist, dass die Musikbranche begreift, dass diese Entwicklung den Künstlern nicht wirklich schadet. Es tut der Begeisterung eines jungen Fans keinen Abbruch, ob er das Album nun gekauft oder geklaut hat. Die Konzertsäle platzen aus allen Nähten, und die Branche muss begreifen, dass sie den Künstler ganzheitlich managen muss. Sie [die Branche] muss ihren Profit vor allem über Konzerte und Merchandise machen.[10]

Kostenlose Bücher

Dieses Kapitel wäre unvollständig, wenn ich nicht auch ein paar Worte über kostenlose Bücher verlieren würde, wozu selbstverständlich auch die englischsprachige Originalausgabe dieses Buches gehört (zumindest in seiner digitalen Form). Bücher sind eine besondere Drucksache, wie auch Hochglanzmagazine, die von vielen Lesern bevorzugt in ihrer physischen Form konsumiert werden. Zum Glück steht die Buchindustrie nicht kurz vor ihrem Zusammenbruch, doch für Hunderte von Autoren (und eine Hand voll Verleger) ist das kein Grund, nicht mit »Free« herumzuexperimentieren.

Der große Unterschied zwischen Büchern und Musik ist der, dass die Mehrzahl der Leseratten felsenfest davon überzeugt ist, ein gedrucktes Buch – Atome – ist grundsätzlich besser als ein Buch in digitaler Form – Bits. Auch wenn Bücher teurer sind als ihre Online-Variante, halten die Batterien einer gebundenen Ausgabe, für die Bäume sterben mussten, sehr, sehr lang, und ihre Bildschirmauflösung ist ebenso beeindruckend wie die Tatsache, dass sie sich überall hin mitnehmen lassen, ganz zu schweigen, dass sie sich im Bücherregal einfach hübsch machen. Nichtsdestotrotz verzeichnet der Markt für digitale Bücher – Hörbücher, E-Bücher und Downloads aus dem Netz – erstaunliche Zuwachszahlen, da die digitalen Formen Ansprüche erfüllen können, von denen ein herkömmliches Buch nur träumen kann. Wer kann schon ein Buch lesen, während er am Steuer sitzt? Und welcher Buchladen hat rund um die Uhr, sieben Tage lang offen und ist von jedem Ort der Welt aus gleich nah?

Die meisten kostenlosen Bücher beruhen in irgendeiner Form auf »Free«. Bei einigen reicht der kostenlose Download nur für ein paar Kapitel, aber nicht für das ganze Buch aus, während auf anderen Webseiten das Buch gut gelayoutet dauerhaft als PDF-Datei abrufbar ist, in der Hoffnung, eine Höchstzahl an Interessenten würden hineinschnuppern und einige von ihnen das gedruckte Buch dann auch kaufen.

Der Science-Fiction Autor Neil Gaiman hat sein Werk *American Gods* 2008 als digitalen Download vier Wochen ins Netz gestellt. Als erste Reaktion musste er sich die üblichen Befürchtungen und Einwände anhören: Seine Idee würde entweder die Verkaufszahlen in den Buchläden gen Null sinken lassen oder – das andere Extrem – die begrenzte Verfügbarkeit würde sich als kontraproduktiv erweisen, denn wenn es sich herumgesprochen hätte, und der Ansturm losginge, wären die vier Wochen schon vorbei. Die zweite Befürchtung lässt sich schlecht überprüfen, doch bei der ersten hatten sich die ewigen Bedenkenträger gründlich getäuscht. Nicht nur, dass *American Gods* ein Bestseller wurde, sondern auch der Umsatz mit den *anderen* Bücher des Autors, die in unabhängigen Buchläden vertrieben wurden, stieg in der Zeit, in der das kostenlose Herunterladen möglich war, um satte 40 Prozent. An die 85 000 Leser »testeten« das Buch online und lasen durchschnittlich 45 Seiten. Über der Hälfte hat es nicht gefallen, ein Buch über das Internet zu lesen, und kaufte sich die gebundene Ausgabe, die sich einfach besser in Händen halten lässt. Kurz danach verschenkte Gaiman sein nächstes Werk, ein Kinderbuch namens *The Graveyard* – in Form von Lesungen, die in kostenlosen Videos online

Wie ist es möglich, dass ein Lehrbuch nichts kostet?

Ein College-Student gibt jährlich bis zu 1000 US-Dollar für Lehrbücher aus. Das ist eine ganz hübsche Summe, vor allem wenn man bedenkt, dass ein Biologiebuch für 160 US-Dollar nur ein Semester lang gebraucht wird. Aus diesem Grund ist der Markt für gebrauchte Lehrbücher so groß, weshalb Fachverlage ihr Bestes geben, diesen Markt zu unterwandern, und dabei auf so fragliche Taktiken zurückgreifen, wie bei der neuen Ausgabe einfach die Seitennummerierung zu ändern. Doch wie sieht die Zukunft aus? Möglicherweise wie der Vorstoß des Verlags Flat World Knowledge: Freie Lehrbücher, soll heißen, der Text lässt sich bearbeiten, aktualisieren und umstellen, um maßgeschneiderte Seminarunterlagen zu erhalten. Doch inwieweit können Verlag und Autor davon profitieren, ein Lehrbuch im Wert von 160 US-Dollar zu verschenken?

▶ **Mehr als ein Lehrbuch verkaufen**
Der Inhalt der gebundenen Ausgabe eines Lehrbuchs lässt sich in verschiedene Themen untergliedern und dann in unterschiedlichen Formaten und Kaufoptionen anbieten. Das Ergebnis wird vor allem Studenten begeistern, die niemals auf den Gedanken kämen, online ein ganzes Buch zu lesen, die aber durchaus bereit sind, sich ein paar Kapitel davon im MP3-Format herunterzuladen.

- Digitales Buch .... Kostenlos
- Gebundenes Buch (schwarz/weiß) .... 29,95 US-Dollar
- Gebundenes Buch (farbig) .... 59,95 US-Dollar
  (Print-on-Demand senkt die Druckkosten)
- Druckbare PDF-Datei (nur Text) .... 19,95 US-Dollar
  (Ausdruck und Binden kosten bei Kinko rund 40 US-Dollar)
- Druckbares Kapitel im PDF-Format .... 1,99 US-Dollar
- Hörbuch (MP3-Format) .... 29,95 US-Dollar
- Hörbuch (ein Kapitel im MP3-Format) .... 2,99 US-Dollar
- (zehnminütige) Zusammenfassung .... 0,99 US-Dollar
- e-Book Reader (nur Text) .... 19,95 US-Dollar
- e-Book Reader (ein Kapitel) .... 1,99 US-Dollar
- Flash Card (nur Text) .... 19,95 US-Dollar
- Flash Card (ein Kapitel) .... 1,99 US-Dollar

▶ **Attraktiv für Autoren.** FWK bietet Autoren höhere Tantiemen und langfristig eine höhere Rendite. Zieht man die Einzelhandelsmarge von einem Kaufpreis von 160 US-Dollar ab, bleiben dem Verlag 105 US-Dollar. Der Autor erhält davon 15 Prozent. In einem Kurs mit hundert Studenten kaufen sich 75 das Buch zum Preis von 160 US-Dollar. In jedem der folgenden Semester kann der Absatz bis zur Hälfte sinken, da immer mehr gebrauchte Bücher auf dem Markt sind (von gebrauchten Büchern haben weder der Verlag noch der Autor etwas). Im vierten Semester finden sich nur noch fünf Studenten, die den vollen Preis zahlen. Bis die nächste Auflage veröffentlicht wird, sinken die Tantiemen des Autors und die Umsätze des Verlags kontinuierlich.

Bei dem Modell von FWK ist der Eingangspreis (einschließlich »Free«) so niedrig angesetzt, dass die Wahrscheinlichkeit, dass sich ein Markt für gebrauchte Bücher entwickeln wird, gering ist beziehungsweise bei Null liegt. In einem in 20 Colleges durchgeführten Test hatte sich 2008 etwa die Hälfte aller Studenten für ein Angebot von FWK entschieden. Die durchschnittlichen Ausgaben lagen zwar nur bei 30 US-Dollar, doch auch nach sechs Jahren kann FWK einen gleich hohen Umsatz erzielen (wobei die Gemein- und die Betriebskosten niedriger sind). Bei Tantiemen in Höhe von 20 Prozent auf alle verkauften Veröffentlichungen verdient der Autor nach zwei Jahren mehr als bei dem alten Modell.

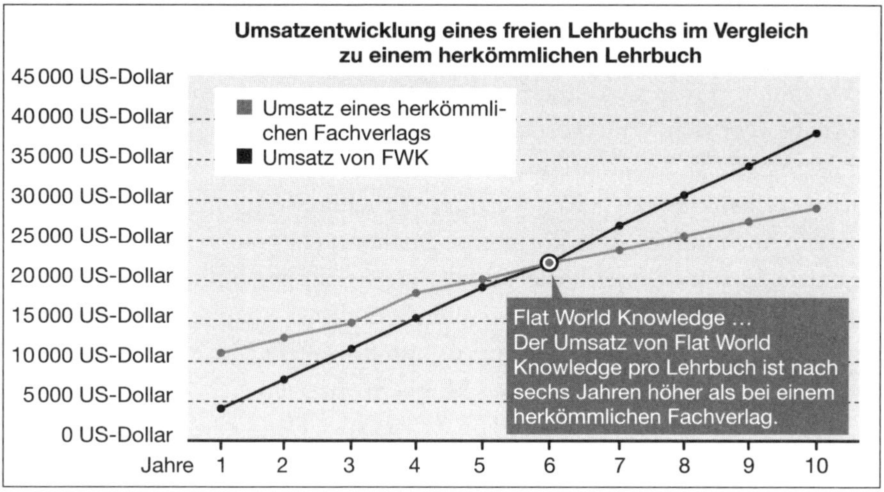

gestellt wurden – Kapitel für Kapitel, und auch dieses Buch wurde ein Bestseller.

Bei Sachbüchern, vor allem wenn es sich um Themen aus der Geschäftswelt handelt, geht der Trend in die Richtung, die auch die Musikbranche eingeschlagen hat. Ein digitales Buch mit seinen niedrigen Grenzkosten ist die beste Werbung für einen Vortrag oder ein Beratungsgespräch (beides mit hohen Grenzkosten), nicht anders als bei der digitalen kostenlosen Musik, die die Fans massenweise ins Konzert lockt. Sie haben die Wahl zwischen der kostenlosen, allgemeinen Lösung oder der maßgeschneiderten, perfekt auf Ihr Unternehmen, Ihre Konferenz oder Investorentreffen abgestimmten Lösung, bei der Sie für die kostbare Zeit des Autors zahlen müssen. (Ja, richtig, auch ich arbeite nach diesem Prinzip. Die Öffnungszeiten meines Büros finden Sie auf meiner Website!)

Das kann übrigens auch bei gebundenen Ausgaben funktionieren. Unternehmensberater kaufen ihre eigenen Bücher voller strategischer Weisheiten oft stapelweise, um sie ihren potenziellen Kunden kostenlos zu überlassen, eine Taktik, die so häufig angewendet wird, dass Beststellerlisten solche Massenankäufe mittlerweile automatisch aufspüren können und ignorieren. Mancher europäischer Tageszeitung liegt kostenlos ein schmales Taschenbuch – mitunter auch in Form eines Fortsetzungsromans – bei, das den Verkauf der Zeitung ankurbeln soll. Viele Autoren überlassen Bloggern nur allzu gerne ein kostenloses Ansichtsexemplar – der »lange Schwanz der Buchkritiker« –, weil sie sehr gut wissen, dass diese

Art der Mundpropaganda mehr wert ist als die paar US-Dollar, die so ein Freiexemplar kostet.

Doch mit »Free« ist es auch in der Buchbranche nicht anders als überall sonst: Es regt sich Widerspruch. Howard Hendrix, damals Vizepräsident der Vereinigung der amerikanischen Sci-Fi-Autoren hat Autoren, die ihr Buch verschenkten, als »Web-Verräter« beschimpft, und viele Verleger bezweifeln noch immer, dass kostenlose Bücher mehr Nachfrage erzeugen als sie befriedigen (mitunter basiert diese Skepsis auf persönlicher Erfahrung). Doch in einer Welt, in der die Regalflächen immer knapper und die Buchrezensionen in den Tageszeitungen immer seltener werden, probieren Schriftsteller nur allzu gerne alles Mögliche aus, um sich ihre Leserschaft zu sichern. Dazu der Verleger Tim O'Reilly: »Der Feind des Autors ist nicht die Piraterie, sondern Unkenntnis über Neuerscheinungen«.[11] »Free« ist die kostengünstigste Möglichkeit, die größtmögliche Leserzahl zu erreichen, und wenn die Leseprobe hält, was sie verspricht, verkauft sich die »Vollversion« auch. Solange die Leser ein gedrucktes Buch in Händen halten und gemütlich auf der Couch liegend darin schmökern wollen, werden sie für dieses Vergnügen auch zahlen.

Kapitel 10

Wie groß ist die »Free«-Ökonomie eigentlich?

Es geht um weitaus mehr als um Dollar und Cent

Wieder und wieder werde ich gefragt: Wie groß ist die »Free«-Ökonomie eigentlich? Auf diese Frage gibt es nur eine einzige vernünftige Antwort: Von welcher »Free«-Ökonomie reden Sie denn? Schließlich gibt es sie haufenweise, von der offiziellen Geschäftswelt bis zum inoffiziellen Heer der ehrenamtlich Tätigen. Um das Ganze noch weiter zu komplizieren, sind die realen Ökonomien schwer zu messen, und die vorgetäuschten sind, nun ja, nicht real. Die unzähligen unbezahlten Dienste, die wir uns tagein, tagaus erweisen – entweder aus reiner Nettigkeit oder aber aus Pflichtgefühl – berechnen wir nicht, aber sie lassen sich auch nicht messen. Und das Motto »Zahl eins, nimm zwei« ist auch nicht wirklich ein neues Wirtschaftsmodell, dem man sich anschließen sollte.

Schnell verabschieden wollen wir uns von »Free« als Marketingtrick, das auf die eine oder andere Weise in allen Branchen praktiziert wird. Denken Sie doch bloß mal an die ganzen Gratisproben und die kostenlosen Werbegeschenke, die einem Produkt beigelegt werden. Doch wie wir alle wissen, ist all das nicht wirklich kostenlos – es handelt sich vielmehr um verschiedene Arten von Quersubventionierungen in der einen oder anderen Form. Dabei handelt es sich ebenso wenig um einen eigenen Markt wie die »Rabattwirtschaft« oder jedes andere Marketinginstrument.

Und was ist mit den nonmonetären Ökonomien von Image und Aufmerksamkeit? Das sind reale Ökonomien, zumindest in dem Sinn, dass es sich um Märkte mit Quasi-Währungen handelt, die sich messen und auswerten lassen, von der Zahl der Seitenaufrufe bis zur Anzahl der Facebook-Freunde. Da es sich ja um nonmonetäre Ökonomien handelt, werden sie per definitionem nicht in Dollar und Cent gemessen, obwohl das oft genug – mitunter auf sehr kreative Weise – ausprobiert wird.

Anfang des Jahres 2009 startete Burger King in Amerika eine seiner subversiven Werbekampagnen. Unter dem Motto »Whopper-Opfer« bot die Fastfood-Kette Facebook-Nutzern folgenden Handel an: Pro zehn Kontakte, die man aus seiner persönlichen Freundesliste in dem sozialen Netzwerk streicht, gibt es einen Gratishamburger. (Dies sollte dafür stehen, »dass man seine Freunde zwar mag, echte Liebe aber nur dem Whopper entgegenbringt«. Das etwas plausiblere Ziel dieser Kampagne war wohl, Burger King mal wieder in aller Munde zu sehen.)

Wie der Zufall so spielt, gibt es eine lange Tradition, wirtschaftliche Zusammenhänge in Hamburgern zu messen. Angefangen hat das mit dem sogenannten »Big-Mac-Index«, der vom *Economist* 1986 erstmals veröffentlicht wurde und seitdem regelmäßig erhoben wird. Der Hamburger-Index vergleicht die Preise des Big Mac in verschiedenen Ländern dieser Erde und kann dadurch auch die Über- und Unterbewertungen einzelner Währungen aufzeigen (mit dem Argument, dass der offizielle Wert einer Rupie unter Umständen nicht ihrem tatsächlichen entspricht, ein Hamburger aber überall ein Hamburger ist). Es dauerte nicht lange, bis Blogger mit dem Whopper-Opfer und Facebook Ähnliches versuchten.

Die »Freunde« bei Facebook sind der Klassiker unter den Imagewährungen. Je mehr »Freunde« man hat, umso größer ist der Einfluss, den man in der Facebook-Welt genießt, und umso mehr soziales Kapital steht einem zur Verfügung. Tatsächlich besteht der Wert von Facebook größtenteils darin, dass es den vielleicht weltweit größten geschlossenen Imagewährungsmarkt geschaffen hat, und dies ist die Grundlage eines Unternehmenswerts, der auf mehrere Milliarden US-Dollar geschätzt wird.

Aber wie viele Milliarden US-Dollar genau Facebook wert ist, ist gar nicht so einfach zu beziffern. Vermutlich ein Mehrfaches der Anzahl seiner Benutzer und der Beziehungen zwischen ihnen, die durch das Hinzufügen eines Freundes erzeugt werden. Der Akt ist der Austausch der Imagewährung, und wenn diese Währung etwas wert ist, muss sie der Person, die sie verteilt, etwas wert sein. Aber wie viel? Und was bedeutet das für die Bewertung von Facebook?

Indem Burger King in seiner Kampagne den Wert eines »Freundes« in US-Dollar benannt hat, hat es letztlich eine Schätzung des Unternehmenswerts von Facebook abgegeben. Dazu Blogger Jason Kottke:

> Facebook hat 150 Millionen Anwender, von denen jeder durchschnittlich hundert »Freunde« hat. Eine Freundschaft existiert aber nur, wenn beide

Parteien zustimmen, weshalb jeder Anwender eigentlich nur für das Beenden der Hälfte seiner Freundschaften entlohnt werden kann. Der Preis für einen Whopper liegt bei 2,40 US-Dollar. Das bedeutet, dass die Freundschaft jedes Benutzers circa fünf Whopper oder 12 US-Dollar wert ist. Nach Adam Riese macht das also:
12 US-Dollar x 150 Millionen Anwender = 1,8 Milliarden US-Dollar Firmenwert von Facebook[1].

Wie Kottke festhält, ist das interessanterweise beträchtlich weniger als die etwa 10 bis 12 Milliarden US-Dollar, auf die das soziale Netzwerk von seinen Investoren, darunter auch Microsoft, 2007 und 2008 geschätzt wurde. Doch angesichts der Wirtschaftskrise und aufgrund der Tatsache, dass es Facebook noch immer nicht gelungen ist, schneller Geld zu verdienen als auszugeben, hat Burger King wohl eher Recht als Bill Gates. (Internen Unterlagen zufolge, die Anfang des Jahres 2009 irgendwie in die Öffentlichkeit geraten sind, gingen die Investoren im Juli 2008 von einem Marktwert von 3,7 Milliarden US-Dollar aus, und es steht zu befürchten, dass dieser Wert seitdem noch weiter gesunken ist.)

Image und Aufmerksamkeit stellen zweifelsohne einen Wert dar, anderenfalls würden Unternehmen nicht solche Umsummen für Werbung, die genau darauf abzielt, ausgeben. Tagtäglich wird der Preis für unsere Aufmerksamkeit neu verhandelt: Was kostet ein 30 Sekunden dauernder Radiospot, der Tausende von Zuhörern fesseln soll? Wie viel ist es Unternehmen wert, Zuschauer eines Fußballspiels durch eine Werbepause vom Spiel abzulenken? Jedes Mal, wenn der Agent eines Filmstars über dessen Gage für einen neuen Dreh verhandelt, wird ein Image bewertet. Doch auch außerhalb von Hollywood, den Medien und seinen Stars spielen Image und Aufmerksamkeit eine große Rolle. Aber wie groß?

Ist das globale Angebot von Aufmerksamkeit limitiert? Gibt es einen Pool dafür, und muss für jeden aufsteigenden YouTube-Star ein anderer fallen, um irgendeine kosmische Konstante aufrechtzuerhalten? Haben unterschiedliche Generationen unterschiedliche Kapazitäten für Aufmerksamkeit, oder können wir durch Multitasking die Gesamtaufmerksamkeit einfach in feinere Scheiben schneiden?

Denken Sie noch mal kurz an den Dunbar-Wert, den wissenschaftlich bewiesenen Grenzwert für die Gruppengröße, ab der es dem Menschen unmöglich wird, enge Verbindungen zu seinen Mitmenschen einzugehen und innerhalb der Gruppe zu wissen, wer mit wem auf welche Weise verbandelt ist. Nach Jahrzehnten intensiver anthropologischer Forschung, Studien der menschlichen Geschichte über Jahrtausende von Jahren hinweg, wurde dieser Grenzwert auf 150 festgelegt. Doch das war lange vor MySpace und Konsorten. Die Software macht es möglich, ein Vielfaches dieser Zahl an Kontakten zu pflegen. Jeder MySpace-Anwender hat etwa 180 »Freunde«, manche Tausende. Hat Silizium unsere Kapazitäten vergrößert, oder sind wir gerade dabei, den Begriff »Freundschaft« überzustrapazieren?

Diese Fragen haben durchaus ihre Berechtigung, doch vermutlich wird es noch eine weitere Generation dauern, bis wir Antworten darauf gefunden haben. In der Zwischenzeit sollten wir uns mit weiteren Formen von »Free« befassen, damit wir uns eine ungefähre Vorstellung von seiner Größenordnung machen können.

Am einfachsten lässt sich »Free« messen, wenn wir uns den »Drei-Parteien-Markt« noch einmal genauer ansehen, also die Welt der werbegestützten kostenlosen Medien, die wir bereits erörtert haben. Dieses Konzept findet sich am häufigsten in Fernsehen und Rundfunk, in vielen Webmedien sowie den kostenlosen Publikationen, von Zeitungen bis hin zu Zielgruppenzeitschriften. Die hundert Topmedienfirmen in den USA haben 2006 mit Radio- und Fernsehwerbung (ohne Kabelfernsehen) **45 Milliarden US-Dollar** umgesetzt.

Die meisten Medienunternehmen, aber auch andere Firmen wie Google, bieten ihre Produkte in der Online-Welt kostenlos und werbegestützt an, weshalb ich den gesamten Online-Werbemarkt in die Kategorie »Werbung bezahlt für Inhalte, die dem Verbraucher umsonst angeboten werden« aufnehme. Das sind dann weitere 21 bis 25 Milliarden US-Dollar. Kostenlose Zeitungen und Zeitschriften machen eine zusätzliche Milliarde US-Dollar aus. Mit Sicherheit habe ich einige kleinere Kategorien unter den Tisch fallen lassen, und viele unabhängige Medien nicht in die oben genannten Zahlen aufgenommen. Dennoch: Nach meiner vorsichtigen Schätzung liegt der Wert werbegestützter Inhalte – online und offline zusammengenommen – in den USA zwischen **80 und 100 Milliarden US-Dollar**.

Und weiter geht's mit Freemium – Sie wissen nun ja, was das ist. (Wirtschaftswissenschaftler bezeichnen dies übrigens als »Versioning«.) Das heißt, ein paar zahlende Kunden subventionieren viele nichtzahlende. Dazu gehören sowohl alteingesessene Unternehmen, die verschiedene Produktversionen zu in der Regel unterschiedlichen Preisen anbieten als auch Startup-Unternehmen, die zunächst alles Mögliche verschenken, um dann ihr Geschäftsmodell zu entwickeln, wenn sie wissen, ob überhaupt Nachfrage nach ihren Produkten besteht (das gilt zum Beispiel für die meisten Web 2.0-Unternehmen).

An sich ist es ein Ding der Unmöglichkeit, alle Unternehmen, die dieses Modell einsetzen, finanziell einzuordnen, aber Forrester Research, eine Unternehmensberatung aus Cambridge, Massachusetts, schätzt (anhand der Betriebsausgaben für Web 2.0-Dienste, von denen die meisten dem

Weshalb boomt die Nachfrage nach kostenlos bereitgestellten Fahrrädern in manchen Städten, und dümpelt in anderen vor sich hin?

In Paris kann man sich eine halbe Stunde lang kostenlos ein Fahrrad ausleihen. Das werbegestützte Projekt Vélib (Abkürzung für *vélo libre*, also »kostenloses Fahrrad«) wurde 2007 ins Leben gerufen und unterhält mittlerweile 1 451 Stationen und 20 000 Räder. Ähnliche Projekte gibt es auch in Barcelona, Montreal und Washington D.C. JCDecaux, das Unternehmen hinter Vélib, betreibt diesen erfolgreichen Fahrraddienst auch in Lyon und Wien. Doch in Brüssel hat sich das Projekt als Flop erwiesen. Woran liegt es, dass in Paris floriert, was in Brüssel ein Reinfall ist?

In Brüssel kommt den Kunden das Radfahren teurer als in Paris.

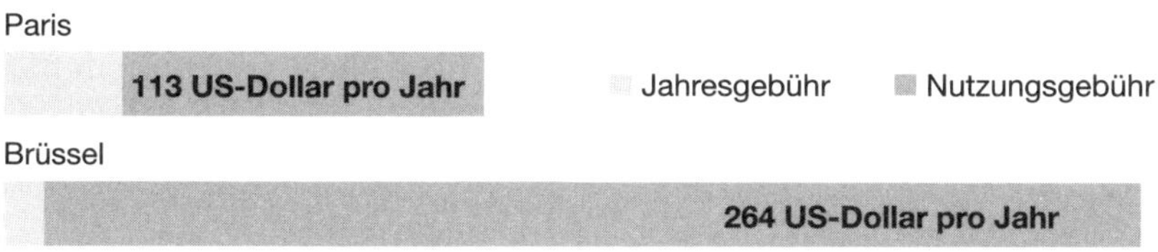

▶ **Kunden nicht mit Pfennigbeträgen quälen.** In Paris können Kunden so oft sie wollen kostenlos mit dem Rad durch die Stadt düsen, vorausgesetzt, es dauert jeweils nicht länger als eine halbe Stunde. Die Kosten dafür sind im Mitgliedsbeitrag (1 Euro am Tag, 5 Euro die Woche oder 29 Euro pro Jahr) enthalten. Wer das Rad länger nutzt, zahlt 1 Euro für 60 Minuten, 3 Euro für 90 Minuten, 7 Euro für zwei Stunden und so weiter. In Brüssel zahlt man nur 10 Euro Jahresgebühr, doch jede Fahrt kostet extra – 0,50 Cent für 30 Minuten. Dort ist das System aus Paris auf den Kopf gestellt: Nur wer längere Strecken fährt, kommt in Brüssel günstiger weg als in Paris. Im Durchschnitt wird das Rad in Städten von der Größe Brüssels jedoch nur 20 Minuten benutzt. Was lernen wir daraus? Die Leute zahlen lieber einen Pauschalpreis und radeln dann kostenlos quer durch die Stadt, als dauernd den Gebührenzähler im Nacken sitzen zu haben.

▶ **Mehr Räder an mehr Stationen ergibt mehr Radfahrer**. Mit seinen 20 000 Rädern und 1 451 Stationen steht Vélib mehr Menschen an den unterschiedlichsten Plätzen zur Verfügung, als wenn sich das Unternehmen nur auf verschiedene Stadtteile beschränkt hätte. Infolgedessen nutzen viele Kunden das Rad täglich. Im Vergleich dazu gibt es in Brüssel nur 250 Räder an 23 Stationen, die sich auf die Innenstadt konzentrieren. Weshalb wird das Netzwerk dann nicht auf andere Stadtteile von Brüssel ausgedehnt? Die Antwort: Der Konkurrent Clear Channel hat Verträge für bestimmte Bezirke in der Tasche, sodass der Expansion von Cyclocity und seinen werbegestützten Fahrradstationen ein Riegel vorgeschoben ist.

»Premium«-Anteil in der Freemium-Gleichung entsprachen), dass Firmen im Jahr 2008 rund 800 Millionen US-Dollar dafür ausgaben. Wir können uns ziemlich sicher sein, dass die Ausgaben der Verbraucher mindestens ein Viertel dessen ausgemacht haben, womit wir auch hier bei einer guten Milliarde US-Dollar angelangt wären.

Nun müssen wir zu unseren ganzen Zahlen noch den Open-Source-Softwaremarkt dazu addieren. Das »Linux-Ökosystem« (alles von Red Hat bis hin zum IBM-Beratungsgeschäft für Open Source) beläuft sich heute nach Aussage des Unternehmensberaterunternehmens IDC auf etwa 30 Milliarden US-Dollar.

Weiterhin schätzt IDC, dass sich der Wert anderer Unternehmen, die auf Open Source beruhen, wie beispielsweise MySQL (mit einem Jahresumsatz von 50 Millionen US-Dollar) und SugarCRM (Jahresumsatz: 15 Millionen US-Dollar) auf knapp 1 Milliarde US-Dollar beläuft.

Die meisten der jungen Unternehmen im florierenden Online-Videospielmarkt setzen auf das Freemium-Modell, vor allem, wenn es um die Mehrspieler-Massenspiele geht, die man zwar kostenlos spielen kann, die den Spielefans aber in die Tasche greifen, wenn sie ihre Charaktere aufwerten wollen (Upgrades, Kleidung, neue Ebenen und so weiter). Der Markt für Casual Games (von Kartenspielen über Flashspiele) hat mittlerweile knapp die Grenze von 3 Milliarden US-Dollar erreicht. Womit wir mit Open Source bei 4 Milliarden US-Dollar wären. Der gesamte Freemium-Markt beläuft sich also auf etwa **36 Milliarden US-Dollar**.

Zu guter Letzt ist da ja noch die Geschenkökonomie. Diese letzte Kategorie lässt sich beim besten Willen nicht beziffern, weil vielen Dingen, die darunter fallen, einfach das Preisschild fehlt. Ich möchte jedoch ein paar Dinge auflisten, bei denen zumindest eine grobe Bewertung möglich ist, damit Sie nachvollziehen können, in welcher Größenordnung wir uns hier bewegen. Da wäre zum Beispiel der iPod von Apple. Die Anschaffung eines solchen Geräts, auf dem problemlos Zehntausende von Songs gespeichert werden können, ergibt doch nur Sinn, wenn Sie nicht auch noch Zigtausende von Dollar für die Musiksammlung ausgeben müssen, oder? Und das ist in den meisten Fällen eben nicht nötig, weil viele Leute ihren Freundeskreis abklappern oder in Tauschbörsen nach guter Musik suchen. Apple setzt mit dem iPod jährlich 4 Milliarden US-Dollar um, doch welchen Anteil davon müsste man eigentlich »Free« gutschreiben?

Ähnlich verhält es sich auch mit MySpace. Welcher Anteil am geschätzten Firmenwert von 65 Milliarden US-Dollar ist darauf zurückzuführen, dass Musikgruppen dort kostenlos ihre Lieder hochladen? Welcher Anteil am Konzertgeschäft mit seinen 2 Milliarden US-Dollar Umsatz ist auf Peer-to-Peer-Dateisharing zurückzuführen? Und so weiter. »Free« schöpft jede Menge Wert um sich herum, doch wie vieles, was sich nicht in der monetären Ökonomie bewegt, lässt es sich nur sehr schwer beziffern. Wie viel ist ein Regentag wert? Oder ein Tag, an dem die Sonne scheint? Beides tut dem Land gut, doch die Vorteile sind zu diffus, um sie präzise berechnen zu können.

Was steht also unterm Strich? Wenn wir die erste und die zweite Kategorie (Werbung und Freemium) mitzählen, kommen wir allein in den USA auf einen Jahresumsatz von 80 Milliarden US-Dollar. Wenn wir dann noch die traditionellen werbegestützten Medien mit in die Rechnung einbeziehen, sind wir schon bei **116** bis **150 Milliarden US-Dollar**. Weltweit gesehen müssten wir diese Summe wohl mit drei multiplizieren, das heißt wir reden hier von einem Markt, der mindestens **300 Milliarden US-Dollar** schwer ist.

300 Milliarden US-Dollar, das ist die Summe, die bei meiner groben, aber angemessenen Schätzung des Marktwerts von »Free« (nach konservativer Definition) herauskommt. Und das ist sicherlich zu vorsichtig geschätzt, da ich die ursprüngliche Form von »Free« nicht mit in meine Rechnung aufgenommen habe – die Quersubventionen (man erhält eine Sache »kostenlos« und muss für etwas anderes zahlen). Außerdem wird den Nebenwirkungen von »Free« nicht Rechnung getragen, die sich sowohl in der nonmonetären Seite finden, als auch in der Welt der Dollar und Cent niederschlagen. Doch jetzt haben wir wenigstens eine Ahnung der Größenordnung, von der wir hier reden. Da draußen gibt es jede Menge »Free«, und es lässt sich eine Menge Geld damit verdienen.

Es gibt aber noch eine Möglichkeit, wie sich die Welt von »Free« beziffern lässt. Man muss sich nur mal ansehen, wie viel Arbeit darin steckt. Im Jahr 2008 hat Ohloh, ein Unternehmen, das sich auf Statistiken über die Open-Source-Industrie verlegt hat, folgende Zahlen vorgelegt: Zurzeit arbeiten 201 453 Menschen an sagenhaften 146 970 Projekten. Das entspricht in etwa der Belegschaft von General Motors, was eine beeindruckende Zahl von Menschen darstellt, die umsonst arbeiten, selbst wenn es nicht Vollzeit ist. Stellen Sie sich vor, sie würden alle Autos herstellen! Der Autor Kevin Kelly hat diese Zahlen auf das gesamte Internet übertragen. Seinen Recherchen zufolge listet Google 1 *Billion*[2] URLs im ganzen Web auf. (Mitunter ist es jedoch schwierig festzulegen, was als Webseite zählt, denn bei einem Katalog wird nach jedem Klick eine komplett neue Seite aufgebaut, auch wenn Google diese Seiten ziemlich gut von manuell programmierten Seiten unterscheiden kann.)

Damit wir wenigstens grob eine Ahnung bekommen, gehen wir nun davon aus, dass in jeder Webseite (und jedem Posting und allem anderen mit einem Permanentlink) sagen wir mal gut eine Stunde Arbeit für Recherchen, Zusammenstellen, Design oder Programmieren steckt. Dann repräsentiert das Internet 1 Billion Arbeitsstunden.

Doch was genau können wir uns unter so einer gewaltigen Summe vorstellen? Nun, das hätte in den vergangenen 15 Jahren, in denen sich das Internet zu seiner jetzigen Form entwickelt hat, bedeutet, dass 32 Millionen Menschen Vollzeit dafür gearbeitet hätten. Nun sagen wir mal, dass 40 Prozent davon ohne Bezahlung erledigt wurde – die Facebook- und MySpace-Seiten, die Blogs, die endlosen Diskussionen und Kommentare in den Foren und Newsgroups. Damit wären wir bei 13 Millionen Menschen angelangt – was nahezu der gesamten erwerbstätigen Bevölkerung Kanadas entspricht. Was hätten sie wohl insgesamt über diesen Zeitraum hinweg verdient? Gehen wir mal von einem (bescheidenen) Jahresgehalt von 20 000 US-Dollar aus, dann macht das insgesamt über 260 Milliarden US-Dollar.[3]

Kurz gesagt, »Free« entspricht der Wirtschaft eines Staates, und keines kleinen!

Freeconomics und die »Free«-Welt

Kapitel 11

ECON 000

Wie aus einem jahrhundertealten Witz das Gesetz der digitalen Ökonomie wurde

Im Jahr 1838 veröffentlichte der französische Mathematiker Antoine Cournot, der in Paris lebte und arbeitete, sein Buch *Recherches*, das heute als Meisterwerk der Wirtschaftswissenschaften gilt (was damals nur wenige seiner Zeitgenossen so sahen). Darin versuchte er, die Konkurrenz von Unternehmen anhand eines Modells darzustellen. Nach monatelangen Berechnungen kam er schließlich zu dem Schluss, dass alles von der Produktionsmenge abhing. Wenn ein Unternehmen Schüsseln herstellte, und eine andere Firma auf diesen Zug aufspringen wollte, achtete sie sorgsam darauf, in der neuen Fabrik nicht allzu viele Schüsseln zu produzieren, da sonst der Markt damit überflutet und die Preise in den Keller sinken würden. Beide Unternehmen würden gleichzeitig, aber unabhängig voneinander versuchen, ihre Produktion so zu regulieren, dass sie beide Höchstpreise erzielten.

Wie das bei vielen genialen Werken nun mal so ist, wurde auch dieses Buch schlichtweg ignoriert. Die französischen Liberalen, die den Berufsstand der Ökonomen zu dieser Zeit beherrschten, zeigten kein Interesse daran, was Cournot entmutigte und verbitterte. (Seiner Karriere tat das allerdings keinen Abbruch, er wurde im Laufe seines Lebens mit zahlreichen Preisen ausgezeichnet und starb 1877.) Erst nach seinem Tod befasste sich eine Gruppe junger Wirtschaftswissenschaftler mit seinem Werk *Recherches* und kam zu dem Schluss, dass Cournot völlig zu Unrecht von seinen Zeitgenossen ignoriert worden war. Sie drängten darauf, dass seine Wettbewerbsmodelle erneut überprüft wurden.

Gesagt, getan, dachte sich 1883 Joseph Bertrand, ebenfalls Mathematiker, und unterzog *Recherches* einer genauen Prüfung. Doch ihm gefiel nicht, was er da lesen musste. Wie im amerikanischen Wikipedia-Eintrag zu dem Begriff »Cournot« zu lesen ist, warf Bertrand Cournot vor, grundsätzlich die falschen Schlüsse gezogen zu haben.[1] So willkürlich erschien Bertrand die Entscheidung Cournots, das Produktionsvolumen als Schlüsselgröße für die Konkurrenz der Unternehmen zu wählen, dass er halb im Spaß die Hauptvariable Produktionsmenge durch Preis ersetzte. Merkwürdigerweise entwickelte er auf diese Weise ein Modell, das mindestens genauso gut passte, wenn nicht sogar besser.

Bertrand schlussfolgerte, dass die Unternehmen eher die Preise senken, um ihren Marktanteil zu erhöhen, als die Produktion zu drosseln, um damit höhere Preise am Markt durchsetzen zu können. Ja, sie würden sogar so weit gehen, sich gegenseitig so lange zu unterbieten, bis der Preis nur unwesentlich höher lag als die Herstellungskosten – ein Phänomen, das als Grenzkostenpreis bezeichnet wird. Und wenn die niedrigen Preise dann noch die Nachfrage verstärkten, umso besser.

Der Bertrand-Wettbewerb lässt sich in wenigen Worten zusammenfassen: In einem Wettbewerbsmarkt sinken die Preise bis zu den Grenzkosten.

Zur damaligen Zeit gab es kaum Wettbewerbsmärkte, zumindest nicht annähernd solche, wie sie in diesen mathematischen Modellen definiert wurden: mit homogenen Produkten (ohne Produktdifferenzierung) und ohne Absprachen. Aus diesem Grund wurden beide Mathematiker von Wirtschaftswissenschaftlern als Theoretiker abgetan, die überflüssigerweise versucht hatten, komplexes menschliches Verhalten in starre mathematische Gleichungen zu pressen. In den folgenden zwei Jahrzehnten sollte dieser Zank als weiterer akademischer Streit in Vergessenheit geraten.

Doch mit Anbruch des 20. Jahrhunderts wurden die Märkte immer stärker umkämpft und die Wirtschaftswissenschaften verfügten mittlerweile über geeignete Messinstrumente. So wandten sich erneut Wissenschaftler den beiden Fehde führenden Franzosen zu. Ganze Generationen von frischgebackenen Ökonomen arbeiteten wie besessen, um herauszufinden, welche Industriezweige Cournots Wettbewerbsmodell folgten, und welche Bertrands. Ich erspare Ihnen die Einzelheiten, aber auf den Punkt gebracht, kamen sie zu folgendem Ergebnis: Überflussmärkte, in denen sich die Produktion leicht hochfahren lässt, gehorchen meist Bertrands Modell, sodass der Preis häufig bis zu den Grenzkosten fällt.

Dieses Resultat wäre nur von akademischem Interesse, wenn es da nicht die Tatsache gäbe, dass wir derzeit dabei sind, den am stärksten umkämpften Markt aller Zeiten aufzubauen, einen, bei dem die Grenzkosten von Produkten und Dienstleistungen gegen Null gehen. Im Internet, wo Informationen Massenware sind, und es ein Leichtes ist, Produkte und Dienstleistungen zu kopieren, erleben wir mit, wie sich Bertrands Modell auf eine Weise bewahrheitet, die selbst ihn verblüfft hätte.

Wenn das eherne Gesetz lautet »Der Preis fällt bis zu den Grenzkosten«, dann ist »Free« keine Option, sondern der unvermeidbare Endpunkt. Es ist eine Art ökonomische Schwerkraft, gegen die man nur eine gewisse Zeit lang ankämpfen kann.

Moment mal. Trifft es denn nicht zu, dass auch Software ein Markt ist, bei dem die Grenzkosten gegen Null gehen? Und verlangt nicht Microsoft Hunderte von US-Dollar für Office oder Windows? Ja und nochmals Ja. Und wie passt das dann zu der Theorie von Bertrand?

Die Antwort liegt in dem Teil mit »Wettbewerbsmarkt«. Microsoft entwickelte ein Produkt, das in erheblichem Ausmaß von Netzwerkeffekten profitiert hat: Je mehr Menschen ein bestimmtes Produkt nutzen, umso mehr Menschen glauben, sie müssten dies ebenfalls tun. Im Falle eines Betriebssystems wie Windows zieht das am weitesten verbreitete System die meisten Programmierer an, die wiederum die meisten Programme dafür entwickeln. Im Fall des Office-Pakets möchte man ja seine Dateien mit anderen Anwendern austauschen, weshalb man dann gerne auf das gleiche Textverarbeitungsprogramm zurückgreift.

In beiden Fällen entwickelt sich in der Regel ein sogenannter Winner-Takes-All-Markt, in dem der Sieger alles bekommt, was nicht zuletzt der Grund für die Monopolstellung von Microsoft ist. Und wer eine solche Position innehat, der kann seine Preise nach Gutdünken festlegen, sprich auf etwa 300 US-Dollar für zwei Kunststoffscheiben in einer Schachtel mit dem Aufdruck »Office«, obwohl die Herstellungskosten bei 1 oder 2 US-Dollar liegen.

Bertrands Wettbewerbsmodell hat noch einen weiteren Haken: Es bezieht sich nämlich überwiegend auf ähnliche Produkte. Doch wenn ein Produkt einem anderen haushoch überlegen ist, spielen die Grenzkosten für die Preisfestlegung keine Rolle, dann geht es vielmehr um den »Grenznutzen« – um das, was es dem Käufer letztlich wert ist. In der Online-Welt können das die Produktmerkmale sein – oder die Abhängigkeit des Kunden.

Zum Beispiel tummeln sich im Internet viele soziale Netzwerke, doch gesetzt den Fall, Sie hätten alle Ihre sozialen Kontakte auf Facebook vereint und Facebook würde plötzlich Gebühren erheben, gehe ich jede Wette ein, dass Sie trotzdem bei Facebook blieben. Der Grenznutzen ist für Sie dort wesentlich höher als bei anderen sozialen Netzwerken, sodass Sie für diesen einst kostenlosen Service gerne ein paar Scheine hinblättern. Bei Neueinsteigern sieht die Sache allerdings anders aus. Wer noch keinen Online-Freundeskreis auf einer bestimmten Webseite aufgebaut hat, sieht kaum einen Unterschied zwischen den einzelnen Anbietern, zumindest was den Grenznutzen anbelangt. Wer die Wahl zwischen zwei populären sozialen Netzwerken hat – einem kostenpflichtigen Facebook und einem kostenlosen MySpace –, wird sich als Neueinsteiger wohl eher für die kostenlose Variante entscheiden. Und genau deshalb verlangt Facebook nichts von seinen Anwendern: Es weiß genau, dass seine »Stammkunden« wohl für diesen Dienst zahlen würden, neue Anwender jedoch lieber zur kostenlosen Konkurrenz gingen.

Monopole sind auch nicht mehr das, was sie einmal waren

In der zweiten Hälfte des vergangenen Jahrhunderts gab es überwiegend Winner-Take-All-Märkte – mit Gewinnspannen, die einem die Kinnlade nach unten klappen lassen (90 Prozent, 95 Prozent und mehr), und die so gar nicht zu Bertrands Wettbewerbsmodell passen wollen. Das war nicht nur bei Software so, sondern bei fast allen Produkten, deren Wert größtenteils nicht durch materielle Eigenschaften, sondern durch geistiges Eigentum bestimmt wurde. Zu dieser Kategorie zählen Medikamente (die Pillen lassen sich quasi zum Nulltarif herstellen, die Entwicklungskosten für ein Medikament können aber Hunderte von Millionen US-Dollar verschlingen), Halbleiterchips (dito), ja sogar Hollywood und seine Filme (die Drehkosten und Gagen sind hoch, die Reproduktionskosten dagegen ein Witz).

Diese Branchen profitieren von »steigenden Erträgen«, das heißt, weil die Festkosten (F&E, Baukosten des Fabrikgebäudes) des Produkts hoch sind und die Grenzkosten niedrig, gilt: Je höher die Stückzahl, desto größer die Gewinnmarge. Wer sich an die »Max-Strategie« hält, wird dadurch belohnt, dass sich die Fixkosten auf eine größere Produktionsmenge verteilen, sodass man mit jedem zusätzlichen Stück mehr Geld verdient.

Doch das ist beileibe nichts Neues. Wie der Ökonom Paul Krugman festhielt, beschrieb bereits Alfred Marshall, der viktorianische Wirtschaftswissenschaftler, der das Modell von Angebot und Nachfrage entwickelte, Industriezweige, in denen das Vorhandensein ausgebildeter Arbeitskräfte, spezialisierter Anbieter und die Verteilung von Wissen zu immer weiter sinkenden Fertigungskosten führte.[2] (Sein wichtigstes Beispiel waren die Besteck-Hersteller im englischen Sheffield, die aufgrund der technischen Neuerungen der industriellen Revolution in die Massenproduktion gehen konnten.) Unter »steigenden Erträgen« versteht man in der Regel jedoch steigende Erträge auf Grundlage der Produktion. Die digitalen Märkte hingegen profitieren auch von den steigenden Erträgen aufgrund einer gestiegenen *Nachfrage*. Die Produkte steigen im Wert, je häufiger sie konsumiert werden, wodurch ein Teufelskreis entsteht, der bis hin zur Marktdominanz eines Unternehmens führen kann.

Das Ganze funktioniert jedoch nur, wenn es gelingt, sich die Konkurrenz vom Leibe zu halten, und der Grund, weshalb die Gewinnspannen im 20. Jahrhunderts so unglaublich hoch waren, lag darin, dass Unternehmen zahlreiche höchst effiziente Instrumente zur Verfügung standen, um genau das zu tun. Man denke nur an Monopole, Patente, Urheberrechte, Markenschutz, Betriebsgeheimnisse und die Taktik, den Einzelhandel massiv unter Druck zu setzen, um die Regale frei von unliebsamer Konkurrenz zu halten.

Dummerweise funktioniert es heutzutage nicht mehr so einfach, die Konkurrenz in Schach zu halten. Die Produktpiraterie, von Software über Inhalte bis hin zu Medikamenten gewinnt immer mehr Zuwachs, was vor allem daran liegt, dass sich die technischen Möglichkeiten der Vervielfältigung ausbreiten wie nie zuvor (dazu zählen Ihr eigenes Laptop ebenso wie biomedizinische Geräte). Im größten produzierenden Land weltweit – China – ist die Einhaltung des Patentschutzes so gut wie nicht möglich. Und je mehr sich der Vertrieb in die Online-Welt mit ihrer schier unbegrenzten Regalfläche verlagert, um so weniger kann man sich die Wettbewerber vom Leib halten, ganz gleich, wie viel Druck man auf Wal-Mart ausüben kann. Durch die Kombination von demokratisierten Produktionsmitteln (Computer) mit demokratisierten Vertriebswegen (Netzwerke) hat das Internet ebenjenes Ding heraufbeschworen, das sich seinerzeit nur Bertrand hat vorstellen können: einen echten Wettbewerbsmarkt.

Mit einem Mal wurde ein theoretisches Wirtschaftsmodell, das vor mehr als einem Jahrhundert ersonnen wurde, um einen anderen Wissenschaftler lächerlich zu machen, zum ehernen Gesetz der Online-Preisgestaltung.

Noch ist es zu früh, um ernsthaft behaupten zu können, dass von Monopolstellungen im Internet keine Gefahr ausgeht. Die gleichen Netzwerkeffekte, die den Würgegriff von Microsoft ermöglichten, funktionieren auch im Internet, was Google zweifelsfrei unter Beweis stellt. Das Interessante an diesen Quasimonopolen im Internet ist jedoch, dass hier nicht die exorbitanten Preise verlangt werden können, die im Regelfall mit einer Monopolstellung einhergehen. Die Dominanz von Google hin oder her, Google verlangt keine 300 US-Dollar für seine Textverarbeitung oder Tabellenkalkulationen – sondern bringt sie kostenlos unters Volk (Google Docs). Selbst bei Dingen, die sich Google bezahlen lässt, überwiegend Werbefläche, wird der Preis dafür auf einer Auktion erzielt und nicht einfach von Google diktiert.

Das Gleiche gilt auch für all die anderen dicken Fische im Online-Geschäft, von Facebook bis eBay. Trotz all ihrer Macht besitzen sie nicht die Macht der Preisgestaltung. Facebook kann nur Billigstpreise von seinen Werbekunden verlangen, weniger als 1 US-Dollar je 1 000 Besucher, und jedes Mal, wenn eBay versucht, seine Gebühren zu erhöhen, drohen seine Verkäufer mit dem Abzug aus seiner Plattform. Und angesichts der zahlreichen Alternativen ist das beileibe keine leere Drohung.

Doch wie machen sie dann ihre Milliarden? Alles dreht sich um die Größenordnung. Vergessen Sie den alten Witz, dass man mit jedem Verkauf Geld verliert, den Verlust durch die Stückzahl aber wieder reinholt. Heutzutage geht es darum, mit vielen Kunden Miese zu machen, dies aber durch einige wenige wieder auszugleichen. Unternehmen, die sich dieses Motto auf ihre Fahnen geschrieben haben, sind strikte Verfolger der »Max-Strategie«, das heißt, die »einigen wenigen« können gut und gerne Tausende oder gar Millionen von Menschen ausmachen. Das sind tolle Nachrichten für die Verbraucher, die immer weniger für Produkte und Dienstleistungen hinblättern müssen, aber was ist mit den Unternehmen, bei denen sich die »Max-Strategie« beim besten Willen nicht umsetzen lässt? Schließlich gibt es für jedes Google und jedes Facebook Hunderttausende von Firmen, die nicht über ihren Nischenmarkt hinauskommen.

Leider gibt es keine Patentlösung: Schließlich ist jeder Markt anders. »Free« hat quer durch alle Märkte einen hohen Reiz, doch damit sein Auskommen zu sichern, vor allem wenn man nicht auf Millionen von Anwender zurückgreifen kann (und mitunter selbst, wenn man es kann), ist eine Frage der Kreativität und fortwährender Experimente. Die Beispiele am Ende dieses Buches sind nur eine kleine Auswahl dessen, was möglich ist.

»Free« ist doch nur eine weitere Variante

Die Wirtschaftsprinzipien hinter diesen Modellen lassen sich überwiegend in die vier Kategorien von »Free« einteilen, von denen ich bereits gesprochen habe. Die Wirtschaft hat kein Problem mit Preisen von Null. Die Preispolitik basiert in der Regel auf dem sogenannten »Versioning«, dem Anbieten von Produkten bei unterschiedlichen Zielgruppen zu unterschiedlichen Preisen. Ein Bier während der Happy Hour ist für wenig Geld zu haben, weil der Wirt darauf baut, dass einige seiner Gäste sitzen bleiben und weiterkonsumieren, wenn die Happy Hour längst vorbei ist.

Doch was steckt hinter diesem »Versioning«? Das Unternehmen verkauft ähnliche Produkte an unterschiedliche Kunden zu unterschiedlichen Preisen. Wenn Sie sich an der Tankstelle entscheiden sollen, ob Sie Ihren Tank lieber mit Super oder Super Plus füllen, haben Sie es mit »Versioning« zu tun. Nicht anders verhält es sich mit der Nachmittagsvorstellung im Kino oder dem Seniorenrabatt. Das ist das Herzstück von »Free«: Eine Variante ist kostenlos erhältlich, für die anderen wird bezahlt. Oder um Marx zu aktualisieren: Aus »jeder nach seinen Fähigkeiten, jedem nach seinen Bedürfnissen« wird heute »jedem nach seinem Geldbeutel«.

Eine weitere Möglichkeit, wie »Free« sich in der Preisgestaltung breit macht, sind die Preispauschalen (»All you can eat«). Ein Beispiel hierfür ist der DVD-Verleih Netflix. Als sein Kunde zahlen Sie einen bestimmten Monatsbeitrag und können sich so viele DVDs ausleihen wie Sie wollen, aber nur drei Stück auf einmal. Sie sind zwar zahlender Kunde, aber wie groß Ihr Appetit auf Filme ist, interessiert hier nicht (Sie zahlen auch nichts für den Versand.) Als Verbraucher haben Sie das Gefühl, dass Sie sich gratis eine DVD ansehen, sie gratis zurückschicken und sich gratis die nächste ins Haus kommen lassen. Der Service fühlt sich also kostenlos an, auch wenn Sie natürlich ihre Monatsbeiträge leisten müssen.

Das war ein Beispiel für das, was Ökonomen als gegen Null gehenden »Grenzpreis« bezeichnen, nicht zu verwechseln mit den gegen Null gehenden Grenzkosten. Das Erste bezieht sich auf die Erfahrung der Verbraucher, das Zweite auf die der Hersteller. Optimal wäre es jedoch, beides miteinander zu verschmelzen. Und genau das macht Netflix.

Die monatlichen Kosten von Netflix sind relativ niedrig: Kunden suchen und halten, Lager bauen, Software entwickeln und DVDs kaufen. Die Grenzkosten für den Versand von immer mehr DVDs sind relativ niedrig – Porto, etwas Arbeit (obwohl das Ganze zu einem guten Teil vollautomatisiert abläuft) und gestaffelt nach Volumen Filmleihgebühren an die Produzenten – im Vergleich zu den Vorzügen für die Abonnenten, die den bequemen Service und die Riesenauswahl zu schätzen wissen. Wenn Netflix nun seine wirtschaftlichen Interessen (Umlegung der Fixkosten auf immer mehr DVDs, um die Grenzkosten zu senken) an denen seiner Kunden ausrichtet (Pauschalgebühren machen den DVD-Verleih zum »gefühlt« kostenlosen Erlebnis), können beide Parteien nur profitieren.

In gewisser Weise tritt Netflix wie ein Fitnessstudio auf. Für Einrichtung und Ausstattung fallen Fixkosten an. Je weniger die Geräte zum Einsatz kommen, umso besser für das Unternehmen, denn dann kann es noch mehr Mitglieder aufnehmen, ohne weitere Gerätschaften anschaffen zu müssen, vorausgesetzt, die Mehrzahl von ihnen kommt fast nie vorbei. Auf ähnliche Weise macht auch Netflix mehr Geld, je seltener Sie Ihre DVDs zurückschicken. Der Unterschied besteht darin, dass Sie bei Netflix kein schlechtes Gewissen haben, so ein seltener Kunde zu ein, beim Fitnessstudio hingegen schon. Außerdem müssen Sie als Kunde von Netflix keine Säumnisgebühr leisten, selbst wenn Sie die Filme mehrere Wochen behalten, was im Vergleich zu anderen Alternativen bares Geld wert ist.

Diese Preismodelle, die alle um gegen Null gehende Grenzpreise kreisen, finden sich überall: das Mittagsbüffet, das Handy und die Gebühren für den Breitband-Internetzugang. Diese Beispiele haben eines gemeinsam: Die Pauschalkosten wischen die negative Psychologie des Grenzpreises – ständig den tickenden Gebührenzähler im Ohr zu haben oder das Gefühl zu haben, Pfennigfuchsern aufgesessen zu sein – vom Tisch, und die Verbraucher können sich wieder ungestörtem Genuss hingeben. Dieses Prinzip funktioniert bei hohem Konsum, weil es im Regelfall mit einem Fertigungsmodell mit niedrigen Grenzkosten gekoppelt ist, bei geringem Verbrauch jedoch noch besser (zumindest aus Sicht des Herstellers). Wie sagte Hal Varian, der Chefbetriebswirt von Google (und Pionier bei der Formalisierung der »Free«-Ökonomie), doch gleich so schön? »Wer ist der Lieblingskunde eines jeden Fitnessstudios? Ist doch klar, der Typ, der brav seine Mitgliedsbeiträge zahlt und kein einziges Mal zum Training erscheint.«[3]

»Free« ist also nichts Neues in der Wirtschaft. Nichtsdestotrotz wird es häufig missverstanden. Eine der häufigsten damit verbundenen Herausforderungen sind die sogenannten Trittbrettfahrer.

Das Nicht-Problem mit den Trittbrettfahrern

Russell Roberts, Wirtschaftswissenschaftler an der George-Mason-Universität, betreibt einen populären Podcast namens EconTalk (sehr zu empfehlen). Bei einer Sendung 2008 schilderte er folgende Eindrücke:

> Eines der Dinge, die mich [an Wikipedia] von Anfang an fasziniert haben, ist Folgendes: Hätte man in den Jahren 1950, 1960, 1970, 1980, 1990 und sogar 2000 Wirtschaftswissenschaftler befragt, ob Wikipedia funktionieren würde, hätten die meisten wohl mit einem klaren Nein geantwortet. Sie hätten gesagt: »Wissen Sie, das kann schon allein aus dem Grund nicht klappen, weil dabei nichts zu holen ist. Es steckt kein Profit darin. Jeder würde zum Trittbrettfahrer werden. Alle würden Wikipedia lieben und die Beiträge lesen, sofern es denn welche gäbe, denn es wird sich niemand bereit erklären, sie zu schreiben. Das ist das Problem mit den Trittbrettfahrern.« Doch sie alle haben sich geirrt. Sie alle hatten keine Ahnung, dass der Spaß an der Sache dieses Problem gar nicht erst aufkommen ließ.[4]

Das Problem mit den Trittbrettfahrern ist die dunkle Seite des kostenlosen Mittagessens. Ebenso wie das kostenlose Mittagessen auch Habenichtse anlockt, zieht »Free« immer auch Trittbrettfahrer an, die entweder mehr konsumieren, als es ihnen aus Gründen der Fairness zusteht, oder die sich vor ihrem Anteil an den Produktionskosten drücken, was den restlichen Verbrauchern gegenüber nicht fair ist. Doch da der Begriff »fair« völlig subjektiv ist, ist dieses Problem in wirtschaftlicher Hinsicht nur bedenklich, wenn es zum Zusammenbruch eines Marktes führt. Stellen Sie sich eine Horde ewig hungriger Studenten vor, die so lange täglich das All-you-can-eat-Mittagsbüffet stürmt und alles in sich hineinstopft, bis die Restaurantleitung beschließt, das Büffet komplett aus dem Angebot zu streichen, dann haben Sie ein Beispiel für die Zerstörungskraft von Trittbrettfahrern.

Doch der Computerwissenschaftler und Absolvent des Cato-Instituts Timothy Lee hat festgestellt, dass die Interpretation dieses Problems, die noch aus dem 20. Jahrhundert stammt, aus zwei Gründen nicht mehr gilt: Erstens wird davon ausgegangen, dass die Kosten des verbrauchten Guts so hoch sind, dass sie eine Rolle spielen oder – anders ausgedrückt – dass diese Kosten in irgendeiner Form wieder hereingeholt werden müssen. Das mag zwar auf das Mittagsbüffet zutreffen, aber in keinster Weise auf das, was wir einfach nur deshalb tun, weil es uns Spaß macht und weil wir hoffen, auf Gehör zu stoßen – womit wir bei Inhalten angelangt wären. Die Tatsache, dass sie gelesen werden, ist Bezahlung genug.

Zweitens werden die Effekte der Größenordnung verkannt, die das Internet nun mal hat. Wenn Sie das einzige Elternteil sind, dass sich an der Schule engagiert, werden Sie sich über die ganzen Trittbrettfahrer ärgern, die von ihrer Arbeit profitieren, ohne selbst auch nur den kleinen Finger gekrümmt zu haben. Vermutlich regt es Sie so auf, dass Sie das Handtuch werfen. In diesem Beispiel müssen mindestens 10 bis 20 Prozent aller Eltern einen Beitrag leisten, da anderenfalls das ganze System zusammenbricht.

Doch online, wo die Zahlen so viel höher sind, genügt es, wenn nur 1 Prozent der Community mitmacht. Die große Anzahl an passiven Anwendern ist für eine Hand voll Aktivisten, die sich die Finger wund schreiben, alles andere als ein Problem – sondern im Gegenteil der Lohn.

Zurück zu Lee: »Die hohe Zahl passiver Anwender ist Motivation genug, weiterhin Beiträge zu verfassen. Vielen macht es anscheinend großen Spaß, ihren Beitrag zu einer gigantischen Enzyklopädie zu leisten. Die enorme Anzahl von Trittbrettfahrern – auch bekannt als Anwender – ist der größte Anreiz, sich als Verfasser für Wikipedia zu betätigen.«

Anders ausgedrückt: Man muss keinen Doktortitel tragen, um verstehen zu können, weshalb »Free« gerade in der Online-Welt so gut funktioniert. Man ignoriere einfach die ersten zehn Kapitel in den Lehrbüchern der Betriebswirtschaftslehre.

Auf den restlichen Seiten dieses Buchs werde ich erklären, inwieweit »Free« heutzutage anders ist. Als Erstes werden wir versuchen, nonmonetäre Märkte wie Aufmerksamkeit und Image in konkreten Zahlen auszudrücken und in Cash umzuwandeln. Dann setzen wir uns mit dem Stichwort »Verschwendung« auseinander. Zwar haben wir von frühester

Kindheit an gelernt, diese in jedem Fall zu vermeiden, aber gilt das tatsächlich auch noch in der jetzigen Zeit? (Sobald knappe Güter erstmal im Überfluss vorhanden sind, werden sie von den Märkten anders behandelt – billige Massenware wird zur Erschaffung neuer Werte genutzt.) Dann führt uns unsere Reise nach China und Brasilien, in die modernen Prüfanstalten von »Free«. Und wir machen einen kurzen Abstecher in die Welt der Science-Fiction, wo die Möglichkeit, den totalen Überfluss einfach zu erfinden, Schriftsteller schon lange dazu zwingt, darüber nachzudenken, welche Konsequenzen der Überfluss für die Menschheit haben würde. Und zu guter Letzt befassen wir uns mit den zahlreichen Einwänden gegen »Free«, von denen, die seine Macht in Frage stellen, bis zu denen, die es fürchten.

Kapitel 12

Nonmonetäre Ökonomien

Wenn Geld den Markt nicht mehr regiert, was dann?

Mit Beginn des Informationszeitalters, 1971, schrieb der Sozialwissenschaftler Herbert Simon:

> In einer Welt voller Informationen bedeutet diese Fülle zugleich einen Mangel an etwas anderem: eine Knappheit von dem, was Informationen verbrauchen. Was das ist, liegt auf der Hand: Informationen verbrauchen die Aufmerksamkeit ihrer Empfänger. Folglich erzeugt ein Reichtum an Informationen eine Armut an Aufmerksamkeit.[1]

Was Simon da festgestellt hat, war die Manifestierung eines der ältesten wirtschaftlichen Prinzipien: »Jeder Reichtum führt zu einem Mangel.« Wir neigen dazu, das besonders zu schätzen, was nicht im Überfluss vorhanden ist. Gibt es beispielsweise in der Arbeit kostenlosen Kaffee, wird dadurch das Bedürfnis nach einem qualitativ hochwertigeren Kaffee geweckt, selbst wenn der Einiges kostet. Das Gleiche gilt für jedes andere Produkt, vom Luxushäppchen zum Designerwasser, das sich aus einem Überangebot von preisgünstiger Massenware heraus entwickelt hat.

»Es ist schon richtig, dass der Mensch vom Brot allein leben kann – vorausgesetzt, Brot ist knapp«, schrieb Abraham Maslow in seinem wegweisenden Artikel aus dem Jahr 1943, »Eine Abhandlung über die menschliche Motivation«. »Doch was passiert mit den menschlichen Bedürfnissen, wenn es genug Brot für alle gibt, und der Bauch immer voll ist?«

Er beantwortete diese Frage mithilfe der von ihm aufgestellten und mittlerweile allgemein bekannten »Bedürfnispyramide« selbst: »Der Mensch versucht, zuerst die Bedürfnisse der niedrigsten Stufe zu befriedigen, bevor die nächste Stufe zum neuen und stärkeren Bedürfnis wird.« Auf der untersten Stufe dieser Pyramide stehen die physiologischen Bedürfnisse wie

Hunger und Durst, dann kommt das Bedürfnis nach Sicherheit. Darüber findet sich das Bedürfnis nach sozialen Beziehungen, dann nach sozialer Anerkennung, und ganz oben steht die Selbstverwirklichung, wozu Individualität, Talententfaltung und Kreativität zählen.

Die gleiche Pyramide lässt sich auch auf Informationen übertragen. Sobald unser allgemeiner Hunger nach Wissen und Unterhaltung befriedigt ist, werden wir anspruchsvoller und wünschen uns bestimmte Informationen und Unterhaltung. In diesem Prozess erfahren wir mehr über uns selbst und unsere Motivation. Dies verwandelt uns schließlich von passiven Konsumenten zu aktiven Produzenten, wobei sich unsere Motivation aus der Befriedigung ergibt, die der Prozess des Schaffens herstellt.

Im normalen Alltagsleben hilft uns unser beschränkter Vorrat an Geld, uns durch das Überangebot an Produkten zu navigieren – wir kaufen nur das, was wir uns auch leisten können (Kredite mal außen vor gelassen). Anhand der Zahlungsbereitschaft der Menschen »ermittelt« der Kapitalismus also die Nachfrage der Verbraucher. Doch was passiert in der Online-Welt, wenn immer mehr Produkte in Software eingebettet und deshalb kostenlos sind? Dann regiert Geld nicht mehr den Markt, sondern wird durch zwei andere Faktoren ersetzt.

Damit ist zum einen die sogenannte »attention economy« (Ökonomie der Aufmerksamkeit) und zum anderen die sogenannte »reputation economy« (Ökonomie des Image) gemeint. Sicherlich ist das kein ganz neues Konzept, denn jede beliebige Fernsehsendung muss in Ersterem mit der Konkurrenz mithalten können, während Marken in Zweitem um den besten Platz kämpfen. Berühmte Persönlichkeiten bauen sich einen Ruf auf und sichern sich damit die Aufmerksamkeit des Publikums. Einzigartig in der Online-Welt sind jedoch, wie messbar diese beiden Faktoren dort sind und wie sie sich jeden Tag mehr zu einer realen Ökonomie wandeln.

Was definiert eigentlich eine »Ökonomie«? Bis Mitte des 17. Jahrhunderts wurde dieser Begriff hauptsächlich in der Politik und der Rechtssprache verwendet. Doch Adam Smith verlieh ihm eine moderne Bedeutung, indem er Ökonomie als die Erforschung von Märkten definierte, insbesondere als das, was wir als »die Wissenschaft von der Auswahl bei knapp vorhandenen Gütern« bezeichnen.

Heutzutage befassen sich die Wirtschaftswissenschaften mit weitaus mehr als den Geldmärkten. Seit den 1970er Jahren haben sich Wissenschaftszweige wie die Verhaltensökonomie und die Neuroökonomie entwickelt, deren Versuche zu erklären, weshalb wir Menschen bestimmte

Entscheidungen treffen, alle zu dem Ergebnis gekommen sind, dass es an den Anreizen liegt. Aufmerksamkeit und Image gehören zu diesen Anreizen, selbst wenn sie formal nicht als Markt definiert sind.

Es gibt ein paar intelligente Versuche, Aufmerksamkeitsmärkte in der Sprache der Wirtschaftswissenschaften zu beschreiben. Dazu zählt auch die raffinierte Pirouette des deutschen Ökonomen Georg Franck aus dem Jahr 1999:

> Wenn die Aufmerksamkeit, die ich anderen schenke, im Verhältnis zu der Aufmerksamkeit, die man mir widmet, bewertet wird, dann wird ein Abrechnungssystem in Gang gesetzt, bei dem es um Größen wie dem gesellschaftlichen Aktienkurs von individueller Aufmerksamkeit geht.
> In diesem Sekundärmarkt erlebt der persönliche Ehrgeiz eine neue Blütezeit. In dieser Börse, in der mit der Währung »Aufmerksamkeit« gehandelt wird, gewinnt der Ausdruck »Jahrmarkt der Eitelkeiten« eine ganz neue, wenngleich äußerst präzise Bedeutung.[2]

Doch als er damals Aufmerksamkeit beziffern sollte, war die »individuelle Präsenz in den Medien« – was immer das auch bedeuten mag – das Einzige, was Franck messen konnte.

Was wäre jedoch, wenn wir Aufmerksamkeit und Image ebenso quantitativ verwenden könnten wie Geld? Was wäre, wenn wir sie in ordentlichen Märkten formalisieren könnten, um sie mit den gleichen Formeln, die den Ökonomen in der Geldwirtschaft zur Verfügung stehen, zu erklären und ihre Entwicklung vorherzusagen? Damit wir dazu in der Lage wären, müssten Aufmerksamkeit und Image dieselben Eigenschaften aufweisen wie andere Währungen auch: Sie müssten messbar, endlich und tauschbar sein.

Davon sind wir nicht mehr allzu weit entfernt. Und größtenteils haben wir das Tim Berners-Lee und seiner Entwicklung des modernen Hyperlinks zu verdanken. Der Hyperlink ist an sich eine recht einfache Sache – nur eine Zeichenfolge, die mit »http://« beginnt –, und doch schuf sie zum einen eine formale Sprache, die den Austausch von Aufmerksamkeit und Image ermöglichte, und zum anderen die Währungen für beides. Wenn Sie heute in Ihrem Blog einen Link auf die Website eines anderen setzen, machen Sie im Grunde nichts anderes, als dieser Person einen Teil der Ihnen gewidmeten Aufmerksamkeit zu überlassen. Auf gewisse Weise teilen Sie Ihrem Publikum mit: »Geht woanders hin. Seht euch um. Ich bin mir sicher, dass es euch dort gefallen wird, und wenn ja, steige ich vielleicht in eurer Achtung, weil ich euch dorthin geschickt habe. Und je mehr ihr mich zu schätzen wisst, desto häufiger werdet ihr zu meiner Webseite zurückkommen.«

Im Idealfall haben beide Parteien etwas von diesem Imageaustausch. Durch Empfehlungen, die als nützlich angesehen werden, kann eine vertrauensvolle Beziehung zu den Besuchern einer Webseite aufgebaut werden, und wer empfohlen wird, dem wird Vertrauen entgegengebracht. Vertrauen wiederum erhöht die Anzahl der Besucher.

Mittlerweile verfügen wir über einen realen Marktplatz des Image – Google natürlich. Die Währung für Aufmerksamkeit kann in der Online-Welt gar nichts anderes sein als der sogenannte PageRank-Algorithmus, der die auf eine Seite verweisenden Links zählt und bewertet. Können Sie sich eine bessere Einheit zur Messung von Aufmerksamkeit vorstellen als Web-Traffic?

Hinter PageRank steckt eine bestechend einfache Vorstellung: Im Grunde behandelt es eingehende Links wie Stimmen bei einer Wahl. Eingehende Links von einer Seite, die selbst über viele eingehende Links verfügt, zählen mehr als von Seiten mit wenigen eingehenden Links. Dies ist die Art von Rechenoperation, die ausschließlich Computern vorbehalten ist, denn nur ein Rechner kann die gesamte Linkstruktur des Webs speichern und rekursiv jeden Link analysieren. (Interessant zu wissen, dass PageRank auf einer früheren Arbeit beruht, die das gleiche Prinzip in wesentlich kleineren Größenverhältnisse untersuchte, nämlich in wissenschaftlichen Veröffentlichungen. In der akademischen Welt wird das Image eines Autors gemessen, indem gezählt wird, wie viele andere Verfasser ihn zitieren. Dieses Verfahren ist als Zitatanalyse bekannt. Es gibt keine andere Image-Ökonomie, in der so konkret abgerechnet wird, wie im Wissenschaftsbetrieb, in dem der akademische Ruf alles bestimmt, vom Gehalt bis hin zu Fördergeldern.)

Wirtschaftlich ausgedrückt konvertieren wir Werte aus der Image-Ökonomie in die Aufmerksamkeitsökonomie und dann in Geld, indem wir folgende Formel anwenden: Der wirtschaftliche Wert einer Webseite entspricht dem jeweiligen Webtraffic, den ihr PageRank (eine Ziffer zwischen eins und zehn) bei den Suchergebnissen von Google für einen gegebenen Suchbegriff erzielt, multipliziert mit dem Schlüsselwortwert für diesen Begriff. (Ein höherer PageRank bedeutet mehr Traffic, da diese Webseite weiter oben in den Suchergebnissen erscheint.) Und dieser Traffic lässt sich in schnöden Mammon umwandeln, indem Sie AdSense auf Ihrer Webseite laufen lassen und sich die Einnahmen mit Google teilen.

Wir alle leben, zumindest in einem Teil unseres Lebens, in der Welt der Googleschen Ökonomie, ob uns das nun passt oder nicht. Im Regelfall ist ein Viertel bis die Hälfte des gesamten Traffics einer Webseite auf Google-Suchanfragen zurückzuführen. Eine ganze Industrie – die sogenannte Suchmaschinenoptimierung – hilft dabei, die Auffindbarkeit der eigenen Seiten durch Google zu erhöhen. PageRank ist der Goldstandard des Image.

Das macht Larry Page quasi zum Chef der Zentralbank in der Google-Ökonomie. Er und seine Kollegen bei Google kontrollieren, wie viel Geld im Umlauf ist. Sie doktern ständig an ihren Algorithmen herum, damit das Geld nur ja nicht an Wert verliert. Je größer das Internet wird, umso stärker bemühen sie sich, die PageRank-»Inflation« zu verhindern, indem sie mehr Hürden einbauen. Wenn sie einen Betrug aufdecken – zum Beispiel Linkspam (das inhaltlich nicht begründete Setzen von Links mit dem Zweck, Besucher auf die Zielseite zu locken) – ändern sie den Algorithmus so ab, dass diese Seiten ausgeklammert werden. Sie schützen den Wert ihrer Währung, indem sie dafür sorgen, dass die Suchergebnisse bei Google immer relevanter sind als die ihrer Mitbewerber, was dazu führt, dass sie ihren Marktanteil (von gegenwärtig 70 Prozent) halten können. Alan Greenspans Job sah nicht viel anders aus.

Doch ebenso wie bei den echten Bankern heutzutage gilt: Eine Währung zu kontrollieren, ist nicht gleichzusetzen mit dem Kontrollieren einer gesamten Wirtschaft. Sie müssen sich Google als die Vereinigten Staaten von Amerika des Internets vorstellen – als die größte unter vielen anderen Aufmerksamkeit- und Image-Ökonomien. Es handelt sich dabei nicht um ein abgeschlossenes Wirtschaftssystem, da sie nur Teil der größeren Web-Ökonomie ist. Und um sie herum gibt es noch viele andere Aufmerksamkeit- und Image-Ökonomien, und jede davon hat eine eigene Währung.

Bei Facebook und MySpace sind es die »Freunde«. Bei eBay die Bewertung von Käufern und Verkäufern, bei Twitter die »Followers«, bei Slashdot kann man »Karma« sammeln und so weiter. Alle Beispiele haben eines gemeinsam: Die Anwender können Imagekapital gewinnen und gegen Aufmerksamkeit eintauschen. Natürlich ist es dem Einzelnen überlassen, diese wiederum in Geld umzutauschen (woran viele kein Interesse haben), doch die Quantifizierung von Aufmerksamkeit und Image ist mittlerweile eine globale Angelegenheit geworden. In diesem Markt spielen wir, be-

Wie ist es möglich, dass Vorlesungen nichts kosten?

Möchten Sie die beliebte Vorlesung von Professor Richard A. Muller »Physik für künftige Präsidenten« einmal im Original miterleben? Nur zu, an der UC Berkeley müssen Sie sich dafür nicht einschreiben. Gehen Sie einfach auf YouTube und sehen Sie sich diese Vorlesung oder eine andere von hundert weiteren Professoren an – was rund 2 Millionen Menschen vor Ihnen bereits getan haben. Und Berkeley ist nicht die einzige Universität, die so etwas anbietet. Stanford und MIT stellen ebenfalls Vorlesungen auf YouTube, und MIT hat das Programm »OpenCourseWare« ins Leben gerufen, bei dem praktisch alles aus dem Universitätsleben, von Vorlesungsskripten über Themen von Hausarbeiten hin zu Videomitschnitten ins Netz gestellt wird. Die Studiengebühren an diesen Eliteuniversitäten können bis zu 35 000 US-Dollar im Jahr betragen. Weshalb verschenken diese Universitäten ihre wertvollen Inhalte?

▶ **Vorlesungen sind nicht alles, was ein Studium ausmacht.** Abgesehen von der Kleinigkeit des akademischen Abschlusses, den man nicht über YouTube machen kann, gehört mehr zu einem Studium als ein paar Vorlesungen. Mit den Studiengebühren erwirbt der Student das Recht, Fragen zu stellen, Antworten zu erhalten und die eigenen Ideen mit Koryphäen wie Muller zu erörtern. Erst durch die Zugehörigkeit zur regulären Studentenschaft kann man vom dortigen regen Austausch von Ideen und der gegenseitigen Unterstützung profitieren und Beziehungen zu seinen Kommilitonen knüpfen. Für die Universitäten sind kostenlos zur Verfügung gestellte Inhalte nichts anderes als Werbung. Die künftigen Topstudenten können sich schon mal ein Bild von der jeweiligen Universität machen. Ein Ausschnitt aus einer Vorlesung eines charismatischen Professors kann sie dazu bewegen, sich gerade für diese und keine andere Universität zu entscheiden.

▶ **Steigerung des Marktwerts der Professoren.** Bis zum heutigen Tag hat eine von Mullers Vorlesungen 200 000 Abrufe erzielt. Das sind dreimal so viele Menschen, wie in das Football-Stadium der UC Berkeley passen. Erst wurde Muller eine Art von Web-Berühmtheit, dann sicherte er sich einen Vertrag über eine populärwissenschaftliche Version des Lehrbuchs, das er für seine Studenten geschrieben hat. Als das Buch *Physics for Future Presidents* im Sommer 2008 erschien, wurde es in der Presse häufig besprochen, mit der Folge, dass es noch Monate später die Nummer 1 in der Bestsellerliste von Amazon war. Man sieht, für Professor Muller hat sich »Free« bezahlt gemacht.

wusst oder unbewusst, alle mit. Image als ehemals immaterielles Gut wird zunehmend greifbar.

Im Internet bestehen all diese Ökonomien nebeneinander und wechseln mit den Gezeiten der ihnen gewidmeten Aufmerksamkeit zwischen Ebbe und Flut – und selbst, wenn sie diese Aufmerksamkeit steuern wollten, sie können es nicht. Doch da gibt es eine wachsende Klasse in sich geschlossener Online-Ökonomien, in denen die Zentralbanken über weitaus mehr Macht und Befugnisse verfügen. Die Rede ist von Online-Spielen, wie dem fiktiven Spieleuniversum Warhammer oder dem Online-Rollenspiel Lineage, bei denen es üblicherweise zwei Währungen gibt: Eine Aufmerksamkeitswährung, das heißt die Spieler können sich durch ihr Spiel virtuelles Geld verdienen, und die echte Währung, also reales Geld, das sie für den Kauf von virtuellem Geld ausgeben können, wenn sie sich nicht die Zeit nehmen wollen oder können, es in der virtuellen Welt zu verdienen.

In jedem dieser Spiele nehmen die Unternehmen, die dahinter stecken, ihre Rolle als Zentralbank sehr ernst. Wenn die Entwickler von Warhammer dem Goldumlauf keinen Riegel vorschieben, sinkt sein Wert, und der Wiederverkaufsmarkt bricht zusammen. Spieleprogrammierer arbeiten immer häufiger mit waschechten Wirtschaftswissenschaftlern zusammen, die ihnen bei der Entwicklung der Online-Ökonomie mit Rat und Tat zur Seite stehen und die Krankheiten der echten Welt, wie mangelnde Liquidität bis hin zu Geldfälscherei, verhindern sollen.

Doch im Endeffekt kreisen all diese Spiele um ein wahrhaft seltenes Gut: Zeit. Noch nie war das Sprichwort »Zeit ist Geld« so aktuell wie heute. In diesen Spiele-Ökonomien findet ein Austausch dieses knappen Guts statt. Die jüngeren Spieler verfügen über mehr Zeit als Geld und können sich ihre Aufmerksamkeitswährung durch viele Mausklicks verdienen. Bei den älteren Spielern verhält es sich genau umgekehrt, deswegen können sie sich Abkürzungen kaufen. Die Programmierer streben ein ausgewogenes Verhältnis zwischen beiden an, sodass die Spieler gegeneinander antreten und jeweils auf ihre Weise vorankommen können. Und ganz nebenbei entsteht so eine der am besten quantifizierten nonmonetären Ökonomien aller Zeiten.

Die Geschenkökonomien

Als einer der ersten Buchautoren versuchte der Soziologe Lewis Hyde 1983 in seinem Werk *Die Gabe*[3], eine der ältesten Sitten der Menschheit zu erklären: das Schenken. Bei seinen Recherchen konzentrierte er sich hauptsächlich auf die pazifischen Inseln und andere »Eingeborenenkulturen«, die kein offizielles monetäres Wirtschaftssystem unterhielten. Der Status der dort lebenden Menschen wurde durch den Austausch von Geschenken und durch Rituale bestimmt – eine kulturelle Währung anstelle von Geld.

Viele dieser Gesellschaften lebten in Regionen mit einer üppig wuchernden Pflanzenwelt – dort wuchs die Nahrung tatsächlich auf den Bäumen –, was bedeutete, dass Mutter Natur sich um ihr leibliches Wohlergehen kümmerte, sodass sie auf Maslows Pyramide eine Stufe höher klettern und sich der Befriedigung ihrer sozialen Bedürfnisse widmen konnten. Geschenke waren das soziale Bindemittel: Bei manchen Stämmen der nordamerikanischen Ureinwohner galt das ungeschriebene Gesetz der Gegenseitigkeit, das heiß, erhielt man ein Geschenk, so musste man die freundliche Geste erwidern und dem Schenkenden seinerseits ein Geschenk machen. Außerdem durfte der Beschenkte sein Geschenk nicht einfach behalten, sondern musste es weiterverschenken (»das Geschenk muss immer in Bewegung bleiben»). Im englischen Sprachraum wird der Begriff *Indian giver* (»indianischer Schenkender«) sehr abfällig gebraucht, doch stammt er von der Geschenkkultur ab, die Hyde beobachtet und erforscht hat: In diesen Kulturen war es nicht möglich, ein Geschenk sein Eigen zu nennen. Es handelte sich vielmehr um ein Zeichen des guten Willens, und das blieb es nur, solange es beständig im Umlauf war.

Hyde konzentrierte sich in seiner Forschung auf die Geschenkökonomien von Dingen – auf den Austausch physischer Gegenstände (wie wir es heute auf Freecycle miterleben können, siehe Abbildung auf Seite 219). Doch schon von jeher gab es eine viel größere Geschenkökonomie mit nur einer einzigen Währung – unsere Taten, also alles, was wir für jemand anderen tun, ohne Geld dafür zu verlangen. Ebenso wie die Aufmerksamkeits- und Image-Ökonomie ist auch diese vergängliche Geschenkökonomie mit einem Mal greifbar und messbar geworden, seitdem sie online gegangen ist.

In der Welt der traditionellen Medien – mein täglich Brot – werden Journalisten dafür bezahlt zu schreiben. 1 US-Dollar pro Wort ist die unterste Grenze, um einen Journalisten nach dem Stift greifen zu sehen. Angesehene Reporter erhalten auch mal 3 US-Dollar und mehr pro Wort. Wenn ich diesen Satz für eine angesehene Zeitschrift verfassen würde (und mir ein schmeichelhaftes Spitzenhonorar zubilligen würde), hätte ich jetzt schon 23 US-Dollar umgesetzt. Doch daran hat sich Einiges geändert. Bei der letzten Zählung kam ich auf 12 Millionen aktive Blogs, das heißt es gab 12 Millionen Menschen oder Gruppen, die mindestens einmal pro Woche einen Beitrag verfassten und auf diese Weise Milliarden von Wörtern schrieben. Bezahlt werden von diesen Schreiberlingen nicht mehr als ein paar Tausend.

Man sieht dies überall: Bei Amazon werden Produkte von Amateuren bewertet, und Filmfans haben IMDB zum umfassendsten Online-Lexikon über Filme und Filmemacher gemacht. Manches davon sind die informellen Beiträge der unzähligen Diskussionsforen, doch es finden sich auch Projekte, in denen wochen- oder monatelange Arbeit steckt, wie beispielsweise von Spielern erzeugte Video-Spielanleitungen oder Kataloge mit Was-weiß-ich-für-Produkten (es tummeln sich eine ganze Menge Perfektionisten im Netz, die um jeden Preis zum Experten für irgendetwas werden wollen, um ihr Wissen dann mit anderen zu teilen.)

Doch auch das ist nicht wirklich neu – es gab schon immer Menschen, die umsonst Artikel verfassten oder sonstwie ihren Beitrag leisteten. Ihre Tätigkeit lief aber nicht unter dem Stichwort »Arbeit«, schließlich floss dafür kein Geld, doch jedes Mal, wenn jemand einen kostenlosen Rat erteilt oder sich freiwillig für eine bestimmte Aufgabe meldet, tut er etwas, wofür jemand anderes gutes Geld bekäme. Mit dem Internet bewegen sich Profis und Amateure nun auf demselben Marktplatz der Aufmerksamkeit, sodass diese einstigen Parallelwelten nunmehr miteinander konkurrieren. Erwähnenswert ist vielleicht noch, dass die Amateure den Profis zahlenmäßig haushoch überlegen sind.

Doch welche Motivation hat so ein Amateur, wenn nicht Geld? Viele Menschen gehen davon aus, dass Großzügigkeit der Motor der Geschenkökonomien ist, doch wie Hyde bei den Insulanern im Pazifik beobachten konnte, hat diese Kultur mit Altruismus eher wenig zu tun. Adam Smith hat es richtig erkannt: Aufgeklärtes Eigeninteresse ist die stärkste Triebfeder menschlichen Handelns. Wer etwas für einen anderen tut und keine Gegenleistung dafür einfordert, hat meist ureigene Gründe dafür: Spaß, weil man etwas zu sagen hat, weil man Publikum braucht, weil man im Mittelpunkt stehen möchte, weil man seine Ansichten verbreiten will und zig andere sehr persönliche Gründe.

Einer der Herausgeber von O'Reilly Media, Andy Oram, warf 2007 einen erstaunten Blick auf die Unmengen an anwendergenerierter Dokumentation – Bedienungsanleitungen für Software, Hardware und Spiele, die weit über das hinausging, was die Hersteller ihren Produkten beipackten – und fragte sich, aus welcher Motivation heraus sich Menschen so viel Arbeit machen. Ein ganzes Jahr lang führte er eine Umfrage durch und ordnete die Antworten nach Häufigkeit. Am häufigsten wurde als Grund »Community« genannt – die Menschen fühlten sich als Teil einer großen Gemeinschaft und wollten dazu beitragen, dass sie bestehen bleibt. Die zweithäufigste Antwort lautete »persönliche Weiterentwicklung«, was der höchsten Stufe der Maslowschen Pyramide, der Selbstverwirklichung, na-

Wie ist es möglich, dass Millionen von Secondhand-Waren nichts kosten?

Es fing alles mit einem Bett an. Im Frühling 2003 lehnten alle gemeinnützigen Organisationen seines Heimatorts Tucson, Arizona, Deron Beals gebrauchte Matratze aus hygienischen Gründen ab. Da er von dem Konzept der Müllvermeidung überzeugt war, gründete er Freecycle.org, eine Webseite, bei der alle möglichen Sachen angeboten werden, deren Besitzer keine Lust oder Zeit haben, sie zum Verkauf anzubieten oder zu entsorgen.

Als gemeinnütziges Unternehmen ist das Jahresbudget von Freecycle mit 140 000 US-Dollar nicht gerade üppig, weshalb eine Google-Anzeige die einzige Werbung für den Verein ist. Die Vereinsarbeit leisten selbstverwaltete Nutzergruppen von Yahoo, die von freiwilligen lokalen Leitern angeführt werden und dafür sorgen, dass bei Freecycle nur Anwender zugelassen werden, die (in weniger als 200 Zeichen) ihre Beweggründe erklären. Auf diejenigen, die verstanden haben, was es mit diesem »Geben und Nehmen« auf sich hat, wartet eine Unmenge an kostenlosen Dingen wie Ledersofas, Fernsehgeräte, Hometrainer, was auch immer.

Die Geschenkökonomien waren auf jeden Fall schon vor dem Internet da. Doch mit dem Internet entstand dafür eine Plattform von bislang unerreichter Größenordnung und Effektivität.

In gewisser Hinsicht haben die gegen Null gehenden Vertriebskosten dazu geführt, dass aus dem Teilen und Schenken eine ganze Branche entstanden ist. Im Internet gibt es viele ähnliche Seiten: sharingisgiving.org, freecycleamerica.org, freesharing.org. Auch auf Craigslist können Waren, die zu verschenken sind, angeboten werden. Doch auf keiner anderen Homepage ist die Community so leidenschaftlich und aktiv rund um »Free« engagiert wie bei Freecycle.

Beal misst seinen Erfolg nicht in Dollar, sondern in Tonnen verschenkter Sachen (rund 600 Tonnen täglich!), Anzahl der Nutzer (5,9 Millionen Menschen aus 4 619 Yahoo-Gruppen) und Reichweite (85 Länder). Im Jahr 2008 haben 5,9 Millionen Mitglieder an die 20 000 Sachen täglich verschenkt – also 8 Millionen insgesamt. Umgerechnet heißt das, dass jedes Mitglied täglich einen Gegenstand verschenkt hat. Wenn jedes Geschenk auf Craigslist sagen wir mal 50 US-Dollar erzielt hätte, bewegt sich die Geschenkökonomie von Freecycle in einer Größenordnung von 380 Millionen US-Dollar im Jahr.

Der potenzielle Wert der Freecycle-Ökonomie

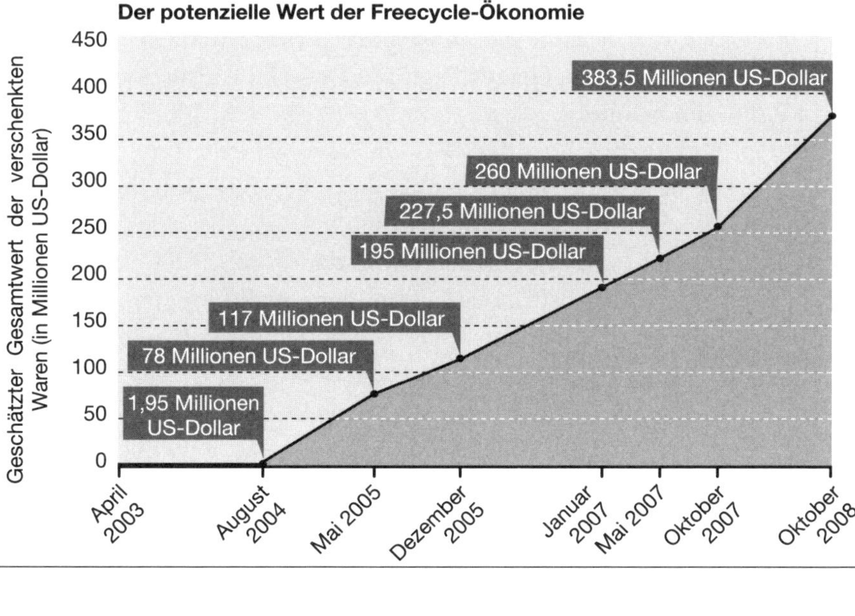

hekommt. Als drittes wurde »gegenseitige Unterstützung« genannt, was den Schluss nahelegt, dass es sich bei diesen Verfassern um »Experten« handelt – Menschen, die über viel Wissen verfügen, und Freude daran haben, ihr Wissen zu teilen. (Interessant auch, dass in Orams Umfrage kaum jemand »Image« als Motivation genannt hatte.)[4]

Doch woher nehmen diese Menschen die Zeit dafür? Ganz einfach: Sie tun etwas anderes nicht – indem sie Dinge von ihrer Tagesordnung streichen, die nicht die gleiche soziale oder emotionale Belohnung nach sich ziehen. Stellen Sie sich doch mal vor, wir könnten uns auch nur einen Bruchteil des menschlichen Potenzials zunutze machen, das vor dem Fernseher verloren geht. (Andererseits brauchen wir uns das gar nicht mehr nur vorzustellen, Umfragen haben ergeben, dass der Fernsehkonsum seinen Höhepunkt bereits erreicht hat, und wir uns zunehmend vor Bildschirme setzen, bei denen *sowohl* eine aktive *als auch* eine passive Rolle möglich ist.)

In unserer modernen Welt, wo Lebensmittel, ein Dach über dem Kopf und auch die restlichen existenziellen Bedürfnisse nach Maslow bereits befriedigt sind, ohne dass wir von Sonnenaufgang bis Sonnenuntergang auf dem Feld schuften müssen, kommt es zu einer Art »Leerlauf« in unserem Leben, der von Soziologen als »kognitiver Überschuss« bezeichnet wird. Gemeint ist damit, dass wir noch Energie und Wissen zur Verfügung haben, weil wir in unserem Beruf nicht voll ausgelastet sind. Gleichzeitig bleiben trotz Arbeit emotionale und intellektuelle Bedürfnisse auf der Strecke. Und genau hier kommt die »kostenlose Arbeit« ins Spiel, die uns in einem Bereich, der uns am Herzen liegt, mit Respekt, Aufmerksamkeit und einem Publikum belohnt.

Auf den Punkt gebracht: Alles, was wir unentgeltlich, aber mit Leidenschaft tun, macht uns oft glücklicher als unser bezahlter Job. Keine Frage, unsere Grundbedürfnisse müssen befriedigt werden, aber wie Maslow gezeigt hat, gibt es im Leben noch andere wichtige Dinge. Die Gelegenheit zu haben, einen sinnvollen Beitrag zu leisten, der sowohl kreativ ist als auch von anderen geschätzt wird, entspricht genau der Art von Selbsterfüllung – nicht ohne Grund hat Maslow sie auf die oberste Stufe seiner Pyramide gestellt –, die wir im Berufsleben oftmals nicht erreichen können. Kein Wunder, dass das Internet voller Beiträge steckt, die freiwillig und ohne Entgelt erstellt wurden – es macht die Menschen glücklich, kreativ zu sein, einen sinnvollen Beitrag zu leisten, Einfluss auszuüben und als Experte für was auch immer anerkannt zu werden. Das Potenzial für eine solche nonmonetäre Ökonomie ist schon seit Jahrhunderten in unserer Gesellschaft vorhanden und hat nur auf die richtigen sozialen Systeme und Werkzeuge gewartet, um sich in vollem Umfang entfalten zu können. Das Web hat diese Instrumente bereitgestellt, und mit einem Mal ist ein Markt des Schenkens entstanden.

Kapitel 13

Verschwendung hat (manchmal) auch etwas Gutes

Die beste Methode, den Überfluss für sich zu nutzen, ist, die Kontrolle abzugeben

In regelmäßigen Abständen erhalte ich auf der Arbeit eine E-Mail von der IT-Abteilung, in der es heißt, dass es mal wieder an der Zeit sei, »nicht mehr benötigte Dateien aus den gemeinsam genutzten Verzeichnissen zu löschen«, was die Art der IT-Leute ist, uns klar zu machen, dass der Speicherplatz knapp wird. Und weil wir alle so nett sind, durchforsten wir auch brav unsere Verzeichnisse und löschen alle Dateien, die wir nicht mehr brauchen. Vermutlich kennen Sie dieses Ritual.

Eines Tages, nach Jahren derselben Praxis, fragte ich mich, wie viel Speichervolumen eigentlich für unser Büro vorgesehen war. Damit Sie nachvollziehen können, von welcher Größenordnung ich hier rede: Als ich mich danach erkundigt hatte, kostete 1 Terabyte Speicher (1 000 Gigabyte) gerade mal 130 US-Dollar. Erst neulich habe ich meinen Kindern einen neuen PC von Dell gekauft, der standardmäßig mit einem Speicherplatz von 1 Terabyte ausgerüstet war.

Zurück zu meiner Frage nach dem Speicherplatz für unser Büro. Wie sich herausstellte, war der alles andere als üppig bemessen: 500 Gigabyte – ein halbes Terabyte. Meine Kinder hatten zu Hause das Doppelte an Speicherkapazität wie ich an meinem Arbeitsplatz!

Wie war das nur möglich? Die Antwort ist recht simpel: Irgendwie hat sich wohl die Überzeugung in unseren Köpfen verankert, dass Speicher eine teure Sache ist. Und daran gab es nichts zu rütteln, auch wenn Speicher mittlerweile nicht mehr kostet als ein Apfel und ein Ei. Wir taten so, als ob etwas, was im Überfluss vorhanden ist – Speicherkapazität –, in Wahrheit ein knappes Gut sei, und als ob ein knappes Gut – die Zeit der Mitarbeiter – in Hülle und Fülle vorhanden sei. Irgendwie haben wir da wohl etwas vertauscht in unserer Rechnung. (Lassen Sie mich noch schnell ergänzen, dass unsere IT-Abteilung nicht lange gezögert hat, sondern den verfügbaren Speicherplatz rasch aufgestockt hat. Nun ist Schluss mit diesen lästigen E-Mails.)

So etwas passiert überall. Wenn Ihnen Ihre Telefongesellschaft mitteilt, dass Ihre Voicemailbox voll ist, handelt es sich um einen vorgetäuschten Notstand – es kostet wirklich nur den Bruchteil von 1 US-Dollar, hundert Nachrichten zu speichern, und auf einem ganz normalen iPod könnten Sie problemlos 30 000 von ihnen unterbringen (gesprochener Text ist von schlechterer Qualität als Musik und benötigt deshalb weniger Speicherplatz.) Indem Kunden dazu gezwungen werden, sich die Zeit zu nehmen, ihre alten Sprachnachrichten zu löschen, sparen Telefongesellschaften zwar ein wenig Geld an Speicherkosten, stehlen jedoch auf der anderen Seite ihren Kunden eine Menge Zeit. Damit gelingt es ihr, sparsam mit einem knappen, messbaren Gut (Speicherplatz) umzugehen, doch bei der Aufgabe, mit einem wahrhaft seltenem Gut (dem Wohlwollen ihrer Kunden) sparsam umzugehen, hat sie auf der ganzen Linie versagt. Kein Wunder, dass Telefongesellschaften auf der Liste der meistgehassten Unternehmen den zweiten Platz, gleich nach den Kabelfernsehanbietern, einnehmen.

Nehmen Sie es mir nicht übel, aber ich würde Ihnen gerne eine Lektion in Sachen Verschwendung erteilen. Ebenso wie Carver Mead gebetsmühlenartig forderte, mit Transistoren verschwenderisch umzugehen, und Alan Kay darauf reagierte, indem er Rechner durch allerlei »überflüssigen Schnickschnack« benutzerfreundlich machte, sind die innovativen Köpfe von heute gefragt zu erkennen, welche Dinge im Überfluss vorhanden sind und wie sie sich am besten verballern lassen. Zum Nutzen aller, versteht sich!

Das Witzige an der Sache mit der Verschwendung ist jedoch, dass wir als Maß dafür, ob etwas knapp bemessen ist, immer unser Gefühl hernehmen. Unsere Großeltern wuchsen in einer Zeit auf, als Ferngespräche als teurer Luxus galten – es durfte nur zu bestimmten Zeiten telefoniert werden und man hatte sich gefälligst kurz zu fassen. Und dieser Drill zeigt oft genug noch heute Wirkung. Oder wann haben Sie das letzte Mal stundenlang mit Ihrer Großmutter telefoniert? Diese Generation hört noch immer das Ticken des Gebührenzählers und beeilt sich, das Telefonat zu beenden. Unsere Kinder dagegen werden in einer Zeit groß, da Ferngespräche fast nichts kosten. Vermutlich hat Ihre jugendliche Tochter erst gestern wieder stundenlang über das Handy mit ihrer besten Freundin getratscht. In den 1950er Jahren wäre dies die reine Verschwendung gewesen; heute kostet es uns nicht einmal mehr ein müdes Lächeln. Es fühlt sich nicht wie Verschwendung an. Anders ausgedrückt: Was für die eine Generation noch Mangelware war, ist für die nächste (oder übernächste) bereits Überfluss.

Mutter Natur und ihr verschwenderischer Umgang mit Leben

Anscheinend haben wir Menschen von Natur aus etwas gegen Verschwendung – für Säugetiere ein ungewöhnliches Verhalten. Beim Menschen ist die Anzahl des Nachwuchses im Vergleich zu anderen Lebewesen sehr gering, weshalb wir jede Menge Zeit und Aufwand in den Schutz unserer Kinder investieren, damit sie auch ja das Erwachsenenalter erreichen. Der Tod eines einzelnen Menschen ist tragisch – ein Schlag, von dem sich mancher Angehöriger niemals erholt –, und wir schätzen jedes einzelne Leben über alles.

Aus diesen Gründen verfügen wir über ein feines Gespür für die Moral der Verschwendung. Die ungeliebte Puppe, die unbeachtet im Eck landet, das Essen, das mal wieder nicht aufgegessen wird – all das bereitet uns ein schlechtes Gewissen. Und das aus gutem Grund, schließlich wissen wir um die hohen gesellschaftlichen Kosten eines verschwenderischen Umgangs, doch oft genug ist es einfach nur der Instinkt unseres Säugetierhirns.

Wie auch immer, beim Rest der Schöpfung sieht das Ganze anders aus. Ein älteres Blauflossenthunfischweibchen kann in einer einzigen Laichsaison bis zu 10 Millionen Eier ablegen. Davon schaffen es wahrscheinlich gerade mal zehn bis ins Erwachsenenalter. Das heißt, für jeden Thunfisch, der überlebt, stirbt 1 Million.

Die Natur verschwendet Leben auf der Suche nach Verbesserung. Mutationen der DNA – Fehler auf Fehler – werden in Kauf genommen, in der Hoffnung, dass die neue Sequenz besser ist als die vorherige und sich die Spezies weiterentwickelt. Die Natur testet ihre Geschöpfe, indem sie die meisten von ihnen ziemlich schnell umbringt. Wer diesen Kampf der »grausamen Natur« überlebt, hat gute Chancen, sein Erbgut an die nächste Generation weiterzugeben.

Der Grund für diesen verschwenderischen Umgang der Natur mit Leben ist der, dass mithilfe des Gießkannenprinzips das am besten erreicht wird, was Mathematiker als »vollständige Ausnutzung des Potenzialraums« bezeichnen. Stellen Sie sich nun bitte eine Wüstenlandschaft mit zwei auseinander liegenden Schwimmbecken randvoll mit Wasser vor. Wären Sie eine Pflanze in der Nähe eines dieser Pools, stünden Ihnen zwei Reproduktionsmöglichkeiten zur Verfügung. Entweder Sie lassen Ihre Samen in der Nähe Ihrer Wurzeln fallen, wo die Wahrscheinlichkeit hoch ist, dass sie mit Wasser versorgt werden. Diese Methode ist zwar relativ sicher, führt aber zwangsläufig früher oder später zu Platzmangel. Oder aber Sie werfen Ihre Samen in die Luft, damit sie der Wind verstreut. Das bedeutet zwar im Regelfall, dass die meisten davon absterben, aber es ist die einzige Chance, zum zweiten Schwimmbecken zu gelangen, wo sich das Leben in einer neuen Nische – womöglich einer besseren – entfalten kann. Und wieder muss ich die Mathematiker bemühen: Um aus einem »lokalen Maximum« ein »globales Maximum« zu machen, müssen unterwegs zahlreiche unfruchtbare »Minima« erkundet werden. Eine ziemliche Verschwendung, die sich aber letzten Endes auszahlen kann.

Der Science-Fiction-Autor Cory Doctorow bezeichnet diese Methode als »Löwenzahndenken«. Er schreibt:

> Aus Sicht des Löwenzahns geht es nicht um jeden einzelnen seiner Samen – noch nicht einmal um einen Großteil. Wichtig ist nur, dass im Frühling in jeder Ritze, in jedem noch so kleinen Spalt Löwenzahnpflanzen sprießen. Dem Löwenzahn geht es nicht darum, eine einzige wertvolle Kopie seines Selbst in der Hoffnung hochzupäppeln, dass sie eines schönen Tages das Nest verlässt und sich ihren Weg in eine perfekt auf sie zugeschnittene Umwelt bahnt und dann ihrerseits für Nachkommen sorgt und die Art erhält. Nein, dem Löwenzahn geht es ausschließlich darum, dass jede einzelne Möglichkeit der Fortpflanzung in vollem Umfang genutzt wird.[1]

So sollten auch wir über Verschwendung denken. Samen ist zu billig, um den Verbrauch zu messen. Zugegeben, es fühlt sich falsch an oder gar befremdlich, solche Mengen zu vergeuden, doch das ist nun mal die einzige Möglichkeit, sinnvoll mit Überfluss umzugehen und ihn für sich arbeiten zu lassen.

Kennen Sie den Roboterstaubsauger Roomba? Ich kann nicht anders, aber jedes Mal, wenn ich dabei zusehe, wie er willkürlich durch ein Zimmer fährt, immer wieder dieselben Runden zieht, an Hindernissen anstößt und dabei die größten Dreckhaufen übersieht, tut mir der kleine Roboter wegen seiner Dummheit irgendwie leid. Doch letzten Endes ist der Teppich dann doch sauber, obwohl hier nach dem Zufallsprinzip, nicht nach Plan vorgegangen wurde. Gut möglich, dass Roomba eine Stunde für das gebraucht hat, was Sie selbst in weniger als fünf Minuten erledigt hätten, aber schließlich wurde nicht Ihre Zeit verschwendet. Und so ein Staubsauger hat jede Menge Zeit.

Machen wir die Welt sicher – für Katzenvideos

YouTube ist vermutlich das beste Beispiel für einen verschwenderischen Umgang mit Überfluss. Es haben sich schon viele Leute darüber beschwert, dass YouTube wahrlich keine Konkurrenz für das Fernsehen sei, weil es dort so viel »Schrott« gibt. Das ist natürlich richtig. Das Problem ist nur, dass wir uns vermutlich nicht darauf einigen können, was genau denn unter »Schrott« zu verstehen ist, genauso wenig darüber, was mit »Qualität« gemeint ist. Gut möglich, dass Sie sich gerne witzige Katzenvideos anschauen, während Sie mein Lieblings-Online-Lötkurs zu Tode langweilt. Ich dagegen amüsiere mich mit den besten Tricks aus Videospielen und kann mit Ihrer bevorzugten Kochsendung nichts anfangen. Und die Videos, die wir bei feierlichen Anlässen über unsere reizende Familie drehen, sind für uns selbst höchst interessant, für alle anderen jedoch sterbenslangweilig. Schrott liegt im Auge des Betrachters.

Selbst bei den beliebtesten Videoclips auf YouTube genügt vermutlich kein einziger den hohen Ansprüchen Hollywoods. Schließlich ist die Auflösung miserabel, das Set ist schlecht ausgeleuchtet, die Tonqualität schrecklich, und in der Regel gibt es keine Handlung. Doch all das spielt keine Rolle, denn das Einzige, was hier zählt, ist die Vorliebe der Zuschauer. Wir ziehen ein Video von mieser Qualität, das uns wirklich interessiert, alle Mal einem Film in brillanter Qualität vor, der es nicht tut.

Vor einiger Zeit war es wieder einmal so weit: Meine Kinder sollten bestimmen, was sie sich in den zwei Stunden, die sie an den Wochenenden fernsehen dürfen, anschauen wollen. Ich schlug *Star Wars* vor und bot ihnen folgende zwei Möglichkeiten an: Entweder eine von sechs ausgezeichneten DVDs, natürlich vom Beamer an die riesige Leinwand geworfen, mit perfektem Dolby-Surround-Klang und – nicht zu vergessen – *Popcorn.* Oder aber sie gehen auf YouTube und sehen sich im Zeitraffer von 9-Jährigen gedrehte Filme an, in denen die berühmtesten Szenen aus *Star Wars* mit Legosteinen nachgestellt werden. Die Entscheidung war schneller getroffen, als ich den Computer hochfahren konnte …

Wie sich herausstellte, zeigen meine Kinder – wie viele andere auch – kaum Interesse an *Star Wars* von George Lucas. Sie interessieren sich viel mehr für *Star Wars*, gedreht von Gleichaltrigen. Das Ruckeln der Bilder und die Finger am Bildrand stören dabei keineswegs. Als ich noch ein Kind war, gab es jede Menge *Star-Wars*-Fanartikel für Kinder, von Spielwaren zu Lunchboxen, doch soweit ich weiß, hat niemand jemals an Videoclips gedacht, in denen Legosteine die Hauptrolle spielten, und in denen Kinder die Rolle des Regisseurs übernahmen.

Die Nachfrage nach selbstgemachten *Star-Wars*-Videoclips muss immer da gewesen sein, nur unsichtbar, weil kein cleverer Werbeexperte daran gedacht hatte, diese Idee zu vermarkten. Doch mit YouTube mussten wir nicht länger auf das Okay des Werbefachmanns warten, und so materialisierte sich ein vormals unsichtbarer Markt. Gemeinsam entwickelten wir eine Kategorie, auf die keiner der Werbefachleute gekommen war. (Es gibt mittlerweile Dutzende von anderen Amateur-*Star-Wars*-Märkten wie diesem, von Fan-Büchern bis hin zur 501. Legion aus Erwachsenen, die ihre eigenen fantasievollen Kostüme entwerfen und die beliebtesten Szenen nachstellen.)

Alle diese mehr oder weniger zufällig entstandenen Videoclips auf YouTube sind wie Löwenzahnsamen auf der Suche nach fruchtbarem Boden, in dem sie aufgehen können. In gewisser Weise »verschwenden« wir Videos auf der Suche nach besserem Filmmaterial und erforschen dabei den Potenzialraum bewegter Bilder. YouTube ist ein groß angelegtes Experiment, das die Zukunft des Fernsehens auslotet, indem, ohne einen einzigen Gedanken auf das Ausmaß dieser Verschwendung zu verwenden, ein Videoclip nach dem anderen hochgeladen wird. Früher oder später wird es auf YouTube und ähnlichen Webseiten jeden erdenklichen Videoclip geben, und jeder, der ein Filmemacher werden will, wird auch einer. Jede einzelne Nische wird ausgetestet. Je geringer die Kosten für die Erforschung eines Raums, desto unkritischer kann man dabei vorgehen.

Niemand entscheidet darüber, ob ein Videoclip gut genug ist, um wertvollen und knapp bemessenen Sendeplatz dafür zu opfern – weil es nämlich keinen wertvollen und knapp bemessenen Sendeplatz gibt. Die Vertriebskosten liegen knapp über Null, weshalb man sie gleich auf Null abrunden kann. Heute kostet es rund 0,25 US-Dollar, einen Videoclip eine Stunde lang zu übertragen. Nächstes Jahr wohl nur noch 0,15 US-Dollar, und in zwei Jahren weniger als 0,10 US-Dollar. Und genau aus diesem Grund haben sich die Gründer von YouTube dafür entschieden, nichts zu berechnen und jeden zuzulassen. Das Ergebnis ist amateurhaft und läuft dem Instinkt eines professionellen Fernsehmachers zuwider, doch genau so muss es sein, wenn etwas im Überfluss vorhanden ist. Und hätte YouTube es nicht getan, wäre ein anderer in die Bresche gesprungen.

Dieses Beispiel zeigt den Unterschied zwischen Überfluss- und Mangeldenken. Wenn Sie für Mangelware zuständig sind (um bei Medien zu bleiben, sagen wir mal für die beste Sendezeit, die Prime Time), müssen Sie hübsch darauf aufpassen, das Richtige zu tun. Diese halbe Stunde am Tag ist mit wirklich exorbitanten Kosten verbunden, und wer die anvisierten Einschaltquoten nicht erreicht, muss seinen Hut nehmen – von den Roten Zahlen, die der Sender infolgedessen schreibt, ganz zu schweigen. Es überrascht nicht weiter, dass die Verantwortlichen so ziemlich aller Sender auf Sitcoms und Stars setzen – immer eine sichere Sache in so einem teuren Spiel.

Doch wer es mit Ressourcen zu tun hat, die im Übermaß vorhanden sind, der kann es sich leisten, Gelegenheiten beim Schopf zu packen, da die Kosten im Falle eines Scheiterns extrem niedrig sind. Kein Mensch wird gefeuert, bloß weil Ihre Mutter die Einzige ist, die sich Ihren selbstgedrehten Videoclip auf YouTube ansieht.

Doch trotz des enormen Erfolgs von YouTube ist es Google nicht gelungen, Geld damit zu machen. Das Unternehmen hat noch nicht herausgefunden, wie es Videowerbung mit Inhalten verknüpfen könnte, in der Weise, wie es Textwerbung mit Textinhalten verbindet. Es weiß nicht wirklich, worum es in dem Clip geht, der gerade auf YouTube hochgeladen wurde, und selbst wenn, ist es relativ unwahrscheinlich, dass gleich der passende Werbeclip zur Hand wäre. Außerdem sind Marketingexperten ziemlich allergisch dagegen, ihre Marken mit anwendergenerierten Inhalten, die möglicherweise anstößig sind, zu verknüpfen.

Die Fernsehanstalten haben die Chance erkannt, die in diesem Scheitern von YouTube liegt, und ihrerseits einen konkurrierenden Videoservice, Hulu, ins Netz gestellt. Dort werden überwiegend kommerzielle Videoclips angeboten, die meisten davon Ausschnitte aus Fernsehsendungen, aber das Portal ist mindestens ebenso bedienerfreundlich und zugänglich wie YouTube. Da diese Inhalte bekanntermaßen von hoher

Qualität sind, weil es genau die Clips sind, für die Werbeträger im Fernsehen gutes Geld bezahlen müssen, brennen sie förmlich darauf, ihre Werbung vor, nach und mitten in die Clips zu schneiden. Hulu kostet kein Geld, aber anders als bei YouTube bezahlen Sie mit Ihrer Zeit und Ihrem Ärger über die ständige Werbung – wie beim Fernsehen auch. Doch wenn Sie mal wieder Ally McBeal sehen wollen – und zwar jetzt über Ihren Browser –, ist Hulu die einzig legale Möglichkeit, Ihren Wunsch zu erfüllen.

Mangelware managen

Beim YouTube-Modell zahlen Sie rein gar nichts, weder für das Ansehen noch für das störungsfreie Hochladen Ihrer eigenen Videoclips. Doch YouTube verdient daran auch nichts. Bei Hulu ist nur das Ansehen der Clips kostenlos, bezahlen müssen Sie dafür nach alter Manier, indem Sie sich Werbung ansehen müssen, ganz gleich ob Sie sich dafür interessieren oder nicht. Und genau damit verdient Hulu eine Stange Geld. Diese beiden Plattformen verdeutlichen recht anschaulich die beiden unterschiedlichen »Free«-Konzepte und den Spannungsbogen dazwischen. Sicherlich bevorzugen die Verbraucher das Rundum-»Free«-Konzept, doch für den Anbieter, der davon leben will, empfiehlt es sich, eine Prise künstlicher Knappheit zuzugeben.

Als Journalist und Herausgeber einer Zeitschrift bin ich tagein, tagaus Teil beider Welten. Geht es um den Druck, gehe ich nach den Regeln für Mangelware vor, da die Druckkosten je Seite nicht unerheblich sind und mir nur eine begrenzte Seitenanzahl zur Verfügung steht. Schlägt mir ein Kollege eine Story vor, und ich gebe ihm das Okay, muss ich an die Kosten denken: Lohnkosten für die vielen Menschen, die an der Entstehung eines Artikels beteiligt sind, bis hin zu den Druckkosten. Deshalb besteht meine Aufgabe darin, oft – fast immer – Nein zu sagen, entweder indem ich einen Vorschlag geradeheraus ablehne oder indem ich die Messlatte so hoch lege, dass ich erst gar nicht gefragt werde. Da ich für die Bewilligung kostspieliger Ressourcen zuständig bin, habe ich mich schweren Herzens für einen Führungsstil entschieden, bei dem eine strikte Hierarchie von oben nach unten einzuhalten ist und eine Reihe von Genehmigungen nötig sind, bevor etwas in Druck gehen kann.

Das Problem ist, dass unsere Seiten nicht nur ein teures Vergnügen sind, sondern dass sie sich auch nicht beliebig austauschen lassen. Sobald die Druckpresse läuft, bleiben unsere Fehler und Fehlurteile für alle Ewigkeit erhalten (oder zumindest bis sie recycelt werden). Wenn ich eine Entscheidung treffe, die sich auf den Herstellungsprozess auswirkt, muss mir klar sein, dass jede Abweichung von dieser einmal gefällten Entscheidung enorme Kosten nach sich zieht. Selbst wenn etwas Besseres nachkommt oder meine Entscheidung nach ein paar Wochen gar nicht mehr so gut ist, wie im ersten Moment gedacht, müssen wir weitermachen wie geplant und versuchen, das Beste daraus zu machen. In diesem Fall müssen wir uns auf den wirtschaftlichen Aspekt konzentrieren und die möglicherweise noch höheren *Opportunitätskosten* all der nicht gewählten Pfade ignorieren, weil wir eben ein vom Mangel bestimmtes Veröffentlichungsmodell verfolgen.

Online sieht die Sache ganz anders aus: Dort gibt es keine Begrenzung der Seitenzahl, und die Seiten sind beliebig austauschbar. Dort haben wir es mit einer Ökonomie des Überflusses zu tun, weshalb auch ein ganz anderer Managementansatz vonnöten ist. Auf unserer Website tummeln sich Dutzende von Bloggern, viele von ihnen Amateure, die schreiben, was ihnen gerade einfällt, ohne dass ein Redakteur den Text noch mal liest. Wir fordern unsere Leser explizit auf, auf bestimmten Teilen unserer Website ihre eigenen Inhalte zu kreieren. Unsere Standardantwort auf Vorschläge für einen Artikel lautet »Ja«, oder besser gesagt »Weshalb fragen Sie mich das überhaupt?« Ein Artikel, der niemanden interessiert, wird eben nicht gelesen, aber das stört nicht weiter, weil deswegen kein anderer Artikel, der möglicherweise für viele Leser interessant gewesen wäre, aus dem Blatt herausgenommen wurde. Gute Artikel sprechen sich herum, schlechte sind kein Thema. Jede Geschichte wird veröffentlicht und kann um Aufmerksamkeit ringen, ohne dass sich vorher jemand den Kopf darüber zerbrechen muss, ob sie den Geschmack der Leser trifft.

Natürlich ist es in der Realität nicht ganz so einfach, nicht nur schwarz und weiß. Auch wenn uns online beliebig viele Seiten zur Verfügung stehen, haben wir doch einen Ruf zu bewahren und eine Marke zu pflegen, weshalb nicht alles möglich und machbar ist. Stattdessen handelt es sich um eine Mischform, bei der finanzielle Aspekte und Kontrolle gleichzeitig eine Rolle spielen. Je niedriger die Kosten, umso weniger wird von unserer Seite aus kontrolliert. Berufsstandards wie Genauigkeit und Fairness gelten natürlich sowohl im Printbereich als auch online, doch bei Ersterem muss sichergestellt sein, dass jeder noch so kleine Fehler ausgemerzt wurde (was natürlich Geld kostet), bevor die Ausgabe in Druck geht, während sich Fehler auf der Website auch noch beheben lassen, wenn der Artikel bereits im Netz steht. Da wir in beiden Märkten – im Überfluss und im Mangel – operieren, gibt es für uns nicht nur eine einzige Managementstruktur, die für beides passt; wir müssen gleichzeitig Kontrolle ausüben und den Dingen ihren Lauf lassen.

Das klingt in Ihren Ohren schizophren? Nein, das ist es nicht, so geht es nun mal in der Welt der Hybridmodelle zu, wo Knappheit und Überfluss friedlich Seite an Seite leben. Wir sind richtig gut darin, mit Mangelware umzugehen – schließlich haben wir das im 20. Jahrhundert verinnerlicht. Nun müssen wir noch lernen, auch gut mit Überfluss umzugehen. In der folgenden Tabelle finden sich einige Ideen, wie dies funktionieren kann:

	Mangel	Überfluss
Regeln	»Alles ist verboten, außer es wurde ausdrücklich erlaubt.«	»Alles ist erlaubt, außer es wurde ausdrücklich verboten.«
Gesellschaftliches Modell	Bevormundung: »Wir wissen, was das Beste ist.«	Egalitarismus: »Sie wissen schon, was das Beste ist.«
Profitziel	Geschäftsmodell	Das werden wir noch sehen.
Entscheidungsfindung	Von oben nach unten	Von unten nach oben
Führungsstil	Befehle und Kontrolle	Außer Kontrolle

Kapitel 14

Gratisland

China und Brasilien sind die Pioniere des »Free«-Konzepts. Was können wir von diesen Ländern lernen?

Ich befinde mich in einem riesigen Bankettsaal in Guangshou in China, und genieße von meinem Platz in der ersten Reihe eine spektakuläre Show. Die Akrobaten haben gerade wieder die Bühne verlassen, davor gab es eine Kungfu-Darbietung, eine Tanzaufführung und eine Komödie. Jetzt tritt der wahre Star des Abends auf, die taiwanesische Popmusikerin Jolin Tsai. Das Publikum jubelt ihr zu, als sie ihre größten Hits singt. Ihr Abendkleid schimmert im Licht gegen den Hintergrund ihres überlebensgroßen Gesichts, das auf eine riesige Leinwand hinter ihr geworfen wird.

Nein, ich war nicht auf einem Konzert. Ich war Teilnehmer einer Verkaufstagung des Telekommunikationsunternehmens China Mobile, zu dem Mitarbeiter und Geschäftspartner eingeladen worden waren. Den ganzen Tag über folgte eine Rede zu Branchenthemen auf die andere, und, wie in China üblich, wurde die Konferenz am Abend mit einer gigantischen Show beendet. Tsai hat an diesem Abend vermutlich mehr verdient als im ganzen Jahr über den Verkauf ihrer CDs.

China ist ein Land, in dem die Produktpiraterie den Sieg davongetragen hat. Jahrelange halbherzige Versuche, ihr Einhalt zu gebieten – meist auf Druck westlicher Diplomaten –, hatten offensichtlich keinerlei Auswirkung auf die zahllosen Straßenhändler oder Webseiten, auf denen MP3-Dateien zum Download angeboten werden. Jahr für Jahr gibt es ein paar Razzien und Verhaftungen, und die Betreiber größerer Portale werden gelegentlich zu Geldstrafen verurteilt, aber nichts davon konnte den chinesischen Durchschnittsmusikkonsumenten davon abhalten, seine gesamte Musiksammlung kostenlos zusammenzutragen.

Eine neue Generation chinesischer Musiker versucht nun, das Beste aus dem Raubkopierertum zu machen. In ihren Augen ist Produktpiraterie nichts anderes als kostenlose Werbung, die ihre Musik einem breiteren

Publikum zugänglich macht. Auf diese Weise erhöhen sich ihre Popularität und ihr Bekanntheitsgrad (zumindest für die kurze Zeit, die die meisten chinesischen Stars im Rampenlicht stehen), und es liegt an ihnen, ob und inwieweit es ihnen gelingt, daraus Kapital zu schlagen.

Xiang Xiang ist eine 21 Jahre alte Popsängerin, die durch ihr freches Lied »Song of Pig« bekannt wurde. Ihr letztes Album verkaufte sich knapp 4 Millionen Mal. Das Problem ist nur, dass es sich nahezu ausschließlich um Raubkopien handelte. Genauer gesagt ist es das Problem ihrer Plattenfirma. Sie selbst stört das weniger. In ihren Augen hat sie 4 Millionen Fans, die sie wohl nicht hätte, wenn alle ihr Album zum vollen Preis hätten kaufen müssen. Sie genießt die allgemeine Bewunderung, und es macht ihr Spaß im Rampenlicht zu stehen. Außerdem weiß sie das Geld zu schätzen, dass ihr ihre Auftritte und Werbekampagnen einbringen, die allesamt durch ihren Erfolg auf dem Raubkopienmarkt ermöglicht wurden. Und dann ist da noch ihre Konzerttournee, die sie im Sommer 2009 in 14 Städte führt. Die Produktpiraten sind ihre beste Marketingabteilung.

In China handelt es sich bei 95 Prozent aller Musik-CDs um Raubkopien, was die Plattenfirmen dazu bewogen hat, ernsthaft darüber nachzudenken, womit sich in dieser Branche noch Geld verdienen lässt. Die gute alte Kunststoffscheibe hat offensichtlich ausgedient, weshalb Musik jetzt anders verpackt wird. Plattenfirmen lassen ihre Künstler nun Singles für Radiosender aufnehmen anstatt wie früher Alben für Musikliebhaber. Sie fungieren als Talentschmieden und behalten einen Anteil an den Einnahmen der Künstler für Werbung und Radiospots ein. Sogar Konzerte werden zunehmend durch Werbeeinnahmen bezahlt, bei denen die Plattenfirmen versuchen, so viele ihrer Künstler wie möglich auf die Bühne zu bringen, um ein Maximum an Sponsorengeldern zu erzielen. Das größte Problem ist mittlerweile, dass die Sänger aufgrund der endlosen Tourneen – oftmals ihre einzige Einkommensquelle – zuweilen keinen Ton mehr herausbringen.

»China wird zum Vorbild für die gesamte Musikindustrie – weltweit«, prophezeit Shen Lihui, Chef von Modern Sky, einer der innovativeren Plattenfirmen Chinas. Auch dieses Unternehmen verdient so gut wie kein Geld mit dem Vertrieb von CDs, da die Alben aller beliebten Künstler sofort raubkopiert werden. Doch die Plattenfirma fährt mehrgleisig: Sie produziert Videos und – nun auch in größerem Stil – Webseiten. Außerdem veranstaltet sie ein dreitägiges Musikfestival, zu dem Fans aus ganz China strömen. Am Verkauf der Tickets verdient das Unternehmen nicht schlecht, doch der größte Batzen stammt von den Sponsoren wie Motorola, Levi's, Diesel und vielen anderen.

Das soll aber nicht heißen, dass sich Musik in China nicht verkaufen lässt. Das geht wunderbar, solange die Lieder nicht länger als 20 Sekunden dauern. Das Geschäft mit Klingeltönen und personalisierten Freizeichen ist gigantisch: China Mobile, der größte Anbieter, gab 2007 in der Sparte Musik einen Jahresumsatz von 1 Milliarde US-Dollar an. Das meiste davon strich China Mobile ein, aber trotzdem ist es eine Menge Geld.

Der Brite Ed Peto, der in Peking lebt, versucht auf andere Weise, mit Musik Geld zu machen. Sein Unternehmen MicroMu nimmt aufsteigende Indie-Künstler unter Vertrag und überzeugt Markenunternehmen, das Ganze als Sponsor über eine Monatsgebühr zu finanzieren. Für eine westliche Plattenfirma mag sich das befremdlich anhören, aber für einen Produktvermarkter in China, der in dieser Gleichung dem zahlenden Kunden entspricht, klingt es höchst vernünftig.

MicroMu versucht die Aufnahmekosten auf ein Minimum zu senken. Deshalb sind fast alle Platten Live-Mitschnitte aus Konzerten oder wurden in günstigen Tonstudios oder Proberäumen aufgenommen. Die Aufnahmesessions und das gesamte Drumherum werden gefilmt und Videos daraus produziert. Die Aufnahmen werden über einen Blogeintrag auf der Homepage von MicroMu veröffentlicht, der Links zum kostenlosen Herunterladen einzelner MP3-Dateien und des kompletten Albums, Info- und Bildmaterial und vieles mehr enthält. Außerdem veranstaltet das Label regelmäßig Live-Auftritte, darunter auch Konzerte in Universitäten.

MicroMu, nicht aber die einzelnen Künstler (um keinen Schatten auf ihre »Indie«-Glaubwürdigkeit zu werfen) werden von Jeans- und Getränkeherstellern gesponsert. Die Künstler erhalten allerdings einen bestimmten Anteil davon, je nachdem, wie oft ihre Lieder aus dem Internet heruntergeladen werden.

»In dem Moment, in dem der Zugriff auf Musik in China Geld kostet, verlieren Sie 99 Prozent Ihrer Kunden«, sagt Peto. »Für die Mittelschicht Chinas ist Musik Luxus, und dafür Geld auszugeben, sträflicher Leichtsinn. Unser Modell setzt genau hier an und versucht, dagegen anzuarbeiten. Für uns sind kostenlose Musik und Medien der Weg, allen mitzuteilen, dass sie bei uns willkommen sind. Wir treten in einen Dialog mit unseren Anwendern. Unser Ziel ist eine starke Gemeinschaft, und wir wollen die Nummer 1 der Musikbewegung in China werden, die Marke, der alle vertrauen. Dieses Ziel können wir jedoch nur erreichen, wenn unser

Unternehmen alles in einem ist: Plattenfirma, Online-Community, Konzertveranstalter, Merchandise-Vertrieb, Fernsehproduzent.«[1]

Gut möglich, dass sich die Musikindustrie der restlichen Welt so entwickelt, wie das im Moment in China der Fall ist. Im Jahr 2008 sank der Umsatz der US-amerikanischen Musikbranche um knapp 15 Prozent, und ein Ende dieser Talfahrt ist nicht in Sicht.

Eines schönen Tages werden viele Plattenfirmen einfach kapitulieren und sich dem chinesischen Vorbild anschließen. Sie werden Musik kostenlos anbieten und lediglich Talente vermarkten, um sie auf verschiedene unorthodoxe Weise in klingelnde Münze zu verwandeln, wie durch Sponsoring und Werbeverträge. Die ersten Anzeichen dafür sind bereits sichtbar: Der Vertrag, den Madonna und Live Nation geschlossen haben, geht über einen Anteil an ihren gesamten Einnahmen, einschließlich denen aus ihren Tourneen und Merchandise-Produkten. Und Talentschmieden wie CAA und ICM überlegen, ob sie nicht selbst CDs herstellen wollen, um die Zwischenhändler aus dem Spiel zu nehmen. In einer Welt, in der der Begriff Musikindustrie täglich neu definiert wird, gibt es nur eine Konstante: die Tatsache, dass Musik zu Ruhm führt. Es gibt Schwierigeres, als Ruhm in bare Münze zu verwandeln.

Falscher Luxus

Opfer der Produktpiraterie in China sind nicht nur Film, Software und Musik. Es dauert keine Minute, bis Sie, in Shenzhen aus dem Zug gestiegen, von Straßenhändlern umgeben sind, die Ihnen nachgemachte Rolex-Uhren, Chanel-Düfte, Gucci-Handtaschen sowie Spielwaren und technischen Schnickschnack andrehen wollen. Ebenso wie die raubkopierten CDs ein paar Ecken weiter sind natürlich auch diese Produkte nicht kostenlos, sondern nur spottbillig. Dumm nur, dass die eigentlichen Hersteller und Designer von diesem Geld keinen Cent sehen. Das geistige Eigentum wird umsonst hergegeben – Sie zahlen nur den Schnäppchenpreis für die physische Ware. Doch ebenso wie in der Musikbranche hat diese Produktpiraterie ganz andere Wurzeln und Folgen, als man auf den ersten Blick glauben möchte.

In nahezu jeder Branche Chinas ist die Produktpiraterie ein altbekanntes Problem. Es ist eine unselige Kombination aus dem Entwicklungsstand des Landes, seinem Rechtssystem und der konfuzianischen Einstellung zu geistigem Eigentum, die das Nachmachen von Werken anderer sowohl als Geste der Ehrerbietung als auch als traditionelle Lernmethode ansieht. (Mitunter ist es schwer, chinesischen Studenten in den USA beizubringen, was denn so falsch an Plagiaten sei, da das Reproduzieren der »Alten Meister« in Chinas Schulen und Universitäten zentraler Bestandteil der Ausbildung ist.) Mittlerweile ist in China eine ganze Industrie entstanden, die Designerware praktisch über Nacht kopiert: Die neuesten Modetrends werden, frisch vom Laufsteg, im Web abfotografiert – Technik und Software machen es möglich – und innerhalb weniger Monate als Kopien auf den Markt gebracht, die häufig sogar die Originalware aus den Läden verjagen.

Für die westliche Presse ist die Produktpiraterie in diesem Ausmaß weitaus mehr als ein harmloses Kavaliersdelikt. Doch in China selbst sind Raubkopien und gefälschte Produkte lediglich ein anderes Produkt zu einem anderen Preis, so etwas wie eine vom Markt geschaffene Produktvariante. Die Entscheidung, ob man sich eine echte oder eine nachgemachte Louis-Vuitton-Handtasche kauft, hat nichts mit Moral zu tun, sondern mit Qualität, sozialem Status und Risikominimierung. Wer über das nötige Kleingeld verfügt, kauft sich lieber das Original, aus Qualitätsgründen. Doch die meisten Menschen können sich schlichtweg nur die raubkopierte Version leisten.

Ebenso wie es die Webseiten, auf denen man Cantopop herunterladen kann, schaffen, ihren Künstlern auf Kosten der Bezahlung zu Bekanntheit und Ruhm zu verhelfen, schlagen die Produktpiraten nicht einfach nur Profit aus den Entwürfen Dritter, sondern übernehmen quasi das Marketing und den Vertrieb dieser Marken zum Nulltarif. Auch auf einer nachgemachten Gucci-Tasche prangt das Logo von Gucci, und damit ist die Marke allgegenwärtig – was zweierlei Konsequenzen hat: Zum einen den negativen Effekt, dass die nachgemachten Produkte die Originalware ersetzen (die nachgemachten Versionen befriedigen die Nachfrage, die eigentlich durch die Originale erzeugt wurde) und zum anderen eine positive stimulierende Wirkung (die Raubkopien erzeugen eine Markenbekanntheit, die anderswo genutzt werden kann).

Das Marktforschungsinstitut China Market Research Group[2] führte 2007 eine Verbraucherumfrage – überwiegend unter jungen Frauen – in den größeren Städten Chinas durch und konnte eine überaus pragmatische Haltung gegenüber der Produktpiraterie feststellen. Den Konsumenten war der Unterschied zwischen Original und Fälschung durchaus klar, und sie entschieden sich grundsätzlich für das Original – sofern sie es sich leisten konnten. Oder sie kauften sich ein Originalprodukt und trugen dazu passende Fake-Markenwaren.

Einer der Marktforscher, Shaun Rein, erzählte, dass manche dieser jungen Frauen, die im Monat um die 400 US-Dollar verdienen, durchaus bereit sind, drei Monatsgehälter zusammenzukratzen und sich dafür eine Handtasche von Gucci oder Schuhe von Bally für 1000 US-Dollar zu kaufen. Eine der Befragten, eine 23-Jährige, meinte dazu: »Im Moment kann ich mir noch nicht allzu viele Originalsachen von Prada oder Coach leisten, weshalb ich auf die Fälschungen zurückgreife. Ich hoffe jedoch, dass sich das in Zukunft ändern wird, doch im Moment möchte ich wenigstens den Eindruck erwecken, mir Luxusprodukte leisten zu können.«[3]

Für diesen Eindruck genügt es nicht mehr unbedingt, nur Fake-Produkte zu kaufen. Mittlerweile hat sich auch ein Markt gebildet, auf dem man gefälschte Beweise kaufen kann, die vortäuschen sollen, dass es sich um Originale handele. (Sie haben schon richtig gelesen.) Sie können ohne weiteres Preisschilder kaufen, auf denen Riesensummen stehen, und diese dann an Ihre Billigklamotten heften (es ist nichts ungewöhnliches, Leute mit Sonnenbrillen auf der Nase zu sehen, bei denen noch die Preisschilder vom Bügel baumeln). Es ist sogar ein Sekundärmarkt für gefälschte Quittungen entstanden. Die Produkte sind eine Sache, aber der damit verbundene Status ist viel wichtiger.

Eine 27-jährige Frau, die in einem multinationalen Konzern arbeitet, gab zu, Fälschungen zu kaufen, meinte aber: »Wenn man zu viele nachgemachte Klamotten oder Handtaschen hat, fällt das den Freunden auf, man kann ihnen nichts vormachen. Deshalb ist es schon besser, sich das Original zu leisten.«[4]

Diese Aussage bringt den Unterschied zwischen digitalen und stofflichen Produkten auf den Punkt. Gefälschte digitale Produkte stehen dem Original in nichts nach. Bei allen anderen Produkten ist das jedoch nicht so. Nach Jahren voller Skandale – Sie erinnern sich an die verseuchte Babynahrung, die zahlreiche Säuglinge das Leben gekostet hat? Oder an die Tiernahrung, die aus minderwertigen, zum Teil sogar giftigen Inhaltsstoffen hergestellt wurde? – sind sich die chinesischen Verbraucher nun der Risiken bewusst, die mit Produkten des grauen Markts einhergehen.

Die Scharen chinesischer Konsumenten, die sich nach Hongkong aufmachen, um sich dort mit Luxusartikeln einzudecken – alles nachgewiesene Originale – sind der Beweis dafür, welche Folgen die allgegenwärtige Produktpiraterie von Designerware auf dem Festland hat: Die Verbraucher kennen die westlichen Luxusmarken nur allzu gut, verbinden sie mit Stil und Qualität und wollen unbedingt das Original haben, sofern sie es sich leisten können – und das können sie nicht immer, aber immer öfter.

Die Produktpiraterie hat den Markt nicht zerstört, sondern ihn vielmehr auf den Ansturm der aufkommenden Mittelklasse *vorbereitet*. Im letzten Jahrzehnt hat sich das Pro-Kopf-Einkommen in China mehr als verdoppelt, von 633 US-Dollar im Jahr 1996 auf 1 537 US-Dollar im Jahr 2007 – und dieser Trend hält weiterhin an. Inzwischen gibt es 250 000 chinesische Millionäre, und mit jedem Tag werden es mehr. Heute ist China (mit Hongkong) weltweit der drittgrößte Markt für Original-Luxusgüter. Fachsprachlich ausgedrückt: Die Produktpiraterie hat die Nachfrage nach den Originalen eher stimuliert als befriedigt.

Die Vorstellung, dass sich Fälschungen positiv auf die Originale auswirken, ist zumindest in der Modewelt nichts Neues. Und wieder bemühe ich die Fachsprache der Wirtschaftswissenschaftler: Dieses Phänomen nennt sich »Paradoxon der Produktpiraterie«[5] – ein Begriff, der von den Juraprofessoren Kal Raustiala und Christopher Sprigman geprägt wurde.

Dieses Paradoxon entspringt dem grundlegenden Dilemma der Modewelt: Den Verbrauchern soll die aktuelle Mode dieses Jahres zwar gefallen, andererseits wäre es aber durchaus im Sinn der Hersteller, wenn sie ihrer schon bald überdrüssig würden und sich auf die Mode der kommenden Saison freuen. Anders als die Hersteller von technischen Geräten kann die Textilbranche nicht mit dem Argument aufwarten, dass die diesjährigen Modelle funktional verbessert wurden – sie sehen lediglich anders aus. Deshalb muss sie sich schon etwas anderes einfallen lassen, um die modebewussten Verbraucher dazu zu bewegen, sich von ihren gerade noch angesagten Klamotten aus diesem Jahr zu trennen. Die Lösung: Gnadenloses Kopieren macht aus dem exklusiven Designerstück schnell billige Massenware von der Stange, dem nichts mehr von der ursprünglichen Exklusivität anhaftet. Um sich von der Masse abzuheben, bleibt dem anspruchsvollen Kunden nichts anderes übrig, als sich auf die Suche nach neuer Trendware zu machen.

Raustiala und Sprigman sprechen in diesem Zusammenhang von »künstlicher Überalterung«. Die Kopien erlauben es der Mode, sich schnell von den modebewussten Trendsettern, die immer als erste den neueste Schrei tragen wollen, weg und hin zu den Massen zu bewegen, und zwingen Fashion-Victims auf diese Weise, sich möglichst rasch nach Neuem umzusehen. In China kommen diese übrigens überwiegend aus der Ober- und Mittelschicht, während zu der breiten Masse etwa 1 Milliarde Menschen zählen, die auch mal in die Luxuswelt hineinschnuppern möchten, indem sie gefälschte Markenartikel kaufen. Die beiden Produkte – Original und Fälschung – werden ganz einfach unterschiedlichen Zielgruppen angeboten. Beide leben voneinander. Und das nicht nur in China.

Die Macht der brasilianischen Straßenhändler

An einer belebten Straßenecke in São Paulo, Brasilien, versuchen Straßenhändler, die neuesten »Tecnobrega«-CDs, so zum Beispiel von der angesagten Band Banda Calypso, unters Volk zu bringen. »Brega« lässt sich nicht wörtlich übersetzen, geht aber in die Richtung von »kitschig« oder »geschmacklos«. Die Musik kommt aus der ärmeren Region Pará und besticht durch ihren ungezähmten Partysound, einer Mischung aus traditioneller brasilianischer Musik und Technobeat. Wie die CDs der meisten Straßenhändler handelt es sich auch bei ihnen nicht um die offiziellen Tonträger der großen Plattenfirmen. Aber sie verstoßen auch nicht gegen geltendes Recht.

Die CDs werden in örtlichen Tonstudios produziert, die Eigentümer sind in der Regel lokale DJs. Als Gegenleistung erhalten diese die Masteraufnahmen von der Band selbst, ebenso wie das Bildmaterial für die Covergestaltung. Die DJs arbeiten mit Partyveranstaltern, Straßenhändlern und Radiosendern vor Ort zusammen, um für den kommenden Auftritt der Band die Werbetrommel zu rühren. Manchmal schlüpfen die lokalen DJs in alle Rollen, sind also gleichzeitig Produzent, Verkäufer und Werber der CDs sowie Veranstalter der Show.

Banda Calypso ist es ziemlich egal, dass sie davon keinen Cent sieht, denn der Verkauf von CDs ist wahrlich nicht ihre Haupteinnahmequelle. Denn eigentlich ist die Band im Konzertgeschäft – und dieses Geschäft läuft richtig gut. Die Musiker ziehen von einer Stadt zur nächsten, und überall gibt es ihre CD schon lange vor dem Auftritt extrem günstig zu kaufen. Jahr für Jahr kommen so an die hundert Veranstaltungen zustande, jedes Wochenende zwei bis drei Auftritte. Die Bandmitglieder sind meist mit ihrem Kleinbus oder dem Boot auf Tour.

Aber nicht nur. Hermano Vianna, Anthropologe und Experte für brasilianische Musik, verdeutlicht den Erfolg von Calypso gerne mit folgender Geschichte: Er wollte die Band in seiner Musiksendung Globo TV auftreten lassen und bot an, die Künstler mit dem firmeneigenen Flugzeug aus der abgelegenen Gegend, in der sie gerade tourten, abholen und anschließend wieder zurückbringen zu lassen. Calypso winkte müde ab, danke, aber sie hätten ein eigenes Flugzeug.[6]

Man könnte sagen, dass die Straßenhändler in jeder Stadt, in der Calypso auftritt, zu einer Art Vorhut von Calypso geworden sind. Sie verdienen ihre Brötchen mit dem Verkauf der CDs, die sie zu einem Spottpreis von 0,75 US-Dollar anbieten, dafür präsentieren sie die CDs an ihren Ständen so, dass sie zum Blickfang für die Vorbeikommenden werden. Kein Mensch sieht die spottbilligen CDs als Produktpiraterie an. Es ist einfach Marketing, und die Straßenhändler verleihen der Band die nötige Authentizität. Sie sorgen dafür, dass jeder schon mal von Calypso gehört hat, wenn sie in die Stadt kommen. Die Band lockt wahre Menschenmengen zu ihren »Soundsystem«-Partys, wo sie nicht nur an den Eintrittsgeldern, sondern auch an Getränken und Snacks verdient. Natürlich wird der Auftritt gefilmt, und noch am Abend des Konzerts können sich die Besucher für nur 2 US-Dollar eine selbstgebrannte CD als Erinnerung mit nach Hause nehmen.

Mittlerweile wurden an die 10 Millionen CDs von Calypso verkauft, der Löwenanteil aber nicht von der Band selbst. Und Calypso ist beileibe nicht die einzige Musikgruppe, die das so macht. Zur Tecnobrega-Industrie gehören Hunderte von Bands und Tausende von Shows, die Jahr für Jahr scharenweise Besucher anlocken. Ronaldo Lemos und seine Kollegen vom Zentrum für Technik und Gesellschaft, das zur Getulio-Vargas-Stiftung in Rio de Janeiro gehört, haben in einer Studie herausgefunden, dass diese Branche durch die Shows und die Musik mittlerweile einen Jahresumsatz von rund 20 Millionen US-Dollar generiert.[7]

90 Prozent aller Bands haben weder einen Plattenvertrag noch ein eigenes Label. Brauchen sie aber auch nicht. Es entsteht nämlich ein viel größerer Markt dadurch, dass die Menschen die Musik kostenlos zu hören bekommen, als wenn sie dafür regulär zahlen müssten. In diesem Punkt kennt sich Brasilien wirklich so gut aus wie kein anderes Land: Der Popstar Gilberto Gil, bis 2008 Kultusminister des Landes, hat seine

Musik kostenlos unter der *Creative-Commons*-Lizenz unters Volk gebracht (einschließlich der CD, die wir einer Ausgabe von *Wired* kostenlos beilegten).

Ebenso wie in China beschränkt sich »Free« auch in Brasilien nicht auf Musik. Als Reaktion auf die alarmierende Ausbreitung von HIV-Infektionen in Brasilien beschloss der damalige Präsident Fernando Henrique Cardoso 1996, sämtliche HIV-Infizierten kostenlos mit den neuesten retroviralen Medikamentencocktails zu versorgen. Fünf Jahre später gab der Erfolg dieser Maßnahme Recht, und die Zahl der HIV-Neuinfektionen sank. Doch es zeichnete sich ab, dass das Programm – angesichts der horrenden Preise für die patentrechtlich geschützten Medikamente – bald wieder eingestellt werden müsste, da die Kosten schlichtweg nicht tragbar waren.

Aus diesem Grund wandte sich der Gesundheitsminister an die wichtigsten Patentinhaber, den US-amerikanischen Pharmariesen Merck und das Schweizer Pharmaunternehmen Roche, und bat sie um einen Preisnachlass. Als die Unternehmen diese Bitte ablehnten, legte der Minister nach und teilte ihnen lapidar mit, dass er nach brasilianischem Recht befugt sei, im Fall eines nationalen Notstands ortsansässige Firmen mit der Herstellung von patentrechtlich geschützten Medikamenten zu betrauen – selbstverständlich ohne Lizenzgebühren dafür zu bezahlen – und dass er von diesem Recht schonungslos Gebrauch machen würde. Die Pharmaunternehmen knickten ein und gewährten einen Preisnachlass von über 50 Prozent. Heutzutage zählt die Generikabranche Brasiliens zu den größten weltweit. Zwar gibt es die so erzeugten Medikamente nicht kostenlos, aber zumindest werden keine Lizenzgebühren dafür fällig. Ein Umgang mit geistigem Eigentum, der an die Tecnobrega-DJs erinnert.

Nicht zuletzt gibt es dann noch die Open-Source-Sparte, in der Brasilien im internationalen Rennen die Nase vorn hat. Hier entstand weltweit das erste ATM-Netzwerk, das auf Linux basiert. Die brasilianische Bundesagentur für Informationstechnologie hat die Direktive ausgegeben, in sämtlichen Behörden freie Software einzusetzen. Ministerien und Schulen im ganzen Land stellen ihre Büros auf Open Source um. Und dreimal dürfen Sie raten, wer das staatliche Programm »Digitale Einbindung« anführt, das den 80 Prozent der brasilianischen Bevölkerung, die noch keinen Zugang zu Computern haben, diesen ermöglichen soll. Richtig: Linux.

»Jede Lizenz für Office und Windows in Brasilien – einem Land, in dem 22 Millionen Menschen Hunger leiden – bedeutet, dass wir 60 Säcke Sojabohnen exportieren müssen«[8], erzählte Marcelo D'Elia Branco, Koordinator des brasilianischen Softwareprojekts dem Schriftsteller Julian Dibbell. Aus seiner Sicht ist kostenlose Software nicht nur ein Glücksfall für die Verbraucher, sondern für die gesamte Nation.

Kapitel 15

Ein Blick in die Zukunft

Gedankenspiele zu Gesellschaften ohne Mangel, von Science-Fiction bis Religion

Alle Science-Fiction-Autoren kennen das ungeschriebene Gesetz: In jeder Geschichte darf es nur einen, höchstens zwei Verstöße gegen die Gesetze der Physik geben, danach muss alles wieder mit rechten Dingen zugehen. Zeitreisen, die Matrix oder auch Leben auf dem Mars sind somit kein Problem. Doch der Rest sollte so sein, wie wir ganz normalen Erdenbürger es eben gewohnt sind. Der Spaß besteht darin zu sehen, wie die Menschheit auf eine derart drastische Veränderung reagieren würde.

Für Schriftsteller Clive Thompson ist Science-Fiction die »letzte Bastion für philosophisches Denken«[1]. Es sei eine Art Simulation, sagt er, in der wir einige der Spielregeln ändern und auf diese Weise mehr über uns erfahren: »Wie würde sich die Liebe ändern, wenn wir 500 Jahre alt würden? Wenn Sie in der Zeit zurück reisen könnten, um bestimmte Entscheidungen rückgängig zu machen, würden Sie das tatsächlich tun? Was, wenn Sie Gott gegenübertreten, mit ihm sprechen oder ihn gar töten könnten?«

Eine beliebte Sache, auf die Science-Fiction-Autoren immer wieder zurückkommen, ist die Erfindung einer Maschine, die aus Mangelware Massenware macht. Bei *Star Trek* sind es die Materie-Replikatoren (auf Knopfdruck kann alles Stoffliche erzeugt werden), bei *Wall-E. Der Letzte räumt die Erde auf* das robotergesteuerte Raumschiff Axiom (auf dem die Menschen zu fettleibigen degenerierten Lebewesen mutieren, die den ganzen Tag mit einem Drink in der Hand am Pool herumliegen).

In Science-Fiction-Kreisen (und bei den noch abseitigeren Technik-Utopisten) spricht man in diesem Zusammenhang von »Überflusswirtschaften«. So gesehen sind viele der Sci-Fi-Bücher nicht nur Unterhaltungslektüre, sondern Gedankenspiele, bei denen sich über die ganze Länge eines Buches darüber ausgelassen wird, was geschähe, wenn teure Sachen mit einem Mal so gut wie nichts mehr kosteten.

Werfen wir doch mal einen kurzen Blick in E. M. Fosters Kurzgeschichte *Die Maschine versagt*[2] aus dem Jahr 1909, einem der ersten Beispiele einer Überflusswirtschaft. Darin hat sich der Mensch in den Untergrund zurückgezogen, lebt dort allein in einer Wabe und ist somit komplett von jeder physischen Interaktion mit seinen Mitmenschen abgeschnitten. Eine gigantische Maschine versorgt die Menschheit mit allem, was sie zum Leben braucht: mit Essen, Unterhaltung und Schutz vor der verseuchten Erdoberfläche – wie ein riesiger mechanischer Gott. Und in der Tat fangen die Menschen in dieser Geschichte allmählich an, dieser Maschine göttliche Verehrung entgegenzubringen. Weshalb auch nicht? Sie erfüllt ihnen ja in ihren Waben sämtliche menschlichen Bedürfnisse:

> Es gibt überall Knöpfe und Schalter, Knöpfe, um Essen, Kleidung, Musik anzufordern. Es gab den Heißbad-Schalter, der durch Knopfdruck aus dem Fußboden eine Wanne aus imitiertem Marmor aufsteigen lässt, gefüllt bis zum Rand mit einer warmen, desodorierten Flüssigkeit. Es gab den Kaltbad-Schalter. Es gab den Knopf, der Literatur zugänglich machte. Und es gab natürlich die Knöpfe, über die sie [Vashti, die Protagonistin] mit ihren Freunden kommunizieren konnte.

Vashti weiß sich nicht anders zu beschäftigen, als ihren Freunden mithilfe eines technischen Geräts, das die direkte Videoübertragung ermöglicht, Vorträge zu halten. (Ich bin mir sicher, die Eltern von Teenagern wissen, wovon die Rede ist.)

Na bitte, da haben wir es ja: das Bild einer Überflussgesellschaft. Aber geht das auch gut? Nicht wirklich. Da die Maschine das Bindeglied der gesamten zwischenmenschlichen Interaktion ist, verlernen die Menschen ihre Fähigkeit, mit ihresgleichen zu kommunizieren und entwickeln eine panische Angst davor, sich einmal von Angesicht zu Angesicht zu begegnen. Daraufhin beschließen sie, dass sämtliches Wissen in doppelter, dreifacher, ja sogar zehnfacher Ausfertigung aufzubewahren ist, damit ein direkter Austausch nicht erforderlich ist. Unglücklicherweise führt diese Vermeidung der Interaktion zum Ende sämtlicher gemeinsamer Kreativität und damit auch des Fortschritts. Die Menschheit sieht keinen Sinn mehr in ihrem Dasein, und überlässt sogar die Kunst und das Schreiben der Maschine.

Doch dann beginnt die Maschine, Fehler zu machen und steht schließlich ganz still, da niemand weiß, wie sie repariert werden könnte. Der Maschinenstillstand löst letzten Endes ein Massensterben in den unterirdischen Waben aus. Am Schluss erzählt eine der Figuren auf dem Sterbebett liegend mit letzter Kraft, dass sie eine Gruppe von Ausgestoßenen entdeckt hat, die noch immer oben auf der Erde lebt, weit weg von dem Gefängnis des Überflusses. Puh!

Auch andere Sci-Fi-Autoren malten Anfang des 20. Jahrhunderts in ihren Romanen ein ähnlich trostloses Bild. Die durch die Industrielle Revolution bedingten Umbrüche hielten noch immer an, und der drastische soziale Wandel, der mit der Mechanisierung, Urbanisierung und Globalisierung einherging, verunsicherte die Menschen damals zutiefst. Die Mehrheit der Bevölkerung war überzeugt, dass der von Maschinen geschaffene Überfluss das Privileg von einigen Wenigen war – der Industrielle als Nutznießer der Fabriken, in denen die Arbeiter schufteten.

In Fritz Langs *Metropolis* ist die Gesellschaft in zwei Klassen unterteilt: Die Oberschicht, der die Planer und Denker angehören, die in absolutem Luxus auf der Erde leben, und die Unterschicht, der die Arbeiter angehören, die unter der Erde hausen und schuften müssen, damit die Maschinen am Laufen bleiben, die den Wohlstand der Oberschicht sichern. Auf den ersten Blick handelt der Film zwar vom Aufstand der Arbeiter, doch die tiefere Bedeutung wird schnell klar: Überfluss hat seinen Preis; nämlich den, dass überall sonst Mangel herrscht.

Die beiden Weltkriege haben dem Sci-Fi-Utopismus einen heftigen Dämpfer versetzt, doch mit dem Anbruch des Raumfahrtzeitalters kehrte die ursprüngliche Begeisterung wieder zurück, und diesmal sogar ohne ihre dunkle Seite. Ähnlich wie bei Foster spielt auch die Geschichte in Arthur C. Clarkes Buch *Die sieben Sonnen*[3] aus dem Jahr 1956 in einer hermetisch abgeriegelten Technostadt, in der Maschinen alles, was die Menschen zum Leben brauchen, bereitstellen und niemand jemals »richtig« stirbt. Die Einwohner füllen ihren Tag mit philosophischen Debatten, Kunst und virtuellen Abenteuerspielen, bis sie nach 1 000 Jahren vom Zentralcomputer neu zusammengestellt werden. Clarke beschrieb dies als Idyll, jedoch als eines ohne Sinn und Bedeutung. Schließlich wagt einer seiner Hauptcharaktere den Ausbruch aus der Stadt in die nahegelegene Wüste, weil er nicht glauben kann, dass dies wirklich alles sein soll, und stößt auf eine Welt, die der unseren sehr ähnelt und in der der natürliche Kreislauf des Lebens von Geburt und Tod dem Leben seinen Sinn verleiht.

Mit Anbruch des digitalen Zeitalters und des Internets stand den Autoren von Science-Fiction-Romanen mit einem Mal eine weitaus plausiblere

Quelle für den Überfluss zur Verfügung: Computer. In der virtuellen Welt konnte man tun und lassen, was man wollte. Knappheit war nur ein Konstrukt der virtuellen Realität, und wenn man sich nur schlau genug anstellte, konnte man alles erreichen. Die Schriftsteller dieser Zeit sahen Überfluss in einem weitaus positiveren Licht, schließlich sammelten sie gerade eigene Erfahrungen damit – das Internet bedeutete das Ende des Mangels an Informationen.

Natürlich muss auch ein Science-Fiction-Roman seine Leser in seinen Bann ziehen und spannend sein, weshalb in diesen Utopien des Überflusses nicht immer alles gut laufen darf. In *Backup*[4] von Cory Doctorow kontrolliert die sogenannte Bitchun-Society eine nicht näher beschriebene Technik, und einer der Protagonisten erklärt: »Ich war im Begriff, mich eines Wunders der Bitchun-Society zu entledigen, der Errungenschaften, die den Berufsstand des Mediziners zu einem altmodischen Luxus gemacht hatten. Warum sollte man sich unters Messer legen, wenn man sich einen Klon wachsen lassen, ein Backup anlegen und in einen neuen Körper umziehen konnte? Es gab Leute, die schon wegen einer Erkältung den Körper wechselten.« Doch die Folge davon ist, dass sich die Menschen langweilen und abstumpfen. So klagt eine der Figuren: »Junkies vermissen die Nüchternheit deshalb nicht, weil sie sich gar nicht daran erinnern, wie intensiv sie in diesem Zustand alles ringsum erlebt haben und wie sehr der Schmerz die Freude versüßt hat. Wir können uns nicht mehr daran erinnern, wie es gewesen ist, den eigenen Lebensunterhalt mit Arbeit verdienen zu müssen; sich zu sorgen, mit dem Geld vielleicht nicht auszukommen, zu erkranken oder von einem Bus überfahren zu werden.«

Knapp ist in Doctorows Roman nur der gute Ruf, oder »Woppel« – das virtuelle Kapital, das man für seine guten Taten erhält und das einem bei Fehlverhalten wieder weggenommen wird. Das sogenannte Head-Mount-Display – eine am Kopf angebrachte Anzeige – zeigt den aktuellen Woppel-Punktstand und damit auch den Status der jeweiligen Person für alle sichtbar an. Wenn alle physischen Bedürfnisse erfüllt sind, wird das soziale Kapital zum wichtigsten Gut.

In *Diamond Age: Die Grenzwelt*[5] von Neal Stephenson entspringt der Überfluss einem »Matter Compiler«, der auf Knopfdruck jeden beliebigen Gegenstand herstellt – von der Matratze bis zum Lebensmittel. Das Einzige, was noch von Menschen zu erledigen ist, ist die Konstruktion neuer Sachen, die sofort wieder vom Matter Compiler produziert werden. Doch dazu genügt eine Hand voll Menschen, während die anderen 2 Milliarden

Däumchen drehen. Das Buch beschreibt den Werdegang eines jungen Mannes, der sich neue Wege ausdenkt, wie sich die Bildung der gesamten Gesellschaft zugänglich machen lässt (und dadurch zum Anführer wird). Ebenso wie Bücher aus der Zeit der ersten industriellen Revolution kreist auch dieser Roman um die zentrale Frage: Worin liegt unsere Motivation, wenn uns Maschinen die ganze Arbeit abnehmen?

In manchen Romanen führt das Ende der Mangelware Arbeit zu einer Befreiung des menschlichen Geistes, beendet Kriege, die wegen der knappen Ressourcen angezettelt wurden, und schafft eine Gesellschaft voller philosophischer oder spiritueller Wesen, während andere Autoren ein Bild zeichnen, in dem der Mangel an sinnvoller Beschäftigung dazu führt, dass wir zu faulen, dekadenten, dummen und bösartigen Wesen mutieren. Man muss nicht lange im Internet surfen, um Beispiele für beide Entwicklungen zu finden.

Das Leben nach dem Tode

Vielleicht gibt es kein besseres Beispiel für die Extreme, die durch Mangel und Überfluss entstehen, als in der Religion.

Die christliche Vorstellung des Himmels ist eine des endgültigen Überflusses: Engel schweben von einer luftigen Wolke zur nächsten, spielen Harfe und haben alle physische Bedürfnisse überwunden. Wer ein sündenfreies Leben geführt hat, dem winkt das Ewige Leben in all seiner Herrlichkeit und Vollendung. Es gibt keine körperlichen Leiden mehr. Islamische Texte beschreiben das Leben nach dem Tod etwas detailfreudiger: Alle Bewohner des Paradieses sind im selben Alter (32 bei Männern) und von gleicher Statur. Sie tragen kostbare Roben, Armbänder und edelste Düfte, liegen auf bequemen, mit Gold und Edelsteinen verzierten Diwanen und genießen die köstlichsten Speisen, die ihnen in Gefäßen von unschätzbarem Wert von unsterblichen Jünglingen gereicht werden. Zu den beschriebenen Speisen gehören auch feinste Getränke, die aber weder trunken noch feindselig machen.

George Orwell persiflierte diese Vorstellung vom Paradies in seinem Buch *Farm der Tiere*. Dem Vieh auf dem Hof wird erzählt, dass nach dem Ende ihres jämmerlichen Daseins ein wunderschöner Ort auf sie warte: »Sugarcandy Mountain, das ewige Land, wo wir armen Tiere für immer von unserer Arbeit ruhen, wartet auf euch. Dort sind sieben Tage die Woche Sonntag. Es gibt dort endlose Kleefelder. Leinsamenkekse und Zuckerklumpen wachsen auf Hecken.«

Es braucht jedoch nicht allzu viele Cartoons aus dem *New Yorker*, damit dem geneigten Leser klar wird, dass man sich davor hüten sollte, den Mythos vom Paradies und seinem Überfluss allzu ernst zu nehmen; wir können uns sehr gut ein Bild davon machen, wie langweilig uns dort wäre. Roben, Harfen, ein Tag wie der andere – gähn! Kein Wunder, dass der Überfluss in Geschichten wie *WALL-E* schnell in der totalen Sinnlosigkeit endet, und die Menschen zu aufgedunsenen, trägen Wesen verkommen. Aber muss ein Leben in Saus und Braus zwangsläufig zu einem Ende von Disziplin und Antrieb führen?

Werfen wir einen Blick in die Geschichte der Menschheit, auf die Zivilisationen des alten Athen und Sparta, um diese Frage zu klären. Aufgrund der enorm hohen Zahl von Sklaven war in diesen beiden Städten der Antike ein Leben im Überfluss möglich. Sämtliche körperlichen Bedürfnisse mussten von den Sklaven gestillt werden, ähnlich der Riesenmaschine oder der Bitchun-Society. Wer das Glück hatte, in der richtigen Klasse auf die Welt gekommen zu sein, musste sein Leben lang keinen Finger rühren.

Doch beide Gesellschaften versanken nicht in einem Gefühl von Sinnlosigkeit, ganz im Gegenteil. Athen brachte berühmte Künstler und Philosophen hervor, die sich auf die Sinnsuche im Abstrakten begaben, während die Spartaner sich ganz auf militärische Strenge und Macht besannen. Anstatt dem Leben seinen Sinn zu entziehen, führte das materielle Überangebot zu einem Mangel an Bedeutung. Die Athener erklommen die höchste Stufe der Maslowschen Pyramide und widmeten sich den Wissenschaften und der Kreativität. Und wie verhält es sich mit der Kriegslust der Spartaner? Ich bin mir sicher, dass Maslow auch sie unter Selbstverwirklichung eingeordnet hätte.

Was wir aus der Literatur lernen können ist, dass wir uns eine Welt des Überflusses wohl nicht wirklich vorstellen können. Unser Gehirn scheint eher darauf ausgelegt, mit Knappheit zurechtzukommen, wir konzentrieren uns auf die Dinge, von denen wir nicht genug haben, wie Zeit und Geld. Das gibt unserem Leben Sinn und den nötigen Antrieb. Sobald wir gefunden haben, was wir suchten, verlieren wir das Interesse daran und wenden uns neuen, knapp bemessenen Dingen zu. Unsere Motivation rührt von dem, was wir nicht haben, und nicht von dem, was wir bereits unser Eigen nennen.

Aus diesem Grund zucken Menschen unter 30 oft verständnislos die Schultern, wenn sie von der ökonomischen Verschwendung des Internets mit seinen gegen Null gehenden Grenzkosten hören. Nach den alten Maßstäben fallen digitale Produkte, die zu billig sind, um ihren Verbrauch zu messen, in die Kategorie unvorstellbaren Überflusses, während es sich heute nicht einmal mehr zu lohnen scheint, darüber nachzudenken. Überfluss ist immer das Licht auf dem *nächsten* Gipfel, niemals auf dem, auf dem wir uns befinden, sprich: Sobald wir dort angekommen sind, erkennen wir ihn nicht mehr als solchen. Aus wirtschaftlicher Sicht ist Überfluss die treibende Kraft von Wachstum und Innovation. Doch aus psychologischer Sicht ist Knappheit das Einzige, womit wir umgehen können.

Ich möchte dieses Kapitel mit einem Beispiel aus den Anfängen der Industriellen Revolution, das sich 1770 in englischen Shropshire zugetragen hat, beenden. Die Eisenhüttenwerke waren damals erstmals in der Lage, auch größere Teile aus Gusseisen zu fertigen. Weil sie die Vorteile dieses neuen, haltbaren Baumaterials demonstrieren wollten, gaben die Fabrikbesitzer den Bau einer eisernen Brücke[6] in Auftrag. Auch heute noch lockt die Eisenbrücke, die sich in fünf schmiedeeisernen Bögen über den Fluss Severn spannt, in Scharen Touristen an, die nicht nur vom Ehrgeiz der Brückenbauer und diesem Wunderwerk der Baukunst beeindruckt sind, sondern auch deshalb, weil beim Bau noch sämtliche Techniken und Arbeitsweisen verwendet wurden, wie man sie aus dem Holzbau kennt.

Die tragenden Teile der Brücke bestanden völlig aus Eisen, doch Details wie Schlitze, Schwalbenschwänze, Zapfen- und Fugenverbindungen kommen ursprünglich aus dem Holzbau. Die Halbrillen oben am Bogen wurden mit Bolzen verschraubt. Tausende von Metallbohlen wurden so verschwenderisch montiert, als ob sie aus einem Metallwald gestammt hätten. Infolgedessen war die Brücke ziemlich überdimensioniert, und nach ein paar Jahren zeigten sich die ersten Risse in dem Mauerwerk, das dem Druck von 380 Tonnen Stahl wohl nicht gewachsen war.

Es hat noch einige Jahrzehnte gedauert, bis die Vielseitigkeit von Eisen erkannt wurde. Der Einsatz von Eisen war nicht annähernd so eingeschränkt wie der von Holz, was Länge und Durchmesser anbelangt. Bei eisernen Brücken war eine wesentlich größere Spannweite möglich als bei Holzbrücken, und Eisen ließ sich schweißen. Später errichtete Brücken, die ebenso groß waren wie die Eisenbrücke in Shropshire, wogen nur noch halb so viel. Manchmal brauchen wir Menschen eben einfach länger, um Überfluss zu erkennen.

Kapitel 16

»Man bekommt, wofür man bezahlt«

und andere Bedenken gegen »Free«

Ende 2007 wurde Andrew Rosenthal, Redaktionsleiter der *New York Times*, von der Zeitschrift *Radar* unter anderem zu der Entscheidung der *New York Times* interviewt, das bisherige Bezahlangebot *Times Select* künftig frei zugänglich zu machen. Lesen Sie selbst, was er von dieser Entscheidung hält:

> Meiner Meinung nach hat sich die gesamte Zeitungsbranche an den Händen gefasst und ist gemeinsam von der Klippe gesprungen – nur um der Welt zu verkünden, dass unsere Arbeit keinen Wert hat. Wir hätten ab der ersten Stunde etwas für unsere Online-Inhalte verlangen sollen! Unsere Abonnenten müssen ja auch in die Tasche langen.
> Papier gibt es nicht umsonst. Pixel gibt es nicht umsonst. All das kostet Geld. In meinen Augen haben wir einen Riesenfehler gemacht. Doch leider kann ich ihn nicht ungeschehen machen. Schauen Sie sich doch mal im Internet um, das Einzige, was es dort kostenlos gibt, ist unser täglich Brot: Informationen. Alles andere kostet Geld. Klingeltöne kosten Geld. Der Zugang ins Internet kostet Geld. E-Mails kosten Geld. Es heißt immer, E-Mails kosten nichts, aber das stimmt doch gar nicht. Zuallererst nimmt Ihr Provider Geld von Ihnen. Und wenn Sie sich für ein Programm wie Gmail entscheiden, dienen Sie einem riesigen Unternehmen wie Google als Werbefläche. Auch im Internet gibt es nichts zu verschenken. Das ist doch nur Augenwischerei![1]

Mal abgesehen von den offensichtlichen Schwierigkeiten, die Kollege Rosenthal mit der Logik hat (wenn er es für problematisch hält, als Werbefläche für Großkonzerne zu dienen, sitzt er definitiv auf dem falschen Posten), spricht er doch wichtige Themen an. Ich habe ihn vor allen Dingen deshalb in voller Länge zitiert, weil ich mir genau vorstellen konnte, wie viele Zeitungsleser mit dem Kopf nickten und leise »Ja, genau!« murmelten, als sie dieses Interview lasen. (Und ich gehe jede Wette ein, dass das auch jetzt wieder einige getan haben.) Außerdem gibt er ein paar Mutmaßungen von sich, die ich mir selbst andauernd anhören muss. »Kostenlos ist gleich wertlos«, »Pixel gibt es nicht umsonst«, auch im Internet gibt es nichts zu verschenken, »zuallererst nimmt Ihr Provider Geld von Ihnen«, das Einzige, was es im Internet umsonst gibt, sind »Informationen« und so weiter.

Natürlich steckt in all diesen Sätzen ein kleines Körnchen Wahrheit, andererseits ist diese Denkweise grundverkehrt – so verkehrt, dass es schon erstaunlich ist. Und dennoch vergeht kein einziger Tag, an dem mir nicht genau solche und andere Aussagen über »Free« um die Ohren fliegen. (Mit einer Ausnahme: Über das Etikett »Freetard«, ein Wortspiel aus *free* und *retard* – »Depp« –, was sich ins Deutsche mit »Freiheitsfanatiker« nur unzulänglich übersetzen lässt, amüsiere ich mich noch immer, auch wenn ich weiß, dass ich es nicht tun sollte.) Lesen Sie die 14 häufigsten Einwände gegen »Free«, jeweils garniert mit einem Beispiel, sowie meine Replik darauf:

1. Es wird einem nichts geschenkt.

Menschen mit einem soliden wirtschaftlichen Grundwissen wissen, dass es nichts umsonst gibt: Auf die eine oder andere Weise zahlt man immer für das, was man bekommt.[2]
Terry Hancock, in einem Brief an die Online-Zeitschrift *Free Software Magazine*

Diese olle Kamelle ist in der Wirtschaftswelt unter dem Akronym TANSTAAFL[3] bekannt, das vom englischen Original »There ain't no such thing as a free lunch« (Sie erinnern sich?) herrührt und von Milton Friedmann, dem Nobelpreisträger und Ökonomie-Professor an der Universität Chicago, berühmt gemacht wurde. Was damit gemeint ist, wissen wir bereits: Man kann nie etwas wirklich kostenlos bekommen. Selbst wenn es den Anschein hat, dass etwas kostenlos ist, wird eine vollständige Berechnung der Kosten aufdecken, dass es einen abschließenden Preis gibt, der gezahlt werden muss – entweder von einer Person oder von der Gesellschaft als

Ganzer. Versteckte oder verteilte Kosten sind nicht das Gleiche wie gar keine Kosten.

Stimmt das immer? Im Grunde sind das jetzt zwei Fragen, einmal aus wirtschaftlicher und einmal aus praktischer Sicht: Intellektuell gesehen müssen wir davon ausgehen, dass irgendjemand die Zeche bezahlt, oder? Und letztendlich werde ich es sein, der zahlt, oder?

Knapp und bündig lautet die Antwort auf die erste Frage »Ja«. Letztendlich müssen alle Kosten hereingeholt werden. Was sich jedoch im Moment ändert ist, dass diese Kosten bislang eher *versteckt* waren (das Bier, das Sie zahlen müssen, um in den Genuss des Gratisessens zu kommen) und heute mehr *verteilt* werden (irgendjemand kommt also für die Zeche auf, aber es ist eher unwahrscheinlich, dass ausgerechnet Sie es sind; die Kosten können auf so viele Schultern umgelegt werden, dass keiner etwas davon spürt).

Ökonomen wenden diese Regel hauptsächlich auf »geschlossene Märkte« an wie beispielsweise die Gewinn- und Verlustrechnung des Restaurants, das das kostenlose Mittagessen anbietet. Wenn Sie die Rechnung nicht zahlen, wird es Ihr Gegenüber wohl tun müssen. Und wenn dieser sich auch weigert, zahlt eben der Besitzer des Restaurants. Wenn der auch nicht will, ist sein Lieferant an der Reihe. Und so weiter. Die Bücher müssen stimmen.

Doch die Welt ist voller Märkte, die nicht geschlossen sind und dazu neigen, in andere Märkte hineinzuschwappen, was mitunter nicht mal bemerkt, geschweige denn gemessen wird. Wir haben uns die Interaktion zwischen monetären und nichtmonetären Markten ja schon angesehen. Gut möglich, dass Ihr Mittagessen Sie im monetären Markt nichts gekostet hat, aber im Aufmerksamkeits- und Imagemarkt haben Sie dafür Ihre Zeit und Anwesenheit hinlegen müssen. Das läuft dann unter »sonstige Kosten«, ein Weg, den Ökonomen immer wieder gerne einschlagen, wenn etwas nicht zu ihren Grundmodellen passt. Dazu zählen auch die sogenannten »Opportunitätskosten« – der Wert von dem, was Sie hätten tun können, während Sie gerade beim Mittagsessen saßen.

Wäre es möglich, die Buchführung für alle Märkte – monetäre und nichtmonetäre – zu machen und noch einen passenden Umwandlungsfaktor festzulegen, würden wir zweifelsfrei Friedman Recht geben müssen. Doch das ist eben nicht möglich. Und selbst wenn wir die umgelegten ökologischen Kosten – sagen wir mal – des Atemzugs, den Sie soeben getan haben, berechnen könnten, können wir unsere Augen nicht vor der praktischen Erfahrung verschließen, die da lautet: Dieses Luftholen hat Sie rein gar nichts gekostet, ganz gleich wie wir das jetzt drehen und wenden.

Die Wirtschaftswissenschaften – zumindest in ihrer Idealform – befolgen den Erhaltungssatz. Was hineingesteckt wird, muss auch wieder hinauskommen. Wird zum Beispiel einfach mehr Geld gedruckt, wertet dies nach der Standardgeldtheorie die Menge an Geld, die sich bereits im Umlauf befindet, um die entsprechende Summe ab.

Im wahren Leben gelten die Wirtschaftswissenschaften als »düstere Wissenschaften« – und das aus gutem Grund. Wie bei anderen Wissenschaften, die sich mit dem menschlichen Verhalten beschäftigen, ist auch dieses Fach mehr als nur ein bisschen ungenau. Was immer in einem Wirtschaftssystem nicht gemessen werden kann, wird lapidar in eine Kategorie namens »Externalitäten« gestopft (wenn Sie sich beispielsweise ein Paar Schuhe kaufen, findet sich auf der Rechnung kein Posten wie »Umweltbelastung«, obwohl bei der Produktion der Schuhe Kohlendioxid freigesetzt wurde – das wären die »negativen Externalitäten«, auf die ich später noch im Detail eingehen werde). Ein großer Teil der Kosten für ein kostenloses Mittagessen fällt unter die Kategorie der Externalitäten – das heißt, sie sind tatsächlich vorhanden, aber kaum zu spüren.

Ich möchte Ihnen gerne am Beispiel von Wikipedia und dem Geldfluss, der entsteht, damit Sie einen Artikel lesen können, zeigen, wie das Ganze in der Praxis aussieht. Die gemeinnützige Stiftung Wikipedia Foundation kommt für die Server und die Bandbreite auf, auf denen Wikipedia läuft, und ist deshalb auf Spenden von Privatleuten und Unternehmen angewiesen. Angenommen, Sie gehören nicht zu den privaten Spendern (wie fast alle Anwender von Wikipedia), sind aber möglicherweise Kunde von einem der Unternehmen, die Wikipedia finanziell unterstützen, wie zum Beispiel Sun Microsystems. In diesem Fall zahlen Sie für Ihren Server von Sun den Bruchteil von 1 Cent mehr, als dies ohne die Großzügigkeit des Unternehmens der Fall gewesen wäre, denn schließlich würde Sun nichts spenden, wenn seine Gewinnspanne nicht auch für Spenden für gemeinnützige Organisationen ausreichen würde. Ach so, Sie sind gar kein Kunde von Sun. Auch recht. Google unterstützt Wikipedia ebenfalls. Vielleicht haben Sie ja einmal den Bruchteil eines Bruchteils von 1 Cent mehr für eine Anzeige ausgegeben, als dies ohne die Großzügigkeit von Google der Fall gewesen wäre. Ach so, Sie sind kein Werbekunde von Google? Vielleicht haben Sie ja dann ein Produkt von einem der Werbepartner von Google gekauft und das war dann wieder ein Bruchteil eines Bruchteils eines Bruchteils ... Sie wissen, was ich sagen will.

Im Moment reden wir von Bruchteilen von 1 Cent – quasi von den Atomen in einem Geldstück. Anders ausgedrückt, Sie können zwar sehr wohl argumentieren, dass Sie die Artikel in Wikipedia mitfinanzieren, aber dieses Argument ist ebenso stichhaltig, wie die Aussage, dass der Flügelschlag eines Schmetterlings in China Auswirkungen auf die Wetterlage in Nordamerika hat. Streng genommen mag es da durchaus einen Zusammenhang geben, aber er ist zu klein, um gemessen werden zu können, weshalb wir es damit gut sein lassen sollten.

Zurück zu Rosenthal und seiner Aussage »Papier gibt es nicht umsonst. Pixel gibt es nicht umsonst«. Auch an dieser Aussage ist streng genommen natürlich etwas dran, doch als Chefredakteur einer Zeitschrift, die sowohl im Printbereich als auch online tätig ist, weiß ich, dass in diesem Fall die Unterschiede viel größer sind als die Gemeinsamkeiten. Wir geben zig US-Dollar für den Druck, das Binden und den Versand unseres Magazins aus (die Herstellungskosten, um die Seiten mit Inhalt zu füllen, nicht eingerechnet), aber nur Bruchteile von 1 Cent für die Veröffentlichung ebendieser Inhalte auf unserer Webseite. Aus diesem Grund können wir mit Fug und Recht behaupten, dass uns Letzteres nichts kostet, denn wenn wir die Kosten auch noch auf den einzelnen Leser herunterrechnen, sind die Kosten unseres Internetauftritts schlicht zu billig, um gemessen werden zu können.

Insgesamt belaufen sich unsere monatlichen Kosten für Server und Bandbreite auf mehrere 1000 US-Dollar. Doch damit erreichen wir Millionen Leser. Wenn wir uns den Wert dieser Leser vor Augen halten, sind wir mehr als zufrieden damit, Pixel als umsonst anzusehen. Dennoch können wir den ewigen Neinsagern, semantisch gesehen, einen Punkt zubilligen: Kostenlos ist nicht wirklich kostenlos. Doch in vielen Fällen ist kostenlos so gut wie kostenlos. Und genau das ist am allerwichtigsten, wenn wir festlegen wollen, auf welche Weise wir unser Leben und unser Geschäft führen wollen.

2. Bei »Free« gibt es immer versteckte Kosten. Kostenlos ist ein Werbekniff.

»Free« ist nicht das, was es einmal war. Das gilt vor allem für das Internet, dessen ureigenste Geschichte und Technologie auf der Annahme beruhen, dass Informationen, aber

auch alles andere, was über das Internet angeboten wird, nichts kosten sollten. Doch wir zahlen einen stolzen Preis für die kostenlosen Werbegeschenke aus dem Internet: Computerabstürze, Frustration, Verlust von Privatsphäre und Sicherheit – ganz zu schweigen davon, dass einem der Staatsanwalt im Nacken sitzt, wenn man sich in großem Stil Musik aus dem Netz herunterlädt.[4]
John Schwartz, *New York Times*

Hier haben wir es weniger mit einem Trugschluss als vielmehr mit einem Klischee zu tun. Ja, es ist richtig, dass es bei »Free« manchmal ein paar Haken gibt. Ja, Anzeigen können eine Website unübersichtlich machen. Ja, zuweilen gibt es Beschränkungen. Manch kostenloses Angebot soll uns nur anlocken, damit wir dann doch das Bezahlangebot wählen. Oder man bindet sich an etwas, das alles andere als kostenlos ist. Wir werden geködert und dann umgeleitet.

Doch das alles trifft vielmehr auf das »Free« des 20. Jahrhunderts und weniger auf das des 21. Jahrhunderts zu. Kleiner Tipp am Rande: Verlassen Sie sich auf Ihren gesunden Menschenverstand. Wenn etwas den Eindruck erweckt, zu gut um wahr zu sein, dann ist es meistens auch so, insbesondere in der Welt der Atome. Die Grenzkosten für den Hauch Parfüm, mit dem Sie in der Parfümerie eingesprüht werden, sind so niedrig, dass Sie diese kostenlose Warenprobe ruhigen Gewissens annehmen können. Anders dagegen mit dem Versprechen der kostenlosen Urlaubsreise: Auf irgendeine Weise werden Sie dafür bezahlen müssen.

Für das »Free« des 21. Jahrhunderts, das auf der Wirtschaftlichkeit digitaler Bits beruht, besteht nicht die Notwendigkeit versteckter Kosten. Diese Beispiele gibt es zwar, wie Schwartz uns vor Augen hält, doch das spricht mehr für die Tatsache, dass es bei kostenlosen Produkten eben weder Garantie noch Gewährleistung gibt. Funktioniert etwas nicht, haben Sie keinen Anspruch auf eine kostenlose Reparatur. Aber das braucht es doch auch gar nicht. Kostenlos kann genauso gut sein wie jeder beliebige Preis oder sogar noch besser: ohne jeden Haken.

Es ist an der Zeit, dass wir aufhören, Bits wie Atome zu behandeln, und davon auszugehen, dass für beide dieselben Beschränkungen gelten. Faule Tricks und Bauernfängereien sind nicht länger ein wesentlicher Bestandteil von »Free«.

3. Das Internet ist nicht wirklich kostenlos, schließlich muss der Zugang bezahlt werden.

Entschuldigung, aber wann war denn das Internet jemals kostenlos? Frei wie in Freiheit, ja, aber doch nicht frei wie in Freibier. Wir alle bezahlen doch unseren Internetprovider, damit wir online gehen können, und das bedeutet, dass wir auch für alles, was wir darin finden, bezahlt haben.[5]

Laurie Langham in einem Kommentar zu einem Blog-Eintrag

Der Irrtum, dass wir mit unseren Zugangskosten von monatlich 30 oder 40 US-Dollar zugleich das gesamte Internet finanzieren, ist weit verbreitet. Dieses Geld trägt zwar dazu bei, die Infrastruktur, die für die Übertragung der Daten nötig ist, zu bezahlen, aber es finanziert in keiner Weise die Daten selbst. Im Prinzip ist es nicht anders als bei Ihrer Handyabrechnung. Die Kosten für die Gesprächsdauer sagen rein gar nichts über den Wert Ihres Telefonats aus. Und genauso verhält es sich auch mit dem Internet: Sie zahlen, damit die Bits zu Ihnen nach Hause (oder ins Büro) geliefert werden, nicht aber für den Wert, den diese Daten haben mögen. Das ist der Unterschied zwischen »Inhalten« und »Übertragung«, im Übrigen zwei separate Märkte. Die Übertragung ist nicht kostenlos, der Inhalt meistens schon. Die monatlichen Gebühren, die Ihnen Ihr Provider abknöpft, sind nichts anderes als die Zustellkosten für die Inhalte, während die Erstellung dieser Inhalte einem ganz anderen ökonomischen Modell unterliegt.

Es ist nicht allzu schwer zu verstehen, warum die Menschen hier Äpfel mit Birnen vergleichen. Schließlich *gibt* es Märkte, in denen die Inhalte über die Zustellung finanziert werden. Beim Kabelfernsehen zum Beispiel. Dort zahlt der Anbieter eine Lizenzgebühr für so ziemlich das gesamte ausgestrahlte Bildmaterial, und die wird über Ihre monatlichen Gebühren finanziert. Doch im Internet läuft es anders: Ihr Provider hat weder Einfluss darauf, welche Bits in Ihr Haus gelangen, noch zahlt er in irgendeiner Form dafür. (Juristen bezeichnen Provider als »Netzbetreiber«, ähnlich einer Telefongesellschaft.)

Dieser Irrtum hat auch damit zu tun, dass wir bei der Bestimmung des Werts einer Sache die falschen Einheiten verwenden. In Bezug auf seinen Mineraliengehalt ist mein jüngster Sohn unter Berücksichtigung der aktuellen Marktpreise rund 5 US-Dollar wert, aber natürlich gebe ich ihn nicht her. Mir ist er viel mehr wert, aufgrund der Art, wie diese Mineralien und alles, was ihn sonst noch so ausmacht, zusammengesetzt sind. Wer die Kosten für die Übertragung der Megabits mit den Kosten für ihre Herstellung und dem Wert, den sie für ihren Empfänger haben, verwechselt, täuscht sich über den Ort, an dem sich der eigentliche Wert befindet. Jedenfalls nicht im Netz. Erst an den Rändern des Webs, an den Schnittstellen, wo Inhalte erzeugt oder verbraucht werden, verwandeln wir Bits in Bedeutung und schöpfen damit Wert.

4. Bei »Free« geht es in erster Linie um Werbung (und der sind Grenzen gesetzt).

In der heutigen (kosten-)freien Welt, sprich in den meisten Online-Branchen, ist es nicht mehr möglich, ein kleines, sich selbst erhaltendes Unternehmen zu gründen und dieses organisch wachsen zu lassen. Der Grund? In der digitalen Welt funktioniert Werbung, die einzig echte Einnahmequelle, nicht für kleine digitale Unternehmen. Würde weiterhin der Grundsatz gelten, dass Menschen für Dienste zahlen, wären der Erfolg von kleineren Unternehmen und ihr Wachstum durchaus möglich. Doch wie will man für etwas Geld verlangen, wenn die Konkurrenz das Gleiche kostenlos anbietet?[6]

Hank Williams im *Silicon Alley Observer*

Einer der am weitesten verbreiteten Irrtümer über das Internet ist, dass Werbung darin die Hauptrolle spielt. Zwar ist es richtig, dass werbegestützte Modelle in der ersten Ära des Internets eine Vorrangstellung innehatten, doch heutzutage wächst Freemium – das Modell, bei dem einige Nutzer zahlen und damit die vielen anderen subventionieren, die keinen müden Cent dafür ausgeben – so schnell, dass es die alten Modelle möglicherweise schon bald überholen wird (wie wir in Kapitel 1 erfahren haben). Online-Spiele zum Beispiel, die am schnellsten wachsende Kategorie webbasierter Software (bekannt als »Software as a service«, kurz »Saas«) orientieren sich überwiegend an der Freemium-Strategie. Williams hat insofern Recht, als es sich bei den meisten im Internet vertretenen Unternehmen um kleine Betriebe handelt und sich solche Firmen nur sehr schlecht über Werbung finanzieren lassen. Doch er täuscht sich, wenn er glaubt, dass dieses Geschäftsmodell das einzige ist, das online möglich ist. Immer mehr Unternehmen, wie 37signals aus Chicago, vermarkten ihre Software zwar mittels kostenloser Beta- und Testversionen, bezahlt wird dann jedoch auf die gute alte Art und Weise: direkt vom Kunden.

Das klingt altmodisch? Mag schon sein, aber im richtigen Markt kann das die richtige Methode sein. Einer der Gründer von 37signals, David Heinemeier Hansson, sagt, das Erfolgsrezept seines Unternehmens laute nicht, Privatkunden (diesen Geld aus der Tasche zu locken ist alles andere als einfach) oder Großunternehmen (in diesem Markt ist die Konkurrenz zu groß und die Bürokratie des Einkaufsprozesses zu träge) zu gewinnen. Stattdessen konzentriert sich das Unternehmen in Anlehnung an Fortune 500 auf die »Fortune 5 Million« – die unzähligen kleineren Firmen mit besonderen Ansprüchen, die ansonsten vernachlässigt werden. 37signals entwickelt und vertreibt zum Beispiel Projektmanagement-Software für Teams, die aus bis zu zwölf Personen bestehen. Solche Firmen, frustriert, weil die gängigen Softwareprodukte der Marktführer für sie völlig überdimensioniert sind oder sie mit den komplizierten Open-Source-Alternativen nicht zurechtkommen, zahlen gerne ein paar 100 US-Dollar im Jahr für die Version von 37signals.

Werfen Sie doch einmal einen Blick in den Anwendungsmarkt für das iPhone (all die Programme für Ihr iPhone, die über iTunes heruntergeladen werden können). Da tummeln sich Hunderte von anderen kleinen Unternehmen (viele von ihnen Einzelprogrammierer), die ganz gut davon leben, dass sie in einem Markt Software verkaufen, in dem ansonsten »Free« herrscht. Hier ist Werbung überflüssig – die Ware wird direkt vom Kunden bezahlt, entweder gleich komplett oder etwas später für die erweiterte Version einer kostenlosen Grundvariante. Das Gleiche gilt für Tausende von Unternehmen, die maßgeschneiderte Hilfsprogramme online vertreiben, wobei es die Testversion meist kostenlos gibt. Auch daran ist nichts neu – der Sharewaremarkt besteht seit geraumer Zeit – doch seitdem die Software webbasiert ist, wird dieses Modell zum Kinderspiel.

Mein zweites Argument gegen die Aussage, dass es im Internet doch bloß um Werbung ginge, lautet, dass sie impliziert, »Free« müsste seine Grenzen haben: Der Werbekuchen könne nur eine bestimmte Größe haben. Gut, das mag schon sein, aber wo stößt er denn genau an seine Grenzen? Und um wie viel größer kann dieser Kuchen im Internet werden? Google hat eindeutig bewiesen, dass Online-Werbung so anders sein kann – messbare, zielorientierte Werbung, für die nur im Erfolgsfall bezahlt werden muss –, dass sie eine ganze Klasse aus neuen Werbetreibenden anzieht: kleine und mittlere Betriebe, die Schlüsselwörter für Cents pro Klick einkaufen. Google schnappt sich nicht einfach nur ein größeres Stück des Werbekuchens – es backt auch einen größeren Kuchen.

5. »Free« bedeutet mehr Werbung, und mehr Werbung bedeutet weniger Privatsphäre.

> *Ich habe meine Freunde, Bekannten und Verwandten – allesamt große Facebook-Fans – gefragt, wie viel sie dafür zahlen würden, die einhellige Antwort lautete: nichts. Deshalb bleibt Facebook nichts anderes übrig, als sich zum Sklaven der Werbung zu machen und aus jedem seiner Nutzer das letzte Bisschen an Daten herauszuquetschen – und für ein paar Cent zu verhökern. Ich täusche mich vermutlich nicht, wenn ich sage, dass private Daten nicht so freigiebig verteilt würden, wenn die Leute bereit wären, für bestimmte Dienste Geld auszugeben.*[7]
>
> Paul Ellis, pseudosavant.com

Dieses Argument wird gerne gegen Werbung im Allgemeinen genannt. Man hält es für eine Art Naturgesetz, dass auf jeder Webseite mit Werbung das Benutzerverhalten verfolgt wird, um diese Daten an Werbemacher zu verscherbeln. Dieser Gedanke stützt die These, dass »Free«, das ja zum großen Teil werbegestützt ist, eine zerstörerische Kraft ist, die, wo sie geht und steht, einen Haufen Werbung hinterlässt.

In Wahrheit ist das – rein hypothetische – Facebook-Beispiel immer noch die Ausnahme, nicht die Regel. Die meisten werbegestützten Webseiten befolgen Regeln zum Schutz der Privatsphäre, die es verbieten, die Daten ihrer Nutzer an Werbekunden weiterzugeben (von denen die meisten eh nicht wüssten, was sie mit diesem Datenberg anfangen sollten).

Ellis führt ins Feld, dass eine direkte Bezahlung bestimmter Dienste durch die Anwender und nicht durch die Werbepartner den Schutz der Privatsphäre verbessern würde – soll heißen, die Webseiten würden dann für Sie arbeiten, nicht für den Werbepartner. Das mag schon richtig sein, ist aber nicht notwendigerweise so.

Die Medienwelt, die seit Jahrzehnten nichts anderes tut, als für ein Gleichgewicht zwischen den Interessen der Kunden und der Werbetreibenden zu sorgen, hat aus diesem Grund Branchenregeln aufgestellt, die für eine »Chinesische Mauer«, das heißt für Abstand zwischen der Redaktion und der Anzeigenabteilung sorgen. Das Problem ist also nicht neu, und wir haben die Erfahrung gemacht, dass redaktionelle Unabhängigkeit durchaus möglich ist, auch wenn sich die Sache für die Werbetreibenden lohnt.

Ich möchte jedoch betonen, dass das Ausmaß der Privatsphäre Auslegungssache ist. In Europa gibt es ein umfassendes gesetzliches Regelwerk zum Datenschutz, während es in den USA eher eine Frage des Verhaltenskodex einzelner Unternehmen ist oder davon abhängt, ob die Verbraucher entsprechend Druck machen. Doch unsere Einstellungen und Erwartungen, was den Schutz unserer persönlichen Daten anbelangt, sind nicht mit denen der heutigen Generation, die in Zeiten des Internets aufwächst, zu vergleichen. Warum sollte man sich, wenn man ohne jegliche Scheu Fotos von Trinkgelagen ins Netz stellt oder sich online ausführlich über die Höhen und Tiefen der aktuellen Liebesbeziehung auslässt, dann darüber aufregen, dass man von einem Unternehmen, weil es um die eigenen Vorlieben weiß, einen Rabatt auf ein angesagtes Designerteil erhält, das man sich sowieso gekauft hätte?

6. Keine Kosten = kein Wert

Es bedrückt mich ganz schön, dass so viele Leute das Gefühl haben, Musik dürfe nichts kosten. Es macht mich traurig, dass unsere Arbeit nicht geschätzt wird. Wenn Musik nichts kostet, weil einem Freunde selbstgebrannte CDs schenken, zeigt das doch, dass die Arbeit, die in die Herstellung des Albums hineingesteckt wurde, in keiner Weise anerkannt wird.[8]

Sheryl Crow, in einem Interview des *New York Times Magazine*

Haben Sie den Irrtum erkannt? Richtig, es ist ein Trugschluss zu glauben, dass sich der Wert von etwas ausschließlich mit Geld messen ließe. Im Internet gelten vorrangig zwei nonmonetäre Größen – Aufmerksamkeit (Traffic) und Image (Links) – und beide profitieren erheblich von den kostenlosen Inhalten und Diensten. Wie ein Blick auf die Bilanzen von Google zeigt, ist es gar nicht so schwer, diese Währungen in echtes Geld zu konvertieren.

Oder denken Sie an die TED-Veranstaltung, die Tausende von US-Dollar für ihre Eintrittskarten verlangt (und auch bekommt), obwohl sämtliche Vorträge gleichzeitig über das Internet übertragen werden (siehe Abbildung Seite 138 f.). Auch Sheryl Crow profitiert von »Free«, da sich ihr Bekanntheitsgrad deutlich erhöht, je mehr Leute ihre Alben rippen und brennen, um sie dann ihren Freunden zu schenken. Eine CD zu verschenken, heißt nichts anderes, als den Künstler weiterzuempfehlen. Es gibt Marketingexperten, die würden sich glatt ein Bein ausreißen, damit ihr Produkt Gegenstand einer solchen authentischen und schnellen Mundpropaganda wird.

Wenn CDs gebrannt werden (oder, viel wahrscheinlicher heutzutage, über iTunes oder Tauschbörsen den Besitzer wechseln), heißt das nicht, dass Crow keine Mühe in die Produktion des Albums gesteckt hat, sondern nur, dass sie keine Arbeit mit dieser Art des Vertriebs hatte – mit der Erstellung der digitalen Version. Und so ist es ja auch. Für Crow liegen Grenzkosten dieses Transfers bei Null, und das anscheinend mit der Muttermilch aufgesogene Verständnis der Filesharing-Generation über die Funktionsweise der digitalen Ökonomie lässt nur den einen Schluss zu, dass auch der Verdienst an diesem Transfer bei Null liegen sollte.

Letztlich wird Sheryl Crow schon noch Geld verdienen – an ihren Konzerten, dem Merchandise, den Lizenzen für Werbespots oder Soundtracks und sicherlich auch am Verkauf ihrer CDs an Leute, die sich lieber eine Original-CD kaufen oder die Dateien gegen Bezahlung aus dem Internet herunterladen. Doch der Bekanntheitsgrad und die Glaubwürdigkeit, die sie denjenigen, die ihre Musik herunterladen oder brennen zu verdanken hat, hilft dabei – oder erhöht zumindest ihren Marktwert. Sicherlich lässt sich nicht exakt beziffern, wie sich dieser in Geld umwandeln lässt. Macht Sheryl Crow so mehr Geld, als wenn diese Leute für ihre Musik bezahlen würden? Das werden wir nie erfahren.

Am Ende des Buchs finden Sie 50 Geschäftsmodelle rund um »Free«, und es gibt vermutlich noch 100 weitere. Diese Modelle haben eines gemeinsam: Sie basieren auf der grundlegenden Überzeugung, dass kostenlose Dinge durchaus ihren Wert haben, und dass wir ihn daran erkennen, welches Verhalten er auslöst. Es gibt keinen besseren Test, um zu erkennen, was Menschen wertschätzen, als die Tatsache, dass sie freiwillig ihre Zeit damit verbringen – denn auch wenn uns mehr Geld zur Verfügung steht, hat der Tag immer noch nur 24 Stunden. Menschen aus einer Generation, für die es ein in dieser Größenordnung noch nie da gewesenen Freizeitangebot gibt und um deren Zeit ganze Branchen ringen, haben sich für

Musik von Sheryl Crow entschieden. Es gibt Schlimmeres, als im Rampenlicht zu stehen.

7. »Free« untergräbt Innovation

In den modernen Ökonomien gilt geistiges Eigentum wie noch nie zuvor als schützenswertes und kostbares Gut. Es gibt immer weniger Kommunisten auf dieser Welt. Andererseits hat sich eine neue Sorte von Kommunisten entwickelt, die in unterschiedlicher Gestalt danach trachtet, Musikern, Filmemachern und Programmierern jeglichen Anreiz zu entziehen, Neues zu kreieren.[9]

Bill Gates, 2005 in einem Interview

Das Argument, das »Free« geistiges Eigentum wie Patentrechte oder Urheberrechte gefährdet, verwischt die Grenze zwischen *frei* und *kostenlos*. Dahinter steckt folgende Logik: Wenn die Aussicht auf Belohnung wegfällt, wird nichts mehr erfunden. Durch Patent- und Urheberrechte sorgen wir dafür, dass die Erfinder für ihre Arbeit bezahlt werden. Welchen Sinn haben diese Rechte noch, wenn am Markt ein Preis von Null erwartet wird?

Moment mal: Ein Blick in die Geschichte des geistigen Eigentums zeigt, dass die Macht von »Free« schon immer anerkannt wurde. Schließlich basiert es auf der uralten Tradition der wissenschaftlichen Welt, in der man schon immer auf früheren Veröffentlichungen aufbaute und die Ergebnisse anderer weiterentwickelte. Auf ähnliche Weise versuchten die Begründer des Patentrechts (angeführt von Thomas Jefferson) dafür zu sorgen, dass Informationen allen zur Verfügung stehen; sie mussten jedoch einsehen, dass die Forscher und Erfinder davon überzeugt waren, nur dann gerechten Lohn für ihre Arbeit zu erhalten, wenn sie ein Geheimnis daraus machten. Aus diesem Grund überlegten sich Jefferson und Co. einen anderen Weg, die Ansprüche der Erfinder und Forscher zu schützen – und zwar durch einen 17 Jahre geltenden Patentschutz. Als Gegenleistung für die Veröffentlichung seiner Erfindung (*frei*) kann der Erfinder für die Dauer des Patentschutzes von jedem, der seine Erfindung nutzt, eine Lizenzgebühr verlangen (nicht *kostenlos*). Nach Ablauf dieses Schutzes steht das geistige Eigentum allen kostenlos zur Verfügung (*kostenlos*).

Das heißt also, dass »Free« vom Patentrecht bereits berücksichtigt wird – nach Ablauf von 17 Jahren hat es seinen Einsatz. (Ursprünglich sollten auch Urheberrechte in den USA nach einer gewissen Zeit ablaufen, doch der Kongress kann sich einfach nicht dazu durchringen.) Eine wachsende Gruppe von Erfindern will jedoch nicht länger warten. Sie hat sich dafür entschieden, auf ihre Rechte zu verzichten und ihre Erfindungen (ob Wort, Bild, Musik oder Code) unter Lizenzen wie der Creative Commons oder verschiedenen Open-Source-Software-Lizenzen der Öffentlichkeit zur Verfügung zu stellen. Die Erfinder sind nämlich davon überzeugt, dass »Free« – sowohl im Sinne von *kostenlos* als auch im Sinne von *frei* – die Innovation fördert, weil dadurch Menschen die Arbeit von anderen problemlos neu zusammenstellen, verändern oder sonst wie verwerten dürfen.

Und das liebe Geld? Auch hier lassen sich indirekte Einkommen erzielen, zum einen durch Dienstleistungen rund um kostenlose Produkte (wie Supportleistungen für Linux) und zum anderen, indem man sich überlegt, wie sich diese Anerkennung der eigenen Arbeit durch Dritte – wer würde schon Schund weiterentwickeln? – in Cash verwandeln lässt. Denkbar sind besser bezahlte Jobs, bezahlte Auftritte und dergleichen mehr.

8. Überfischte Meere, verdreckte öffentliche Toiletten und die globale Erwärmung sind alles Folgen von »Free«.

Kostenloses Parken hat dazu beigetragen, dass wir immer weniger auf unser Auto verzichten wollen, dass die Innenstädte ausufern, der Energieverbrauch maßlos ansteigt und es hat noch unzählige weitere Probleme geschaffen. Die Städteplaner sorgen für kostenlose Parkplätze, um Staus auf den Straßen zu verringern, doch wohin hat uns das geführt? Öffentliche Transportmittel verlieren ihre Anziehungskraft, der Städtebau verliert an Schönheit, und die Wirtschaft leidet ebenso wie die Umwelt. Das allgegenwärtige kostenlose Parken ist schuld daran, dass unsere Städte mehr auf Autos denn auf Bürger zugeschnitten sind und erklärt, weshalb die amerikanische Bevölkerung rund ein Achtel der gesamten Mineralölproduktion weltweit verbraucht.[10]

Donald Shoup in seinem Buch
The High Cost of Free Parking

Keine Diskussion über »Free« kann die »Tragik der Allmende« verhindern. Wenn wir für bestimmte Dinge nichts zahlen müssen, neigen wir dazu, zu viel davon zu konsumieren. Das klassische Beispiel (das Biologe Garrett Hardin 1968 in einem Artikel verwendete) für die Tragik der Allmende beschreibt Schafe, die auf einer Weide grasen, die sich im Dorfbesitz befindet. Da die Schäfer dafür nichts zahlen müssen, haben sie auch kein Interesse daran, sich um die Weide zu kümmern. Und schlimmer noch: Da sie sehr wohl wissen, dass die anderen Schäfer ebenfalls im Übermaß von diesem Recht Gebrauch machen könnten, schnappen sie sich selbst ein größeres Stück des Kuchens und lassen mehr Tiere länger weiden als ihnen eigentlich zusteht. Innerhalb kürzester Zeit ist das Gras abgeweidet und der Boden braun verfärbt.

Wirtschaftswissenschaftler sprechen in diesem Zusammenhang von den »unkompensierten negativen Externalitäten«. Wenn bestimmte Dinge tatsächlich knapp sind, wir aber so tun, als wären sie im Überfluss vorhanden, kann das schlimme Folgen haben.

Nehmen wir doch mal die globale Erwärmung. Wir wissen bereits seit längerem, dass der Preis dafür, dass wir zig Tonnen von Kohlendioxid in die Atmosphäre blasen, der weltweite Temperaturanstieg mit all seinen fatalen Folgen ist. Trotzdem tun wir weiterhin so, als hätte der gigantische Ausstoß von Kohlendioxid keinerlei Konsequenzen – weder auf unser aller Geldbeutel noch auf die Umwelt. Man könne so viel Kohlendioxid ausstoßen wie man will, und genau das tun wir auch. Anders ausgedrückt handelt es sich bei den Kosten dieses Ausstoßes aus Sicht unseres Wirtschaftssystems um »Externalitäten«, obendrein noch »negative«. Die derzeitigen Bemühungen, dem etwas entgegenzusetzen, wie eine Abgabe für den Kohlendioxidausstoß oder zumindest die Einführung einer Obergrenze und ähnliche Maßnahmen, sind nur der verzweifelte Versuch, diese Kosten zu kompensieren und sie in »interne« Kosten unseres Wirtschaftssystems umzuwandeln.

Wohin man auch blickt, dieses Problem findet sich überall. Unsere Meere sind überfischt, weil dort entweder keine Beschränkungen gelten oder ihre Einhaltung nicht überwacht werden kann, und Fisch für die Fischer kostenlos und scheinbar im Überfluss vorhanden ist. Noch ein Beispiel gefällig? Wenden wir uns einer etwas unappetitlicheren Sache zu: Bei öffentlichen Toiletten kann man die »unkompensierten negativen Externalitäten« im wahrsten Sinne des Wortes riechen. Vielerorts kostet der Besuch dort nichts, obwohl Reinigungskosten anfallen. Das führt bedauerlicherweise dazu, dass die Besucher diese Toilette nicht so sauber verlassen wie ihre eigene Toilette zu Hause – mit all den unangenehmen Folgen, von liegengebliebenem Unrat bis zu Vandalismus. »Free« kann zu Völlerei führen, was die Party für alle Gäste ruiniert.

Es ist jedoch wichtig, sich klar zu machen, dass sich die finanziellen Folgen von »Free« für die Umwelt überwiegend in der Welt der Atome bemerkbar machen. Wie wir bereits geklärt haben, ist es gar nicht so einfach, Atome kostenlos anzubieten. Und der Grund dafür, dass wir die Kosten für unsere Umwelt nicht wahrhaben (wollen), liegt schlichtweg darin, dass wir es versäumt haben, den richtigen Marktpreis dafür festzulegen. Plastiktüten sind nur deshalb kostenlos, weil die Kosten, die dafür anfallen, sie wieder aufzuklauben, nicht *direkt* vom Verbraucher eingefordert werden. Doch in zunehmendem Maße fangen wir damit an, solche negativen Externalitäten zu messen und zu berücksichtigen (und sie als negative *Internalitäten* zu verbuchen, da sie nun ausdrücklich Teil unseres geschlossenen Wirtschaftssystems geworden sind). Aus diesem Grund finden sich in Supermärkten an den Kassen immer mehr Stoffbeutel oder Papiertüten anstelle der umweltschädlichen Plastiktüten.

In der Welt der Bits spielen Umweltkosten so gut wie keine Rolle. Ein verschwenderischer Umgang mit der Verarbeitung und Speicherung von Daten sowie von Bandbreite läuft lediglich auf hohe Energiekosten hinaus, und der Markt wird zusehends besser darin, die Ökokosten dafür zu bestimmen. Obergrenzen für den Ausstoß von Kohlendioxid, Gesetze, die erneuerbare Energien vorschreiben, und lokale Emissionsgrenzwerte haben Unternehmen wie Google, Microsoft und Yahoo keine andere Wahl gelassen, als ihre Datenzentren in unmittelbarer Nähe zu Wasserkraftwerken zu errichten, die kein Kohlendioxid ausstoßen. Eines schönen Tages werden diese Zentren neben Windkraftwerken angesiedelt sein oder die Erdwärme zu nutzen wissen und Solarzellen auf dem Dach haben. Mit simplen Regeln der Wirtschaftlichkeit – die Gesetzgebung sorgt dafür, dass Elektrizität, bei der Kohlendioxid ausgestoßen wird, teurer ist als die von erneuerbaren Energien – kann sichergestellt werden, dass die Verschwendung von Bits nicht annähernd dieselben zerstörerischen Folgen für die Umwelt hat wie der maßlose Umgang mit Atomen.

Doch auch bei der digitalen Form von »Free« kann es nicht belegte Kosten geben. Denken Sie nur mal an Ihre Pauschale, die Sie für den unbegrenzten Zugang ins Internet bezahlen. Manche Menschen ändern angesichts dieser Größenordnung ihr Verhalten und tauschen riesige Datenmengen mit Gleichgesinnten über entsprechende Programme wie Bit-

Torrent aus. Diese Minderheit nimmt die Mehrheit der verfügbaren Netzwerkkapazität für sich in Anspruch, und wir alle zahlen dafür, indem unser Zugang zum Internet langsamer wird.

Aus diesem Grund belegen manche Provider oder Kabelgesellschaften einzelne Anwender, die einen zu großen Teil der Kapazitäten für sich alleine nutzen, mit Übertragungsgrenzen oder verlangen dann entsprechend mehr für die Datenübertragung. Diese Grenzen sind normalerweise so hoch angesetzt, dass der »normale« Anwender sie nicht sprengt, und die Provider achten sorgfältig darauf, dass sich das auch nicht ändert. Aber angesichts der Vielzahl an Mitbewerbern will keiner in dem Ruf stehen, zu den »langsamen« Anbietern zu zählen.

9. »Free« fördert die Produktpiraterie.

Mike, du bist nicht etwa ein Kommunist, oder? Ein Kapitalist bist du jedenfalls nicht. Wer immer sich Inhalte ausdenkt, sollte vernünftig dafür bezahlt werden. Ich gebe es hiermit ohne Umschweife zu, ich lade mir alle möglichen Inhalte aus dem Netz herunter, und ich werde auch weiterhin so viele Inhalte klauen, wie ich in die Finger kriegen kann. Doch eines werde ich bestimmt nicht tun: Mein unmoralisches Handeln unter dem rhetorischen Deckmantel der »Wirtschaftlichkeit angesichts des Überangebots« tarnen.[11]

»Xenohacker«, als Antwort auf Mike Masnick vom Netzwerk Techdirt

Nein, das genaue Gegenteil trifft zu. »Free« fördert die Produktpiraterie in keiner Weise. Die Piraterie fördert »Free«. Es kommt immer dann zu Produktpiraterie, wenn der Markt realisiert, dass die Grenzkosten für die Reproduktion und den Vertrieb eines Produkts erheblich niedriger sind als der geforderte Preis. Anders ausgedrückt: Das Einzige, was den Preis in die Höhe treibt, ist der Patentschutz. Wird gegen dieses Recht verstoßen, kann der Preis fallen, manchmal sogar bis auf Null. Das gilt ausnahmslos für alles, von nachgemachten Reisetaschen von Louis Vuitton (bei denen der Preis zwar sehr niedrig ist, aber nicht bei Null angekommen ist) bis zu MP3-Dateien (mit denen reger Handel zum Nulltarif betrieben wird).

Produktpiraterie und die Gesetze der Schwerkraft haben vieles gemeinsam. Ganz gleich, was Sie nach oben halten, wenn Sie es loslassen, fällt es zu Boden. Mit den digitalen Produkten verhält es sich ähnlich – der Patentschutz, entweder in Form einschlägiger Gesetze oder von Kopierschutz hält die Preise künstlich oben. Doch auch hier wird letztlich die Schwerkraft ihren Sieg davontragen, entweder weil der Inhaber den Preis freiwillig senkt oder weil die Produktpiraten ihm den Boden entziehen.

Ich möchte damit nicht ausdrücken, dass ich die Produktpiraterie billige oder gar fördern will, keineswegs. Für mich ist sie allerdings eher eine natürliche Kraft als ein Verhalten, das man abtrainieren oder gesetzlich verbieten kann. Die wirtschaftlichen Anreize, Raubkopien von digitalen Produkten anzufertigen sind so hoch – null Kosten, identisches Ergebnis –, dass wir uns sicher sein können, dass sämtliche digitalen Erzeugnisse, die auch nur den geringsten Wert besitzen, früher oder später raubkopiert und kostenlos unters Volk gebracht werden. In einigen Fällen wird sich das auf den dubiosen grauen Markt beschränken (Unternehmenssoftware), in anderen wird es zum Massenphänomen (Musik und Filme). Aufhalten lässt sich dieser Trend jedoch nicht. Der Ökonomie fehlt jegliche Moral, und das aus denselben Gründen, wie auch die Evolution unsentimental und verschwenderisch mit Leben umgeht – sie beschreibt lediglich, was passiert, nicht, was passieren *sollte*.

10. »Free« bringt eine Generation hervor, die nichts mehr wertschätzt.

Noch vor einigen Jahrzehnten arbeiteten die Menschen schwer für ihren Lebensunterhalt und stellten keine hohen Ansprüche. »Free« kannten sie nicht und hätten es nie für möglich gehalten. Doch weil sich »Free« online durchgesetzt hat, ist mittlerweile genau das Gegenteil passiert. Wird die neue Generation, die ohne Gegenleistung hohe Ansprüche stellt, ebenso hart dafür arbeiten, um das hohe Niveau unseres Lebensstandards halten zu können?[12]

Alex Iskold in dem Blog ReadWriteWeb

Bedenken dieser Art gibt es schon seit der Industriellen Revolution – ersetzen Sie einfach »Free« durch »Dampf« und schon wissen Sie, welche Sorgen sich die Menschen des Viktorianischen Zeitalters um erschlaffte Muskeln und Hirne machten. Zwar stimmt es schon, dass die junge Generation Dinge für selbstverständlich erachtet, die für ihre Eltern noch einen bestimmten Wert darstellten, doch das heißt doch noch lange nicht, dass die junge Generation überhaupt nichts wertschätzt. Nein, sie schätzt eben nur *andere* Dinge. Wir sind halt an einem Punkt angekommen, da fast niemand mehr mit den Hühnern aufsteht und die Kühe melkt – doch dass wir damit unsere generelle Arbeitsbereitschaft eingebüßt hätten, ist ein Ammenmärchen.

Es stimmt schon, dass die meisten, die in einem Haushalt mit Breitbandanschluss groß geworden ist, auch annehmen, dass alle digitalen Erzeugnisse kostenlos sein müssten (was vermutlich daher rührt, dass es zum Großteil ja genau so ist). Nennen wir diese jungen Leute die »Generation Free«.

Diese Gruppe – überwiegend junge Menschen aus den Industrienationen unter 20 – ist außerdem der Ansicht, dass Informationen unendlich und stets unmittelbar vorhanden sind. (Man kennt sie auch unter dem Namen »Generation Google«.) Ihre Bereitschaft, Geld für Inhalte und andere Formen der Unterhaltung hinzulegen, nimmt immer mehr ab, da ihnen zahlreiche kostenlose Alternativen angeboten werden. Diese Generation hält nichts von Ladendiebstahl, denkt aber nicht zweimal darüber nach, wenn es darum geht, sich Musik aus Tauschbörsen herunterzuladen. Rein aus dem Bauch heraus haben sie erfasst, dass in der Welt der Atome eine andere Ökonomie herrscht als in der Welt der Bits. Sie wissen genau, dass in der ersteren reale Kosten anfallen, für die irgendwer aufkommen muss, was auf die Welt der Bits so nicht zutrifft. Aus dieser Perspektive ist Ladendiebstahl verwerflich, Datenklau jedoch lässlich, da es keine Opfer gibt.

Diese Generation besteht auf beiden Aspekten von »Free« – Dinge sollen also nicht nur frei von Kosten, sondern auch frei von Einschränkungen sein. Sie umgehen das lästige Hindernis der Registrierung und des Kopierschutzes und wollen keine Inhalte, die sie nicht besitzen können. Die Frage lautet nicht »Wie viel kostet es?«, sondern »Weshalb sollte ich dafür zahlen?«. Das hat weder mit Arroganz noch mit Ansprüchen zu tun, sondern spiegelt lediglich ihre Erfahrung wider. Schließlich sind sie in der Welt von »Free« groß geworden.

Wenn ich diesen jungen Leuten erkläre, worum es in meinem Buch geht – dass man in Zukunft rund um »Free« Geld machen wird – ernte ich meistens nur ein müdes »Und?«. Für sie ist das selbstverständlich. Und genau hier liegt der Unterschied zwischen den Ureinwohnern der digitalen

Welt und dem Rest der Menschheit. Irgendwie versteht diese Generation, was gegen Null gehende Grenzkosten sind (auch wenn sie sich vermutlich nicht so ausdrücken würde).

Doch die »Generation Free« geht beileibe nicht davon aus, dass alles, was für die Welt der Bits gilt, auch in der Welt der Atome gelten müsste. Sie erliegt nicht dem Irrglauben, nichts für Kleidung oder eine Wohnung hinlegen zu müssen; stattdessen geben sie mehr dafür aus denn je. Wir sollten den Kids vertrauen: Sie können sehr wohl zwischen der physischen und der virtuellen Welt unterscheiden, und sie passen ihr Verhalten an die Welt an, in der sie sich gerade bewegen. Es ist ebenso unwahrscheinlich, dass die kostenlosen Angebote online zu der Erwartung führen werden, dass auch offline alles kostenlos sein müsse, wie niemand ernsthaft glaubt, dass die Spieler von World of Warcraft anfangen, sich im echten Leben so anzuziehen wie ihre Charaktere.

11. Niemand kann mit »Free« mithalten.

Es gibt kein Geschäftsmodell, das Hand und Fuß hat und mit »Free« konkurrieren kann. Wenn ich der Besitzer von einer Filiale von Pizza Hut wäre und Pizzen für 1,50 US-Dollar das Stück verkaufte, und nebenan eröffnete eine weitere Filiale, wo es Pizza umsonst gibt, zu wem würden die Leute wohl in Scharen rennen? Wer machte dann wohl das dicke Geschäft?[13]

Jack Valenti, Motion Picture Association of America

In Kapitel 14 haben wir uns ausführlich mit dieser Problematik befasst und uns insbesondere angesehen, wie Microsoft gelernt hat, mit Open-Source-Software zu konkurrieren. Auf den Punkt gebracht lässt sich sagen, dass es ganz einfach ist, mit »Free« zu konkurrieren: Ihre Produkte müssen entweder besser sein oder sich zumindest von der kostenlosen Variante unterscheiden. Es hat schon seinen Grund, weshalb Büroangestellte das kostenlose Gebräu aus der Teeküche links liegen lassen und lieber bei Starbucks 4 US-Dollar für einen doppelten Latte Macchiato hinlegen – der schmeckt eben einfach besser. Natürlich spielen auch psychologische Aspekte eine Rolle – man gönnt sich nach all der Hektik im Büro ein klein wenig Luxus. Kostenloser Kaffee ist in den meisten Büros selbstverständlich, aber Starbucks bietet mehr.

Die Situation, die Valenti beschreibt – Pizza Hut neben Pizza Hut, einmal mit normalen Preisen, einmal kostenlos – findet sich im wahren Leben höchst selten. Viel wahrscheinlicher ist, dass neben Pizza Hut der Lieferservice Domino's eröffnet, bei dem die Pizza tatsächlich nichts kostet, aber nur, wenn der Kunde länger als eine halbe Stunde auf seine Pizza warten musste. Hier haben wir es aber mit zwei völlig unterschiedlichen Angeboten zu tun, und »Free« ist nur ein Faktor, der bei der Entscheidung zwischen beiden Anbietern eine Rolle spielt.

Der Weg, mit »Free« zu konkurrieren, besteht darin, den Überfluss hinter sich zu lassen, und sich auf den Mangel in unmittelbarer Nähe dieses Überflusses zu konzentrieren. Wenn Software nichts kostet, verkaufen Sie eben technischen Support. Kosten Ferngespräche nichts mehr, verkaufen Sie eben die Arbeitskraft, die in der Ferne sitzt und sich über ebendiese Ferngespräche erreichen lässt (kurz: Outsourcing nach Indien). Wenn sich Ihre Fähigkeiten in einen Massenartikel verwandeln, der auch von Software erledigt werden kann (ein freundlicher Gruß an alle Reisekaufleute, Börsen- und Immobilienmakler) müssen Sie umsatteln und sich komplizierteren Dingen widmen, die ohne menschliches Zutun nicht auskommen. Dann ist es nicht nur ein Leichtes, mit »Free« zu konkurrieren, sondern Sie werden damit auch gutes Geld verdienen, weil Menschen für maßgeschneiderte Lösungen gerne in die Tasche greifen.

12. Ich habe meine Sachen verschenkt und bin trotzdem nicht reich geworden!

> *Was sollen Musiker oder Schriftsteller denn tun, wenn sie nicht von ihrer Kunst leben können? Ist doch ganz einfach, spricht der Internetguru: Mach doch dein Geld mit Live-Konzerten (vorausgesetzt, du gehörst zu den Musikern, die live auftreten) oder T-Shirts und anderen Fanartikeln oder denk dir einfach einen anderen »Mehrwertdienst« aus. In meinen Augen sind viele dieser Ratschläge nichts anderes als Gier, gut verpackt in den hochtrabenden Idealismus, dass »Informationen kostenlos sein wollen«.*[14]
>
> Steven Poole, Autor von *Trigger Happy*

Steven Poole hat vor etwa fünf Jahren ein geniales Buch über die Kultur der Videospiele verfasst und in jüngerer Zeit – leider nur halbherzig – mit

»Free« experimentiert. Nachdem sich sein Buch 2007 in den meisten Buchläden nicht mehr verkaufte, veröffentlichte er es als Datei in seinem Blog. Außerdem stellte er eine Art Spendenbüchse ins Netz, damit seine Leser ihm dafür auch Geld geben konnten. Doch das taten nur sehr wenige – gerade mal einer von 1 750 Lesern. In seinen Augen war das Verschenken von Büchern der totale Reinfall.

Es stimmt schon, dass sein Experiment mit »Free« gescheitert ist, aber das sagt mehr über sein Experiment denn über »Free« selbst aus. Wer direkt neben seinem Geschenk eine Spendenbüchse aufstellt, macht, wie es Mike Masnick von Techdirt – einer Plattform für Neues aus der Welt der Technik – so schön ausdrückte, den Fehler, »etwas herzuschenken und dann auf den lieben Gott zu vertrauen«. Im Prinzip können wir in seinem Fall nicht von einem gescheiterten Geschäftsmodell sprechen, sondern müssen so ehrlich sein und zugeben, dass es überhaupt keines war.

Was wäre denn ein besseres Geschäftsmodell? Als allererstes: Verschenken Sie Ihr Buch zum Zeitpunkt des Erscheinens, nicht erst Jahre später. Nehmen wir Paulo Coelho[15]. Im Jahr 2007 stiegen die Verkaufszahlen seiner Bücher auf mehr als 100 Millionen Stück an, was er größtenteils auf den Rummel zurückführt, der um ihn gemacht wurde, als er Exemplare seines beliebtesten Buchs *Der Alchimist* und Dutzende von Übersetzungen seiner neuen Bücher auf Tauschbörsen wie BitTorrent stellte.

Anfangs war sein Verlag HarperCollins alles andere als begeistert von der Idee, dass einer seiner besten Autoren zum Produktpiraten seines eigenen Buchs mutiert. Deshalb verfasste Coelho ein »Fake-Blog« namens *Pirate Coelho*, in dem er sich als Fan ausgab, der sich anschickte, die Werke des Autors zu »befreien«. Damit erregte er die gewünschte Aufmerksamkeit, und sogar seine älteren Bücher fanden sich erneut auf der Bestsellerliste der *New York Times*. Als 2007 sein neues Buch *Die Hexe von Portobello* erschien, machte er genau dasselbe noch einmal, und wieder wurde es ein Bestseller.

Das wiederum erregte die Aufmerksamkeit von HarperCollins. Der Verlag beschloss letztendlich, jeden Monat ein neues Buch von Coelho auf dessen Webseite kostenlos anzubieten (die Dauer dieses Angebots war jedoch auf einen Monat beschränkt, und das Format war so kodiert, dass sich die Datei nicht ausdrucken ließ).

»Ich bin davon überzeugt, dass jeder Leser, der die Möglichkeit hat, in ein Buch hineinzuschnuppern und ein oder zwei Kapitel zu lesen, sich immer noch entscheiden kann, das Buch später zu kaufen«, sagte Coelho in einem Interview. »Ein Schriftsteller will erstmal nur eines: Gelesen werden. Die Sache mit dem Geld kommt später.«[16]

Selbst weniger bekannte Autoren können »Free« erfolgreich für sich nutzen. Matt Mason – aus seiner Feder stammt *The Pirate's Dilemma* – bot den Lesern seines eBooks an, nur das zu zahlen, was es ihnen wert war (auch 0 US-Dollar waren eine Option). Im Durchschnitt wurden 5 US-Dollar je Buch per PayPal überwiesen. Von den knapp 8000 Anwendern, die sich sein Buch herunterluden, zahlten 6 Prozent den Durchschnittspreis von 4,20 US-Dollar. Insgesamt sind das nur ein paar Tausend US-Dollar Umsatz, aber er ist davon überzeugt, dass ihm diese Aufmerksamkeit einen Zusatzverdienst in Höhe von 50000 US-Dollar für Vorträge bescherte.

Im Vergleich mit diesen erfolgreichen Beispielen ist das Aufstellen einer Spendenbox neben einer kostenlosen PDF-Datei eines sieben Jahre alten Buches ein Witz (Entschuldigung, Poole!). Mir kommt es schon sehr merkwürdig vor, dass sich Poole nicht über die zusätzlichen 32000 Leser seines Buchs gefreut hat, zumal das Interesse daran bereits erheblich abgeflacht war. Wenn es ihm dann nicht gelungen ist, dieses Plus an Lesern indirekt in Geld zu verwandeln – über Vorträge, Lehraufträge, weitere Bücher, Beratungen oder noch mehr Blogs – dann ist er doch nicht so klug, wie ich dachte.

»Free« ist weder Wunderwaffe noch Patentlösung. Wenn Sie verschenken, was Sie in Ihrem Beruf am besten können oder zu bieten haben, werden Sie nicht automatisch reich davon. Sie müssen sich schon etwas einfallen lassen und kreativ darin sein, wie sich ein guter Ruf und die Aufmerksamkeit, die man Ihnen wegen »Free« schenkt, in klingende Münze umwandeln lässt. Bei jedem Menschen und jedem Projekt kann die Antwort auf diese Frage anders ausfallen, und manchmal wird es einfach nicht klappen. So ist das Leben nun mal – mir ist es nur ein ewiges Rätsel, weshalb man dann das Gratiskonzept zum Sündenbock für den eigenen Mangel an Vorstellungsvermögen und die eigene Intoleranz gegenüber einem möglichen Scheitern macht.

13. »Free« ist nur dann eine tolle Sache, wenn ein anderer dafür bezahlt.

Wir wollen unsere Zeit doch nicht für ein Produkt oder eine Dienstleistung vergeuden, die nichts wert sind. Wir wollen Dinge von Wert, und wir wollen unsere Zeit gewiss nicht damit verplempern, herauszufinden, ob wir diese kostenlosen Sachen überhaupt gebrauchen oder konsumieren können. Wie sich das feststellen lässt? Ganz einfach: Schau dich um, ob irgendjemand dieses Ding nutzt und dafür bezahlt hat.[17]

Mark Cuban, Milliardär aus der Technik-Ecke und Eigentümer von Dallas Mavericks

In einem Punkt muss ich Cuban zustimmen: Auch bei kostenloser Ware schätzen wir ihren Wert und orientieren uns dabei an dem Marktpreis. Sicher konnten Sie auch schon einmal nicht an einem Schild mit der Aufschrift »Alles um 50 Prozent reduziert« vorbeigehen, sondern haben sich etwas gekauft, was Sie eigentlich gar nicht haben wollten. Gleichermaßen kann die Tatsache, dass man etwas kostenlos erhält, für das andere zahlen müssen, das Geschenk in einem noch wertvollerem Licht erscheinen lassen – man sieht es quasi durch die Gratis-Brille.

Doch aus zwei Gründen zählt das eher als Ausnahme denn als Regel. Erstens, das aufstrebende Freemium-Modell befriedigt den Anspruch Cubans zwar durchaus, geht aber nicht auf seine besondere Konstruktion ein. Im Falle von Freemium zahlt zwar jemand, aber dafür bekommt er oder sie auch die Luxusvariante des Produkts, das Sie kostenlos bekommen haben. Daraus lässt sich folgern, dass die kostenlose Version den Zück-die-Brieftasche-Test nicht bestanden hat, deren Cousin hat dies jedoch geschafft – und dieser Verwandtschaft sollten Sie trauen. Zum Beispiel sind Sie davon überzeugt, dass Google Earth von höchst professioneller Qualität ist, weil es mit dem ziemlich teuren Google Earth Pro verwandt ist – es fehlen nur einige Funktionen. (Aus Gründen der Fairness muss ich zugeben, dass Cuban zugibt, dass Freemium seinen Ansprüchen genügt, aber weil er so auf seiner Theorie herumreitet, und noch dazu so viele Menschen mit ihm übereinzustimmen scheinen, lasse ich auch nicht locker.)

Zweitens stimme ich schon allein deshalb nicht hundertprozentig mit Cuban überein, weil es so viele Gegenbeispiele gibt. Niemand denkt schlecht über Facebook, bloß weil es nichts kostet, und niemand zahlt gerne freiwillig für einen Browser. Wenn etwas schon immer Geld gekostet hat und mit einem Mal nicht mehr, könnte man glauben, dass es dadurch an Wert verliert – denken Sie doch mal an den angesagtesten Club der Stadt, der nun jeden kostenlos hineinlässt. Doch wenn etwas schon immer kostenlos war, und sich daran wohl auch nie etwas ändern wird, gibt es kaum Beweise dafür, dass die Menschen es nicht wertschätzen. Der Wert von Webseiten steht und fällt mit dem, was sie ihren Besuchern bieten, und die meisten Internetsurfer haben die Erfahrung gemacht, dass sie auf bezahlten Seiten eher über den Tisch gezogen werden als auf kostenlosen, da einem dort nicht nur die Zeit gestohlen wird.

14. »Free« verdrängt die Profis aus dem Geschäft, übrig bleiben nur die Amateure, und die Qualität bleibt auf der Strecke.

> *Es ist bestimmt kein Zufall, dass der Aufstieg der Huffington Post, die sich für kostenlose Inhalte stark macht, damit einhergeht, dass viele Journalisten ihren Job verlieren und der Berufsstand des Journalismus dem Tode geweiht ist.*[18]
>
> Andrew Keen, Autor von *Die Stunde der Stümper*

Es stimmt schon: »Free« neigt dazu, gleiche Voraussetzungen für Amateure und Profis zu schaffen. Je mehr Menschen aus nonmonetären Gründen Inhalte erstellen, desto härter wird die Konkurrenz für diejenigen, die es aus finanziellen Gründen tun. (Als Arbeitgeber zahlreicher Journalisten zerbreche ich mir fast täglich den Kopf über die unterschiedlichen Funktionen von Amateuren und Profis.) Im Endeffekt bedeutet diese Entwicklung, dass Veröffentlichungen nicht mehr das Privileg einiger weniger gut bezahlter Schreiberlinge sind, was aber noch lange nicht heißt, dass sich damit kein Geld mehr verdienen lässt.

Die Journalisten, die sich um das Aussterben ihres Berufs sorgen, haben in der Regel Vorgesetzte, die es versäumt haben, sich neue Aufgaben für ihre Mitarbeiter zu überlegen, jetzt da es Informationen im Überfluss gibt. Im Großen und Ganzen wird es darauf hinauslaufen, dass sich die Zeitungsbranche – ebenso wie die Musikbranche – neu erfinden muss. Die Topzeitungen (die *New York Times*, das *Wall Street Journal* und so weiter) werden vermutlich etwas schrumpfen, während die Schicht darunter stark dezimiert werden wird.

Nach diesem Gemetzel wird es jedoch eine ganze Reihe von neuen Rollen und Funktionen für professionelle Journalisten geben. Und nicht nur das, es wird wohl auch mehr von ihnen geben, da Journalismus doch weitaus mehr ist als das, was sich in den altehrwürdigen Hallen der traditionellen Medien abgespielt hat. Der Haken an der Sache wird wohl sein, dass die meisten nicht mehr so gut verdienen werden, und dass es für viele keine Vollzeitstelle mehr geben wird. Journalismus als Beruf wird sich die Bühne teilen müssen mit Journalismus als Hobby. Manche der Profis könnten ihre Fähigkeiten dafür nutzen, Amateuren beizubringen, gute Autoren zu werden, sich also mehr der Beratung und dem Lektorat widmen als dem Schreiben. Wenn das der Fall sein, und es Journalisten geben wird, die dafür bezahlt werden, *andere* die Kunst des Schreibens zu lehren, damit diese ihre Inhalte weiterhin kostenlos, aber besser verfassen können, dann wird »Free« nicht länger als Feind des professionellen Journalismus gelten. Sondern als seine Rettung.

Nachtrag

»Free« in Zeiten der Wirtschaftskrise

Nach dem Börsencrash 2001 lagen die Geschäftsmodelle der Dotcom-Wirtschaft offen. Wie naiv waren wir eigentlich, Besucherzahlen für eine gute Geschäftsgrundlage zu halten? Was haben wir Investoren uns nur dabei gedacht, als wir Aktien von Unternehmen in unsere Portfolios aufnahmen, die Tiernahrung über das Internet verkauften? »Amazon.Bombe«, lästerten die Schlagzeilen. Wir ließen beschämt den Kopf hängen, weil wir auf diese Hirngespinste einer »neuen Ökonomie« hereingefallen waren.

Ein paar Jahre später, als sich die Märkte wieder erholt hatten und wir einen Blick zurückwarfen, mussten wir zu unserer großen Überraschung feststellen, dass der Crash keine spürbaren Folgen auf das Wachstum des Internets gehabt hatte. Das Internet wuchs und gedieh weiterhin, als wäre nichts passiert. Es hatte nicht mal kurz gezuckt, als die öffentlichen Märkte in den Keller stürzten. Die »digitale Revolution« war weder ein Wunder noch, was schlimmer gewesen wäre, ein Schwindel. Die Anzahl der Menschen mit Internetzugang stieg ebenso kontinuierlich an wie der Traffic und so ziemlich jede andere Internet-Kennzahl.

Es war eben doch eine Wall-Street-Blase, keine Technologie-Blase. Das Internet war immer noch so wichtig, wie es die meisten Analysten mit leuchtenden Augen prognostiziert hatten – es hat nur ein wenig länger gedauert als gedacht.

Nun sind die Märkte erneut kollabiert. Wie wird es mit »Free« nun weitergehen? Wird es –vergleichbar mit dem Anstieg des Traffic – trotz alledem weiterhin wachsen, oder erleidet es das gleiche Schicksal wie der Online-Verkauf von Tiernahrung?

Aus Sicht der Verbraucher ist »Free« umso attraktiver, je schlechter die wirtschaftliche Lage. Wer kein Geld zur Verfügung hat, dem sagt ein Preis in Höhe von 0,00 US-Dollar am meisten zu. Sie können davon ausgehen, dass sich der Trend nach (kostenloser) Open-Source-Software und webbasierten Tools wie Google Docs (natürlich ebenfalls kostenlos) in rasantem Tempo fortsetzen wird. Die günstigsten und coolsten Computer von heute sind die so genannten »Netbooks«, die etwa 250 US-Dollar kosten und entweder mit kostenlosen Programmen von Linux oder dem älteren Windows XP, das günstiger ist als das jüngste Betriebssystem von Microsoft, ausgestattet sind. Beim Kauf eines solchen Rechners spart man Hunderte von US-Dollar, weil man kein Office benötigt, sondern (wie der Name Netbook impliziert) auf gleichwertige Online-Programme zugreift, die keinen Cent kosten.

Die Verbraucher sparen ihr Geld und spielen in der Zwischenzeit kostenlose Online-Spiele, hören kostenlose Musik auf Pandora, kündigen ihren Kabelanschluss und sehen kostenlose Videoclips auf Hulu und ersetzen ihren Festnetzanschluss durch Skype. Der Traum eines jeden Verbrauchers ist wahr geworden: Das Internet ist das größte Kaufhaus aller Zeiten, und alles wurde im Preis um 100 Prozent reduziert.

Doch was ist mit Unternehmen, die ihr Geld im Internet verdienen wollen? In der guten alten Zeit (also vor September 2008) war das Ganze ein Kinderspiel: 1. Man nehme eine gute Idee; 2. Man beschaffe sich Geld in ausreichender Menge, um sie zu vermarkten, im Idealfall, ohne Geld dafür zu verlangen, um möglichst viele Verbraucher anzulocken; 3. Hat man den Geschmack der Leute getroffen, nehme man noch mehr Geld auf, um seine Idee weiter auszubauen; 4. Man wiederhole Schritt 1 bis 3 so lange, bis man von einem größeren Unternehmen aufgekauft wird.

Blöd nur, dass Schritt 2 bis 4 nicht mehr zu realisieren sind. Internet-Startup-Unternehmen müssen deshalb das Unmögliche wagen: Sie müssen mit ihrem Geschäftsmodell von Anfang an Geld erwirtschaften.

In der Geschäftswelt ist das nichts Neues. Doch in der Welt des Internets ist es geradezu schockierend, schließlich galten bislang Image und Aufmerksamkeit als die begehrtesten Währungen, wobei man davon ausging, dass sich beide eines schönen Tages in bare Münze umwandeln ließen – irgendwie.

Das Standardgeschäftsmodell für Webunternehmen, die eigentlich kein Geschäftsmodell haben, ist Werbung. Eine beliebte Plattform wird von zahlreichen Anwendern genutzt, und mit ein paar Anzeigen auf der Webseite lassen sich die Rechnungen bezahlen. Doch dabei haben sich zwei Probleme herauskristallisiert: der Preis für Online-Anzeigen und Klickraten. Facebook ist zweifelsohne ein erstaunlich beliebter Dienst und zugleich eine erstaunlich ineffiziente Werbeplattform. Selbst wenn man wüsste, welche Art von Werbung gut zu den Schnappschüssen der Party einer Schülerin passen würde, ist doch ziemlich unwahrscheinlich, dass sie und ihre Freunde und Freundinnen auch darauf klicken würden. Kein Wunder, dass Werbung auf Facebook weniger als 1 US-Dollar pro 1000 Klicks einbringt (im Vergleich dazu: Auf großen Medienseiten werden damit locker an die 20 US-Dollar gemacht).

Google verfügt mit seinen kontextabhängigen Werbeanzeigen über einen beneidenswerten Goldesel, doch die Webseiten, auf denen diese Anzeigen geschaltet sind, sind selten ebenso profitabel. Mit Anzeigen von Google AdSense in einem Blog – ganz gleich wie beliebt dieses Blog auch immer sein mag – gelingt es Ihnen nicht einmal, den Mindestlohn für die Zeit hereinzuholen, die Sie mit dem Schreiben der Einträge zugebracht haben. In einem guten Monat kommen gerade mal die Hosting-Kosten rein. Ich spreche aus Erfahrung.

Wie steht es denn mit der ältesten Regel der Kunst: Einfach Geld für seine Produkte oder Dienstleistungen zu verlangen? In schlechten wirtschaftlichen Zeiten funktioniert das nur bei echter Innovation. Heute sind wieder innovative Unternehmer gefragt, die nicht nur mit kreativen neuen Produkten, sondern auch mit innovativen Geschäftsmodellen aufwarten können.

Ein gelungenes Beispiel ist Tapulous mit ihrem beliebten Musikspiel Tap Tap Revenge für das iPhone. Ebenso wie bei Guitar Hero oder Rock Band laufen Noten über den Bildschirm, die im Takt des Songs angeklickt werden müssen. Millionen von Menschen haben sich schon an dem kostenlosen Spiel versucht, und ein großer Anteil war dann auch bereit, sich die Versionen, die auf bestimmte Musikgruppen wie Weezer oder Nine Inch Nails zugeschnitten waren und Extrasongs enthielten, zu kaufen. (Das *Wall Street Journal* setzt auf seiner Homepage auf eine Mischung auf kostenlosen und zahlungspflichtigen Inhalten.)

Am anderen Ende der Skala neuer Geschäftsmodelle wäre da noch Microsoft, das nun mit kostenlosen Textverarbeitungs- und Tabellenkalkulationsprogrammen – zum Beispiel von Google – konkurrieren muss. Anstatt sich über den unlauteren Wettbewerb zu beschweren (was wohl ein schlechter Scherz wäre), hat sich Microsoft darauf verlegt, Webversionen seiner Unternehmenssoftware zu entwickeln und sie kleinen und mittelständischen Betrieben kostenlos zu überlassen. Wenn auch Ihr Unternehmen noch keine drei Jahre alt ist und weniger als 1 Million US-Dollar

Umsatz macht, können auch Sie von Microsofts BizSpark-Programm profitieren. Microsoft rechnet damit, dass die Firmen diese Programme auch dann noch nutzen, wenn sie diesen Kriterien nicht mehr entsprechen, und dann eben zu zahlenden Kunden werden. Bis es soweit ist, kostet Microsoft dieses Programm so gut wie nichts.

Denken Sie jetzt bloß nicht, dass es ein Kinderspiel wäre, ein vernünftiges Geschäftsmodell aus »Free« zu entwickeln. Nein, ist es nicht! Das gilt insbesondere dann, wenn die Nutzer »kostenlos« für selbstverständlich halten. Werfen wir doch mal einen Blick auf Twitter, dem (selbstverständlich kostenlosen) unglaublich populären sozialen Netzwerk, bei dem angemeldete Nutzer Textnachrichten mit höchstens 140 Zeichen erstellen und sie anderen Anwendern schicken, um die ganze Welt in kurzen Haiku-artigen Schnipseln erfahren zu lassen, was sie so treiben. Nachdem das Twitterfieber nun die ganze Welt erfasst hat (okay, nur die IT-Freaks unter uns), hat das Unternehmen es endlich geschafft, die Rechnungen für die Bandbreite zahlen zu können. Letztes Jahr hat es einen Umsatzguru damit beauftragt, ein Geschäftsmodell zu entwickeln und hat angekündigt, seine Strategie 2009 verkünden zu wollen. Spekulationen, wie das wohl konkret aussehen könnte, reichen von Unternehmen, die dafür zahlen, dass ihre »Tweets« Verbrauchern empfohlen würden (was ungefähr so ist, wie wenn man auf Facebook »Burger King« als Freund hinzufügen würde) bis zum Nachweis der Benutzeridentität, um Missbrauch zu verhindern. Der Umsatzexperte hat auf jeden Fall alle Hände voll zu tun.

Auch YouTube kämpft noch immer darum, seine Popularität gewinnbringend nutzen zu können, und Facebook muss sich weiterhin mit Centbeträgen für Massenwerbung begnügen, nachdem sein Versuch, es mit aufdringlicher Werbung zu probieren, zu einem Aufstand der Benutzer geführt hat. Auch der Internetdienst Digg, der mit seiner Spezialisierung auf Nachrichten, Videos und Podcasts schon Millionen Anwender auf seine Webseite gelockt hat, hat noch keinen müden Cent verdient. Noch vor einem Jahr spielte das keine Rolle, denn das Geschäftsmodell »zielte auf einen lukrativen Abgang – vorzugsweise in bar«. Doch das ist mittlerweile keine Option mehr; heute zählt nur noch der Cashflow.

Soll das heißen, dass es in Zeiten der Wirtschaftskrise auch mit »Free« nicht so richtig klappt? Vermutlich nicht. Schließlich hat sich an dessen psychologischem Hintergrund und auch den wirtschaftlichen Faktoren – die Grenzkosten in der digitalen Welt sinken unverdrossen Jahr für Jahr um die Hälfte – nichts geändert. Die Preise fallen weiterhin in den Keller, und »Free« hat nichts von seiner Anziehungskraft auf die Verbraucher verloren. Was es aber heißen soll, ist, dass das Konzept »Kostet-nichts« allein nicht genug ist. Es muss schon in irgendeiner Form mit dem Konzept »Kostet-was« gepaart werden. Ebenso wie Gillettes kostenlose Rasierer nur Sinn ergaben, weil sie mit dem Kauf teurer Klingen gekoppelt wurden, sind die Inhaber von Web-Unternehmen gefordert, den Verbrauchern nicht nur Produkte anzubieten, die diese gerne kostenfrei nutzen, sondern auch solche, für die sie gerne gutes Geld hinblättern. »Free« mag zwar der beste Preis sein, darf aber nicht der einzige bleiben.

Regeln für »Free«

Die zehn Grundregeln für das Denken im Überfluss

1. Alles was digital ist, wird früher oder später kostenlos sein.

In einem Wettbewerbsmarkt sinken die Preise bis auf das Niveau der Grenzkosten. Das Internet ist mit Abstand der perfekteste Wettbewerbsmarkt aller Zeiten, und jedes Jahr sinken die Grenzkosten für die dort eingesetzten Technologien – Datenverarbeitung, Bandbreite und Datenspeicherung – weiter gen Null. »Free« ist dort schon längst keine Option mehr, sondern ein Muss. Bits wollen frei sein – und nichts kosten.

2. Auch Atome wollen gerne kostenlos sein, aber das kann noch ein paar Jährchen dauern.

Außerhalb der digitalen Welt sinken die Grenzkosten nur äußerst selten auf Null. Doch die Verbraucher lieben »Free« nun mal, weshalb klugen Marketingexperten schon eine brillante Mischung aus kostenlosen und zahlungspflichtigen Produkten einfallen wird. Zugegeben, das ist dann nicht wirklich »Free« – früher oder später müssen Sie Ihren Geldbeutel zücken – aber es hat oft denselben Reiz auf die Konsumenten. Heute haben es zahlreiche Unternehmen – von der Fluggesellschaft bis zum Autobauer – geschafft, ihre Branchen auf kreative Weise neu zu definieren, indem sie ihr Kernprodukt umsonst unters Volk bringen, und ihre Brötchen mit etwas anderem verdienen.

3. »Free« lässt sich nicht aufhalten.

Sie können schon probieren, sich »Free« mit Gesetzen vom Leib zu halten oder es wegzusperren, doch letztlich wird die ökonomische Schwerkraft den Sieg davontragen. Will sagen, wenn lediglich ein sorgsam gehütetes Betriebsgeheimnis oder eine furchteinflößende Warnung verhindern, dass Ihr Produkt umsonst angeboten wird, können Sie Gift darauf nehmen, dass irgendjemand da draußen Ihr Geheimnis lüften wird. Holen Sie sich Ihr »Free« von den Piraten zurück, und verkaufen Sie Upgrades.

4. Mit »Free« lässt sich Geld verdienen – versprochen!

Wir Verbraucher lassen es uns gerne etwas kosten, wenn wir Zeit sparen können. Ebenso geben wir unser Geld ohne zu murren für Dinge aus, die uns faszinieren. Auch unser Status ist uns so Manches wert. Wenn Sie so ein Produkt anbieten, werden es Ihnen die Leute aus den Fingern reißen (sobald sie auf den Geschmack gekommen sind). Es gibt unzählige Möglichkeiten, rund um »Free« Geld zu machen (am Ende des Buchs stehen schon mal 50, der Rest ist Ihre Sache). »Free« öffnet Türen und lockt neue Kunden an. Und einigen von ihnen dürfen Sie gerne in die Tasche fassen.

5. Definieren Sie Ihren Markt neu.

Die Konkurrenz von Ryanair saß fest im Geschäft mit den Flugtickets. Deshalb beschloss Ryanair, auf die Reisebranche umzusatteln. Der Unterschied: Im Reisegeschäft gibt es Dutzende von Möglichkeiten, Geld zu machen, vom Autoverleih bis hin zu staatlichen Fördergeldern aus Regionen, die den Tourismus vor Ort ankurbeln wollen. Die Fluggesellschaft verhökert ihre Tickets zu Schnäppchenpreisen, macht aber um sie herum jede Menge Geld.

6. Runden Sie ab.

Wenn die Kosten für was auch immer gen Null sinken, stellt sich bei »Free« nicht mehr die Frage *ob*, sondern lediglich *wann* ein Preis von Null eingeführt wird. Was spricht dagegen, hier die Nase vorn zu haben, bevor es die Konkurrenz tut? Der erste, der sich in einer Branche für »Free« entscheidet, erregt die größte Aufmerksamkeit, und die lässt sich immer irgendwie in klingende Münze verwandeln. Was können Sie schon morgen kostenlos anbieten?

Früher oder später müssen Sie mit »Free« konkurrieren.

Irgendwer aus Ihrer Branche wird es schaffen, Ihre Produkte, die Sie gegen gutes Geld verkaufen, kostenlos anzubieten – sei es mithilfe von Quersubventionen oder Software. Gut möglich, dass sich die beiden Produkte nicht wie ein Ei dem anderen gleichen, aber Ihre Kunden werden den Preissturz von 100 Prozent zu schätzen wissen und reihenweise zur Konkurrenz überlaufen. Sie haben die Wahl: Entweder senken Sie Ihren Preis ebenfalls auf Null und verkaufen etwas anderes gewinnbringend, oder Sie sorgen dafür, dass der Unterschied in der Qualität den Unterschied im Preis wettmacht.

7. Freuen Sie sich über jede Verschwendung.

Wenn etwas zu billig wird, um es zu messen, sollten Sie damit auch aufhören. Die innovativsten aller Unternehmen wissen immer ganz genau, in welche Richtung sich die Preise entwickeln werden, und sind ihnen immer einen Schritt voraus – denken Sie nur mal an die Flatrates für Ihren Festnetzanschluss oder das kostenlose Telefonieren. »Ihre Mailbox ist voll« röchelt eine Branche, die in den letzten Zügen liegt, weil sie Speicherkapazität, die schon längst im Überfluss vorhanden ist, noch immer wie eine Mangelware behandelt.

8. »Free« erhöht den Wert anderer Dinge.

Jedes Überangebot führt früher oder später woanders zu einer Verknappung. Noch vor hundert Jahren war Unterhaltung Mangelware, und die Menschen hatten viel Zeit. Heutzutage ist es genau umgekehrt. Wenn ein Produkt oder eine Dienstleistung irgendwann einmal zum Nulltarif angeboten werden, wird der Wert auf der nächsthöheren Stufe geschöpft. Na los, machen Sie sich auf die Socken!

9. Überfluss erfordert einen anderen Führungsstil als Mangel.

Wenn Mittel knapp sind, sind sie teuer – Sie müssen also genau überlegen, wann und wozu Sie sie einsetzen. Deswegen gibt es das traditionelle Management mit seiner strikten Hierarchie von oben nach unten, in dem es vor allen Dingen darum geht, kostspielige Fehler zu vermeiden. Doch wenn Ressourcen günstig zu haben sind, hat dieses Managementmodell ausgedient. In dem Maß, wie Geschäftsfunktionen digital werden, können sie auch unabhängiger werden, ohne dass das Risiko besteht, das Mutterschiff mit in den Untergang zu reißen. Die Unternehmenskultur kann dann von »Wehe, ihr macht auch nur den kleinsten Fehler!« auf »Macht eure Fehler gefälligst schnell!« umspringen.

Freemium-Taktiken

Wie Sie das richtige Freemium-Modell finden

Es gibt unzählige Varianten des Freemium-Modells, doch in unserem Fallbeispiel, anhand dessen Sie lernen können, was das richtige Modell für Sie wäre, stellen wir uns eine Firma für Unternehmenssoftware vor, die ihre Produkte als Online-Service anbietet. Zu Anfang wurden von allen Kunden Beträge zwischen 99 und mehreren 10 000 US-Dollar für die Programme verlangt. Inzwischen ist man in der Firma zu dem Entschluss gekommen, es auch mal mit »Free« zu probieren, um mehr Kunden zu gewinnen. Es besteht die Qual der Wahl aus den folgenden vier Modellen:

1. **Zeitlich begrenzt** (Das Programm darf 30 Tage lang kostenlos genutzt werden, anschließend wird es kostenpflichtig. Dies ist das klassische Absatzmodell.)
   - Was spricht dafür? Es ist einfach in der Umsetzung, das Risiko des Kannibalismus gering.
   - Was spricht dagegen? Viele potenzielle Kunden werden durch diese Testphase abgeschreckt, da sie ganz genau wissen, dass sie nichts davon haben, wenn sie sich auf dieses Programm einlassen, außer sie kaufen es nach 30 Tagen.

2. **Abgespeckte Version** (Die Basisversion ist kostenlos, die Version mit erweiterten Funktionen ist gegen Geld erhältlich. Dies ist das Modell, das Automattic bei seinem Produkt WordPress nutzt.)
   - Was spricht dafür? Damit lassen sich die meisten Anwender locken. Wenn sie sich später für die bezahlte Version entscheiden, tun sie dies aus gutem Grund (sie wissen genau, welchen Gegenwert sie für ihr Geld erhalten), werden deshalb eher zu den treuen Kunden zählen, für die der Preis nicht die entscheidende Rolle spielt.

- Was spricht dagegen? Das Unternehmen muss zwei Produktvarianten entwickeln. Wenn die Basisversion zu viele Funktionen enthält, bleibt es auf der kostenpflichtigen Variante sitzen. Enthält sie jedoch zu wenige, wird diese abgespeckte Version nicht lange genug verwendet, um die Vorteile der Vollversion deutlich zu machen.

3. **Nur begrenzt Sitzplätze verfügbar** (Die Nutzung von einer bestimmten Anzahl von Leuten ist kostenlos, ab einer gewissen Menge kostet es was. Dies ist das Modell von Intuit Quickbooks.)
   - Was spricht dafür? Es ist kinderleicht umzusetzen und einfach zu begreifen.
   - Was spricht dagegen? Am unteren Ende des Marktes könnte Kannibalismus ausbrechen.

4. **Je nach Kundentypus begrenzt erhältlich** (Kleine und junge Unternehmen erhalten das Programm zum Nulltarif, ältere Betriebe zahlen den vollen Preis. Microsoft hat sich mit seinem BizSpark für dieses Modell entschieden. Hier erhalten Unternehmen, die noch keine drei Jahre alt sind und weniger als 1 Million US-Dollar Umsatz machen, die Unternehmenssoftware von Microsoft umsonst.)
   - Was spricht dafür? Die Bezahlung richtet sich nach der Zahlungsfähigkeit der Unternehmen. Vielversprechende Jungunternehmen werden gleich in ihrer Anfangsphase als Kunden gewonnen.
   - Was spricht dagegen? Ein ziemlich kompliziertes Unterfangen, da sich die Kriterien nur schwer überprüfen lassen.

Letzten Endes hat sich das Softwareunternehmen für Lösung Nummer 1 entschieden, da sie sich am einfachsten umsetzen ließ. Doch die Geschäftsführung hat die anderen Modelle noch nicht endgültig zu den Akten gelegt. Das Problem mit kostenlosen Testperioden ist, dass die Anwender keine große Lust verspüren, sich in ein solches Programm hineinzuknien. Schließlich ist nicht sicher, ob man das Programm überhaupt kaufen wird, weil man ja noch nicht beurteilen kann, ob es das Geld auch wert ist. Weshalb sollte man sich also die Mühe machen, überhaupt damit zu beginnen?

Dieses Modell spricht also nicht alle potenziellen Kunden an, doch die, die einmal angebissen haben, werden sich vermutlich auch die Vollversion zulegen. Sie bräuchten eine Version, die dem Anwender schon in der Testphase von Nutzen ist und bei der sichergestellt ist, dass man, wenn die Zeit abgelaufen ist, nicht mit dem Gefühl zurückbleibt, das Ganze sei vergeudete Liebesmüh gewesen. Auf diese Weise werden mehr Interessenten angelockt, und selbst wenn sich davon nur ein geringer Prozentsatz für die Vollversion entscheidet, ist es doch möglicherweise ein geringerer Prozentsatz einer viel größeren Gesamtanzahl.

Wie viele Leute müssen sich für die Vollversion entscheiden? Gibt es da einen Richtwert?

In Kapitel 2 habe ich geschrieben, dass Freemium eigentlich das Gegenteil von dem ist, was seit Jahrzehnten praktiziert wird, und dass Sie besser 95 Prozent Ihrer Produkte verschenken, um mit den restlichen 5 Prozent ausreichend Gewinn zu machen, als nur 5 Prozent zu verschenken und 95 Prozent entgeltlich unters Volk bringen zu wollen. Verkehrte Welt? Nein, nicht in der digitalen. Da hier die Grenzkosten fast bei Null angekommen sind, kosten Sie auch 95 Prozent so gut wie nichts, ermöglichen es Ihnen aber, einen riesigen Markt anzusprechen. Die 5 Prozent, die Sie dann als zahlungsfreudige Kunden gewinnen, sind also eine höchst beeindruckende Zahl, da 5 Prozent von sehr viel immer noch viel ist.

Ja, Sie haben Recht, das war natürlich eine rein hypothetische Rechnung. Gibt es in der realen Welt einen exakten Wert dafür? Die gute Nachricht lautet, ja, es gibt einen Richtwert, die weniger gute lautet, dass er natürlich von Markt zu Markt verschieden ist. Am besten schneidet hier jedoch die Spielebranche ab.

Bei kostenlosen Online-Spielen achten die Anbieter auf eine Kostenstruktur, bei der sichergestellt ist, dass zumindest keine Roten Zahlen geschrieben werden, solange 5 bis 10 Prozent der Spieler für irgendetwas rund ums Spiel Geld ausgeben. Alles darüber ist dann schon Gewinn. Blogger Nabeel Hyatt beobachtet die Spielebranche mit Argusaugen und kann mit folgenden beeindruckenden Zahlen aufwarten:[1]

- **Club Penguin:** 25 Prozent aller Spieler zahlen 5 US-Dollar im Monat,
- **Habbo:** 10 Prozent aller Spieler zahlen 10,30 US-Dollar im Monat,
- **RuneScape:** 16,6 Prozent aller Spieler zahlen 5 US-Dollar im Monat,
- **Puzzle Pirates:** 22 Prozent aller Spieler zahlen 7,95 US-Dollar im Monat.

Hyatt schreibt in seinem Blog, dass sich diese Zahlen gut mit den 2 Prozent der Spieler auf dem Casual-Games-Markt vergleichen lassen, die zahlungspflichtige Spiele bevorzugen, oder auch mit den 3 bis 5 Prozent der zahlungswilligen Kunden, die viele Web-Startup-Unternehmen erreichen, wenn sie ihre Produkte oder Dienstleistungen zunächst kostenlos anbieten und später in ein Bezahlmodell umwandeln. Schätzungen zufolge werden aus 5 bis 10 Prozent der Flickr-Anwender, die den kostenlosen Dienst nutzen, zahlungswillige Kunden. Bei Shareware ist die Lage nicht ganz so rosig, weniger als 0,5 Prozent der Nutzer zücken freiwillig ihre Brieftasche.

Andere Unternehmen stehen jedoch viel besser da wie zum Beispiel Intuit, das ein Online-Steuererklärungsprogramm nach bundesstaatlichen Vorschriften gratis, die einzelstaatlichen Versionen jedoch kostenpflichtig anbietet. Laut offizieller Angaben aus dem Unternehmen entscheiden sich 70 Prozent für die Kaufversion. Doch das ist ein Sonderfall – in Amerika muss praktisch jeder Steuerpflichtige sowohl bundesstaatliche als auch einzelstaatliche Steuern entrichten –, aber er macht doch deutlich, dass sich mit einem Freemium-Modell beeindruckende Zahlen erreichen lassen.

Würde mich ein ganz normales Web 2.0-Unternehmen, das sich für Freemium als Geschäftsmodell entschieden hat, um Rat bitten, würde ich einerseits empfehlen, die Unkosten so umzulegen, dass eine »Umwandlungsrate« von 5 Prozent ausreicht, um nicht in die Roten Zahlen abzustürzen, und andererseits vorschlagen, eine Quote von 10 Prozent anzupeilen, was mit einer gelungenen Kombination aus kostenlosen und kostenpflichtigen Funktionen durchaus machbar sein sollte. Alles was darüber liegt, deutet darauf hin, dass die Basisversion zu wenige Funktionen enthält, was nicht ausreicht, um das Maximierungspotenzial von »Free« auszuschöpfen. Alles was darunter liegt, bedeutet, dass die Kosten, die durch die kostenlose Variante entstehen, übermäßig ansteigen, was es schwer machen dürfte, noch in der Gewinnzone zu bleiben.

Was ist ein Kunde von »Free« eigentlich wert?

Nicht alle Kunden von »Free« sind gleich, und was der einzelne wert ist, richtet sich danach, wann er oder sie zum ersten Mal auf der Bildfläche erscheint. Für ein Unternehmen oder Produkt, das noch in seinen Kinderschuhen steckt und gerade die ersten Schritte macht, ist »Free« das beste Marketing, das man sich vorstellen kann.

»Free« senkt das Risiko neuer Kunden, sich als Versuchskaninchen betätigen zu müssen, und lockt in der Regel potenzielle Kunden in Scharen an. Doch im Laufe der Zeit, wenn sich das Unternehmen etabliert hat und besser bekannt ist, wird auch das Risiko beim Austesten immer geringer, und »Free« verliert an Bedeutung.

Sunil Gupta und Carl Mela, zwei Professoren an der Harvard Business School, gelang es, diese Behauptung zu quantifizieren. Sie analysierten ein Online-Auktionshaus, das sie auctions.com nannten (ich denke mal, es war wohl eher eBay).[2] Die Verkäufer mussten für diesen Dienst zahlen, die Käufer nicht. Die Frage war, was waren diese Käufer eigentlich wert?

Die Antwort lautet: Als das Auktionshaus seine Dienste aufnahm, waren diese Kunden mehr wert als ein paar Jahre später. Sie möchten konkrete Zahlen wissen? Gerne: Der Wert eines Kunden, der von Anfang an dabei war, betrug, umgerechnet auf die Anzahl an Jahren, die er Kunde des Dienstes war, 2500 US-Dollar. Da der innovationsfreudige Kundentyp des *Early Adopters*, angelockt von dem kostenlosen Dienst, auch andere Käufer mitzog, lässt sich sagen, dass die kritische Masse der Käufer eine kritische Masse an Verkäufern anzog.

Acht Jahre später – das Auktionshaus war mittlerweile gut etabliert – war der Wert eines solchen Kunden von 2500 US-Dollar auf 213 US-Dollar gesunken. Vielleicht gaben diese Kunden noch immer genauso viel aus wie die Kunden der ersten Stunde des Auktionshauses, aber ihr Wert multiplizierte sich nicht, weil sie keinen weiteren Ansturm von weiteren Kunden mehr auslösten. Das Auktionshaus verlangte weiterhin keine Gebühren von den Käufern, da sie kaum Kosten verursachten. Ein anderes Unternehmen mit höheren Kosten wäre vermutlich auf ein anderes Zahlungsmodell umgestiegen, sobald eine gewisse Dynamik erreicht worden wäre. Wenn Sie wissen, wie sich der Wert eines Kunden über die Zeit verhält, wissen Sie auch, wann die beste Zeit für »Free« gekommen ist, und wann es ausgedient hat.[3]

50 Geschäftsmodelle rund um »Free«

Es gibt mittlerweile schon unzählige Beispiele für Geschäftsmodelle rund um »Free« – und sie alle funktionieren. Auf den folgenden Seiten finden Sie 50 davon, geordnet nach der Kategorie von »Free«, in die sie am ehesten gehören.

Free 1: Direkte Quersubventionen

- Dienstleistungen gibt es zum Nulltarif, Produkte zum regulären Preis (Technischer Support an der Genius-Bar in den Apple-Stores)
- Produkte gibt es zum Nulltarif, Dienstleistungen zum regulären Preis (Bei der Kontoeröffnung erhält der Kunde ein Gratisgeschenk.)
- Software gibt es zum Nulltarif, Hardware zum regulären Preis (Linux-Angebote von IBM und HP)
- Hardware gibt es zum Nulltarif, Software zum regulären Preis (Spielekonsolen wie die Xbox 360, die weit unter den Herstellungskosten verkauft wird)
- Mobiltelefone gibt es zum Nulltarif, Gespräche zum regulären Preis (Viele Anbieter)
- Gespräche gibt es zum Nulltarif, Mobiltelefone zum regulären Preis (Viele Anbieter, zum Beispiel kostenlose Wochenend- oder Abendtarife)
- Die Show gibt es zum Nulltarif, Getränke zum regulären Preis (Striptease-Lokale)
- Getränke gibt es zum Nulltarif, die Show zum regulären Preis (Spielcasinos)

- Beim Kauf weiterer Produkte ist ein Artikel kostenlos (Lockware im Einzelhandel)
- Kauf 1, nimm 2 (Supermärkte)
- Kostenloser Versand von Bestellungen mit einem Warenwert von mehr als 25 US-Dollar (Amazon)
- Gratismuster (nahezu alles, von der Geschenkbox für die junge Mutter bis zu Probierständen im Supermarkt)
- Kostenlose Muster (Zeitschriftenabonnements)
- Kostenloses Parken (Einkaufszentren)
- Kostenloser Nachschlag (Restaurants)

Free 2: Drei-Parteien-Märkte oder zweiseitige Märkte (ein Kundensegment subventioniert ein anderes)

- Inhalte gibt es zum Nulltarif, Zugang zum regulären Preis (werbegestützte Medien)
- Kreditkarten gibt es zum Nulltarif, Einzelhandel bezahlt Abwicklungsgebühr
- Wissenschaftliche Artikel gibt es zum Nulltarif, Autoren bezahlen die Veröffentlichung (Public Library of Science)
- Programm zum Lesen der Dateien kostenlos, Programm zum Schreiben der Dateien zum regulären Preis (Adobe)
- Frauen kostet der Eintritt nichts, Männer schon (Bars)
- Kinder kostet der Eintritt nichts, Eltern schon (Museen)
- Eintrag in die Webseite (Partnersuche) kostet nichts, Premium-Partnervermittlung schon (Match.com)
- Eintrag kostenpflichtig, Suche kostenlos (Craigslist New York Housing)
- Reisedienste kosten nichts, dafür gibt es eine Provision von der Mietwagenagentur und für Hotelreservierungen (Travelocity)
- Hersteller zahlt dafür, dass seine Ware angeboten wird, Kunden kaufen kostenlos ein (Regalmiete in Supermärkten)
- Immobilienanzeigen kosten nichts, Hypothekenvermittlung schon (Zillow)
- Inhalte kosten nichts, Kundendaten werden verkauft (Practice Fusion)
- Inhalte kosten nichts, Geld wird durch Empfehlungen von Einzelhändlern eingenommen (Amazon Associates)

- Inhalte kosten nichts, Produkte schon (Slashdot/ThinkGeek)
- Inhalte kosten nichts, Werbetreibende zahlen, wenn sie in den Inhalten erwähnt werden (Product-Placement)
- Eintrag ist kostenlos, Power-Suchfunktion nicht (LinkedIn)
- Inhalte und Daten kosten den Verbraucher nichts, Unternehmen zahlen für den Zugang über eine API (eBays Deal mit Firmen wie Terapaek)
- Limitierte Pläne für Ökohäuser kosten nichts, der Eintrag von Baufirmen und Subunternehmern ist kostenpflichtig (FreeGreeen.com)

Free 3: Freemium (ein Kundensegment subventioniert andere Kundensegmente)

- Basisinformationen kosten nichts, detailliertere in einfacher zu nutzenden Formaten schon (BoxOfficeMojo)
- Allgemeine Managementtipps gibt es zum Nulltarif, maßgeschneiderte Managementtipps zum regulären Preis (McKinsey und das *McKinsey Journal*)
- Steuererklärungsprogramme gemäß bundesstaatlichen Richtlinien gibt es zum Nulltarif, Steuererklärungsprogramme gemäß einzelstaatlichen Richtlinien zum regulären Preis (TurboTax)
- MP3s geringer Qualität gibt es zum Nulltarif, qualitativ hochwertige CD- und Vinylsets zum regulären Preis
- Webinhalte gibt es zum Nulltarif, Druckversionen zum regulären Preis (alles von der Zeitschrift bis zum Buch)
- Kunden zahlen für das Einkaufen in einem Laden, Ladeninhaber verteilt kostenlose Waren
- Online-Spiele gibt es zum Nulltarif, Abonnements mit erweiterten Spielfunktionen zum regulären Preis (Club Penguin)
- Unternehmensverzeichnis für Anwender gratis, der Eintrag der Firmen samt Unternehmensprofil ist kostenpflichtig (Brownbook)
- Demo-Software gibt es zum Nulltarif, Vollversion zum regulären Preis (die meisten Videospiele, bei denen man die ersten Levels umsonst spielen kann)
- Verbindungen von Computer zu Computer sind kostenlos, Telefonate vom Computer zum Telefon kostenpflichtig (Skype)
- Fotogalerie ist kostenlos, mehr Speicherplatz kostenpflichtig (Flickr)

- Basissoftware ist kostenlos, mehr Funktionen kostenpflichtig (Apple QuickTime)
- Werbegestützter Service ist kostenlos, Ausblenden der Werbung kostenpflichtig (Ning)
- Ausschnitte aus Büchern werden kostenlos angezeigt, Bücher sind kostenpflichtig (Verlage, die die Buchsuche von Google nutzen)
- Virtueller Tourismus ist kostenlos, virtueller Grund und Boden kostenpflichtig (Second Life)
- Musikspiel gibt es zum Nulltarif, Musikstücke und -alben sind kostenpflichtig (Tap Tap Revolution)

Danksagung

In den 18 Monaten, die ich an diesem Buch schrieb, kam unser fünftes Kind auf die Welt, ich litt an einer mysteriösen Erkrankung, von der es erst hieß, es wäre Borreliose (eine Krankheit, die so eklig ist wie sie klingt), und ein Jahr später, es wäre doch keine. Ich legte über 400 000 Kilometer im Flugzeug zurück, um an den unterschiedlichsten Orten dieser Welt Vorträge zu halten, war noch immer Chefredakteur von *Wired* und blöd genug, mir ein weiteres Nebenprojekt – ein Unternehmen – aufzuhalsen. Das klingt nicht nur nach viel – es war definitiv zu viel. Die Tatsache, dass ich all das bewältigt habe, habe ich meiner Frau Anne zu verdanken, die ein gutes Jahr lang nicht nur mit einer bewundernswerten Stärke in die Rolle der »alleinerziehenden« Mutter geschlüpft ist, sondern sich nicht einmal darüber beklagt hat.

Anne hat nicht nur die Herausforderungen einer großen Familie meisterhaft geschultert und sich mit einem Mann abgefunden, der andauernd auf Geschäftsreisen war, sondern hat sich an den Tagen, an denen ich zu Hause war, auch noch unermüdlich dafür eingesetzt, dass ich an diesem Buch weiterarbeitete. Sie war diejenige, die mich am Samstagmorgen vor die Tür setzte, damit ich im Café weiterschreiben konnte, die sich nachts mein Tagwerk durchgelesen hat und sich morgens leise mit dem Baby aus dem Zimmer geschlichen hat, damit ich noch ein paar Stündchen schlafen konnte, nachdem ich die halbe Nacht auf die Tastatur eingehackt hatte. Die Tatsache, dass mir das Schreiben Spaß gemacht hat und leicht von der Hand ging, habe ich voll und ganz Anne zu verdanken, die mich grenzenlos unterstützt und mir alles andere abgenommen hat. Ich hatte in meinem Leben schon jede Menge Glück, aber das ist nichts im Vergleich zu der Tatsache, Anne kennen gelernt zu haben.

Doch auch bei meinem Team von *Wired* möchte ich mich ganz herzlich bedanken; sie alle sind zu Höchstform aufgelaufen, obwohl ich kaum im Büro anzutreffen war, sondern mich nur noch über Satzfragmente und schwer verständliches Gemurmel über mein iPhone mitteilte. Die Tatsache, dass wir auch in diesem Jahr eine weitere Auszeichnung entgegennehmen konnten, ist Bob Cuhn, Thomas Goetz, Scott Dadich und Jake Young zu verdanken – dem besten Team, mit dem ich je zusammenarbeiten durfte.

Das Buch selbst ist auch ein Gemeinschaftswerk, und ich habe mal wieder geradezu unverschämtes Glück gehabt, nicht nur einen erstklassigen Lektor an meiner Seite gehabt zu haben, sondern zwei. Will Schwalbe vertrat die amerikanische Seite und Nigel Wilcockson die britische – und beide haben sich nicht damit begnügt, einzelne Wörter rot zu unterringeln. Stundenlanges Brainstorming am Telefon war für sie ganz normal, sie haben mir wertvolle Tipps gegeben und mich immer wieder ermutigt, wie es nur wahre Meister können, denen ein Projekt wirklich am Herzen liegt. Sie waren Cheerleader und Coach in einem, wenn man diese beiden Begriffe aus der Welt des Sports zusammen verwenden kann. Egal, sie beide haben mein Werk erheblich verbessert, und es kann doch kein größeres Lob für einen Lektor geben, oder?

Außerdem kann ich mich glücklich schätzen, Steven Leckart erneut als Schreibassistenten gewonnen zu haben. Bei meinem letzten Buch haben wir die Kapitel besprochen, unser Gespräch aufgezeichnet, und ich konnte die bearbeiteten Transkripte als Ausgangsmaterial verwenden. Bei diesem Buch war es ganz anders, was zum einen vermutlich daran lag, dass es schon mein zweites ist, und ich eher wusste, wie vorzugehen ist, und zum anderen, weil ich dieses Mal auch schon eine klarere Vorstellung hatte, wie es einmal aussehen sollte. Deshalb haben wir uns dieses Mal fast nur mit dem Feinschliff beschäftigt. Steven hat außerdem die Recherche und Konzeption der meisten Praxisbeispiele übernommen. Außerdem stand mir Ben Schwartz zur Seite, der als 15-Jähriger bereits in meinem letzten Buch vorkam, und nun seit einem Jahr am College ist und enormen Appetit auf Science-Fiction hat. Er verschlingt sie stapelweise und hat das dort beschriebene Überangebot (Post-Knappheitsökonomien) erstmal vorverdaut. Seine brillanten Analysen entsprechen wirklich nicht seiner Altersklasse – Respekt!

Ich bedanke mich herzlich bei meinem Kreativdirektor Scott Dadich von *Wired*, der sowohl für die Umschlaggestaltung von *The Long Tail* als auch von *Free* verantwortlich ist. Mein Dank gilt auch Carl DeTorres, der bei beiden meiner Bücher für das Layout der Tabellen und Abbildungen zuständig war.

Mein Agent John Brockman zeigte genau die Art von unermüdlichem Fleiß, die ein Agent bringen sollte. Meine Teams, die bei Hyperion und Random House UK für den Vertrieb und die Öffentlichkeitsarbeit zuständig waren, beeindruckten durch innovative Veranstaltungen, kreative Wirtschaftsmodelle und unendliche Begeisterung, was umso beeindruckender ist, wenn man sich vor Augen hält, dass »Free« gerade im Verlagswesen Angst und Skepsis auslöst. Und auch mein eigenes PR-Team bei *Wired*, angeführt von Alexandra Constantinople und Maya Draisin, war äußerst kreativ darin, für mein Werk die Werbetrommel zu rühren.

Auf intellektueller Ebene schulde ich vor allem zwei Menschen meinen besonderen Dank: Kevin Kelly, dessen Buch *New Rules for the New Economy* den Grundstein für meine Gedanken über das Thema »Free« legte, und Mike Masnick von Techdirt, dessen tägliche Experimente, Berichte und Lobgesänge zu »Free« mich nicht nur auf dem Laufenden hielten, sondern auch eine Quelle der Inspiration für mich waren. George Gilder, der sich für mich mit der Geschichte der Halbleiterindustrie und der tieferen Bedeutung des Mooreschen Gesetzes befasste, hat meine Gedankengänge erheblich beeinflusst. Auch Hal Varian, Chefökonom bei Google, hat mich in seiner wertvollen Zeit und durch seine Ausführungen viel mehr gelehrt als sämtliche meiner College-Professoren.

Zu guter Letzt bedanke ich mich bei den Hunderten von Menschen, die mir geschrieben und meine Artikel kommentiert haben, die eigene Beispiele anführten, ihre Erfahrungen beschrieben und erklärten, was sie von den Geschäftsmodellen rund um »Free« dachten. Sie inspirierten mich, ließen mich bei der Wahrheit bleiben und beeinflussten jede einzelne Zeile dieses Buchs. Das letzte Jahrzehnt war ein kollektives Experiment über die Zukunft eines radikalen Preises, und seine unzähligen Pioniere, deren Erfahrungen ich hier widergegeben habe, verdienen größten Dank.

Anmerkungen

Vorwort

1 Der YouTube-Channel von Monty Python: http://www.youtube.com/user/montypython?blend=1&ob=4

Kapitel 1: »Free« kommt auf die Welt

1 Die Geschichte von Jell-O wurde in einem Interview mit Lynne Belluscio, Kuratorin der Jell-O Gallery in Le Roy, New York, erzählt.
2 http://www.jellogallery.org/jellohistory.html
3 Die Historie von Gillette ist nachzulesen in: Gordon McKibben: *Cutting Edge: Gillette's Journey to Global Leadership*, Harvard Business School Press 2000 sowie Russell B. Jr. Adams: *King C. Gillette: The Man and His Wonderful Shaving Device*, Little Brown & Co. 1978.
4 George Gilder: *Microcosm: The Quantum Revolution In Economics And Technology*, Free Press 1990.

Kapitel 2: 101 Sorten von »Free«

1 http://www.etymonline.com/index.php?term=free
2 Dan Ariely: *Denken hilft zwar, nützt aber nichts. Warum wir immer wieder unvernünftige Entscheidungen treffen.* Aus dem Amerikanischen von Maria Zyback und Gabriele Gockel. Droemer 2008.
3 http://sivers.org/reversible

Kapitel 3: Die historische Entwicklung von »Free«

1 Charles Seife: *Zwilling der Unendlichkeit. Eine Biographie der Zahl Null.* Aus dem Amerikanischen von Michael Zillgitt. Berlin-Verlag 2000.
2 http://en.wikipedia.org/wiki/Usury
3 http://en.wikipedia.org/wiki/Usury
4 http://en.wikipedia.org/wiki/Anarchist_communism
5 http://en.wikipedia.org/wiki/Free_lunch
6 http://en.wikipedia.org/wiki/Benjamin_T._Babbitt
7 Vgl. http://www.encyclopedia.com/doc/1G2-3468301604.html
8 http://www.newworldencyclopedia.org/entry/Fertilizer#cite_note-9
9 http://en.wikipedia.org/wiki/Fritz_Haber
10 Michael Pollan: *The Omnivore's Dilemma. A Natural History of Four Meals.* Penguin Press 2006.
11 http://en.wikipedia.org/wiki/The_Limits_to_Growth
12 http://en.wikipedia.org/wiki/Simon-Ehrlich_wager
13 Vgl. http://www.fortfreedom.org/p06.htm
14 Heather Rogers: *Gone Tomorrow. The Hidden Life of Garbage.* New Press 2006.

15 Das Gesetz wird diskutiert in: Clayton Christensen: *The Innovator's Solution: Creating and Sustaining Sucessful Growth*. Harvard Business School Press, 2003, und wird von Tim O'Reilly in diesem Artikel zitiert: http://radar.oreilly.com/2008/10/web-20-and-cloud-computing.html
16 Seth Godin: *Unleashing the Ideavirus*. Hyperion 2001.

Kapitel 4: Der psychologische Hintergrund von »Free«

1 http://nymag.com/nymetro/news/media/features/14987/index3.html
2 http://szabo.best.vwh.net/micropayments.html
3 http://www.shirky.com/writings/fame_vs_fortune.html
4 http://knowledge.wharton.upenn.edu/article.cfm?articleid=2169
5 http://redeye.firstround.com/2007/03/the_first_penny.html
6 Dan Ariely: *Denken hilft zwar, nützt aber nichts. Warum wir immer wieder unvernünftige Entscheidungen treffen*. Aus dem Amerikanischen von Maria Zyback und Gabriele Gockel. Droemer 2008.
7 http://apennycloser.com/
8 http://www.cnn.com/2003/TECH/industry/04/29/jobs.interview/
9 http://diydrones.com/
10 http://www.slideshare.net/adafruit/open-source-hardware-overview
11 Zitat Torrone in einer E-Mail an den Autor
12 http://www.kk.org/thetechnium/archives/2008/08/why_people_pira.php

Kapitel 5: Zu billig, um eine Rolle zu spielen

1 Wie alle berühmten Zitate wurde auch das von Strauss oft missverstanden. Erstens hat er vermutlich über die Fusion von Wasserstoff und nicht über die Spaltung von Uran gesprochen. Damals waren wir von der Fusion, ebenso wie heute, noch meilenweit entfernt. An der Kernspaltung (die als »Kernkraft« bezeichnet wird) arbeitete man dagegen bereits und jeder – auch Strauss – wusste, dass sie wesentlich teurer als Kohle werden würde, da man die hohen Kosten für den Bau der Kraftwerke mit in die Rechung einfließen lassen muss.
Zweitens, »zu billig, um den Verbrauch zu messen« bedeutete nicht kostenlos, sondern lediglich, dass es sich nicht lohnte, den Stromverbrauch zu überwachen. Tatsächlich gab es in manchen Gebäuden dieser Zeit – wie dem World Trade Center – nicht in jedem Büro einen Lichtschalter, sodass sich die Beleuchtung nur für das gesamte Stockwerk an- und ausschalten ließ, ähnlich der Lichterkette eines Weihnachtsbaums. Man ging davon aus, dass Strom so billig sein würde, dass es sich nicht einmal mehr lohnen würde, darüber nachzudenken.
Noch eine Randbemerkung: Strauss war eine umstrittene Persönlichkeit, nicht nur wegen seines Hangs zur Übertreibung. Er war ein überzeugter Befürworter der Wasserstoffbombe, was zu einem Streit mit Robert Oppenheimer führte, dem reuigen Vater der Atombombe. In einer beispiellosen Hexenjagd sagte Strauss vor dem Kongress gegen Oppenheimer aus, worauf diesem seine politische »Unbedenklichkeitsbescheinigung« entzogen wurde. Strauss teilte dem da-

maligen Präsidenten Eisenhower mit, dass er den Vorsitz der US-amerikanischen Atomenergiebehörde AEC nur übernehmen würde, wenn Oppenheimer nicht mehr als ihr Berater tätig wäre. Als Erklärung gab er an, dass er Oppenheimer misstraue, da dieser ein vehementer Gegner der Superbombe war. Nur wenige Tage, nachdem Strauss im Juli 1953 seinen Amtseid geleistet hatte, wurden sämtliche vertraulichen Unterlagen der AEC aus Oppenheimers Büro entfernt. Doch die Quittung dafür ließ nicht lange auf sich warten. Wie Strauss' Biografie *Over the Years* zu entnehmen ist, hatte er sich aufgrund seiner Arroganz und seiner Sturheit im Capitol so unbeliebt gemacht, dass der Senat im Jahr 1959 nach erschöpfenden Anhörungen, die sich über zwei Monate hingezogen hatten, seine Nominierung zum Wirtschaftsminister ablehnte. Diese öffentliche Niederlage war sehr demütigend für Strauss, insbesondere als bekannt wurde, dass er sich eines Meineids schuldig gemacht hatte. (siehe auch http://www.pbs.org/wgbh/amex/bomb/peopleevents/pandeAMEX70.html und http://www.cns-snc.ca/media/toocheap/toocheap.html)

2 Kevin Kelly: *New Rules from the New Economy. 10 Radical Strategies for a Connected World.* Viking Penguin 1998. http://www.kk.org/newrules/newrules-4.html

3 Statistik von J. Bradford DeLong mit dem Titel *Old Rules for the New Economy*: http://econ161.berkeley.edu/comments/for_hudson.html

4 http://en.wikipedia.org/wiki/Learning_curve

5 George Gilder: *Microcosm: The Quantum Revolution In Economics And Technology*, Free Press 1990.

6 Ebd.

Kapitel 6: »Informationen wollen kostenlos sein«

1 Steven Levy: *Hackers: Heroes of the Computer Revolution.* Anchor Press/Doubleday 1984.

2 http://en.wikipedia.org/wiki/Tech_Model_Railroad_Club

3 http://www.stanford.edu/~fturner/Turner%20Hackers%20Conference%20Chapter.pdf

4 http://www.hyperorg.com/backissues/joho-oct18-08.html

5 Interview mit Stewart Brand

Kapitel 7: Mit »Free« konkurrieren

1 http://www.blinkenlights.com/classiccmp/gateswhine.html

2 *LA Times* vom 9. April 2006: http://articles.latimes.com/2006/apr/09/business/fi-micropiracy9

3 http://catb.org/esr/halloween/halloween1.html

4 http://catb.org/~esr/halloween/halloween4.html

5 http://www.biznix.org/whylinux/microsoft1.htm

6 http://catb.org/~esr/halloween/halloween8.html

7 Interview mit Peter Houston

8 Interview mit Bill Hilf

9 Das Fallbeispiel enthält Interviews mit Dan Rosensweig, Brad Garlinghouse und Dave Nakayama.

Kapitel 8: Demonetarisierung

1 Das Unterkapitel »Die Max-Strategie« basiert auf einem Interview mit Eric Schmidt.
2 http://www.roughtype.com/archives/2008/09/google_at_10.php
3 http://www.avc.com/a_vc/2006/03/the_zero_billio.html
4 http://redeye.firstround.com/2006/04/shrink_a_market.html
5 *BusinessWeek* vom 18. Juli 2008: http://www.businessweek.com/technology/content/jul2008/tc20080717_362776.htm
6 http://www.forbes.com/2008/09/16/forbes-400-billionaires-lists-400list08_cx_mn_0917richamericans_land.html

Kapitel 9: Die neuen Medienmodelle

1 Dieses Unterkapitel stützt sich auf Susan Smulyan: *Selling Radio*. Smithsonian 1996.
2 http://www.huffingtonpost.com/jonathan-handel/is-content-worthless_b_96195.html
3 http://publishing2.com/2007/07/26/online-publishers-need-to-stop-selling-space/
4 Zitat des amerikanischen Kaufhausgründers John Wanamaker.
5 http://www.avc.com/a_vc/2008/01/why-you-can-som.html
6 Dieses Unterkapitel bezieht sich auf ein Interview mit Alex Garden.
7 http://www.hiponline.com/music/news/radiohead-release-sales-numbers-for-in-rainbows/
8 Vgl. die Seite http://www.reuters.com/article/technology-media-telco-SP/idUSN1334918220070613, auf der Edgar Bronfman zitiert wird.
9 Zitat aus einer privaten E-Mail von Derek Webb.
10 http://www.afterdawn.com/news/archive/12112.cfm
11 http://tim.oreilly.com/pub/a/p2p/2002/12/11/piracy.html

Kapitel 10: Wie groß ist die »Free«-Ökonomie eigentlich?

1 http://kottke.org/09/01/facebooks-valuation-in-whoppers
2 http://www.kk.org/thetechnium/archives/2008/08/a_trillion_hour.php
3 Quellen für die Kalkulationen der Free-Economy-Größe sind im Original-Blog des Autors genannt: http://www.longtail.com/the_long_tail/2008/07/how-big-is-the.html

Kapitel 11: ECON 000

1 http://en.wikipedia.org/wiki/Antoine_Augustin_Cournot
2 http://www.pkarchive.org/new/values.html
3 Hal Varian in einem Interview mit dem Autor
4 Russell Roberts, zitiert von Timothy Lee: http://www.freedom-to-tinker.com/blog/tblee/trouble-free-riding?page=1

Kapitel 12: Nonmonetäre Ökonomien

1 http://en.wikipedia.org/wiki/Attention_economy
2 http://www.t0.or.at/franck/gfeconom.htm
3 Lewis Hyde: *Die Gabe. Wie Kreativität die Welt bereichert.* Aus dem Englischen von Hans Günter Holl. S. Fischer 2008.
4 http://www.onlamp.com/pub/a/onlamp/2006/07/06/rethinking-community-documentation.html

Kapitel 13: Verschwendung hat (manchmal) auch etwas Gutes

1 http://www.locusmag.com/Features/2008/05/cory-doctorow-think-like-dandelion.html

Kapitel 14: Gratisland

1 Interview mit Ed Peto
2 http://www.zdnetasia.com/news/software/0,39044164,62023662,00.htm
3 http://www.businessweek.com/globalbiz/content/jun2007/gb20070620_006304.htm
4 http://www.businessweek.com/globalbiz/content/jun2007/gb20070620_006304.htm
5 Karl Raustiala/Christopher Jon Sprigman: »The Piracy Paradox. Innovation and Intellectual Property in Fashion Design«, in: *Virginia Law Review*, Vol. 92, Seite 1687, 2006; http://papers.ssrn.com/sol3/papers.cfm?abstract_id=878401
6 Die HermanoVianna- Geschichte wurde gefunden in Sam Howard Spink: *Brazils's Two Music Industries*; OpenDemocracy: http://www.opendemocracy.net/media-Music/brazil_music_3880.jsp
7 http://icommons.org/download_banco/from-legal-commons-to-social-commons-brazil-and-the-cultural-industry-1
8 Julian Dibbell: »We Pledge Allegance to the Penguin«. In: *Wired*, November 2004; http://www.wired.com/wired/archive/12.11/linux.html?pg=2

Kapitel 15: Ein Blick in die Zukunft

1 http://www.wired.com/techbiz/people/magazine/16-02/st_thompson
2 E. M. Forster: *Die Maschine versagt.* Übertr. v. Hermen v. Kleeborn. Amandus-Ed. 1947.
3 Arthur C. Clarke: *Die sieben Sonnen.* Aus dem Englischen von Tony Westermayr. 5. Auflage. Goldmann 1984.
4 Cory Doctorow: *Backup.* Aus dem Englischen von Michael K. Iwoleit. Heyne 2007.
5 Neal Stephenson: *Diamond age. Die Grenzwelt.* Aus dem Amerikanischen von Joachim Körber. Goldmann 2001.
6 http://en.wikipedia.org/wiki/The_Iron_Bridge

Kapitel 16: »Man bekommt, wofür man bezahlt«

1 http://www.huffingtonpost.com/2007/11/07/andrew-rosenthal-understa_n_71586.html
2 http://www.freesoftwaremagazine.com/community_posts/open_source_almost_always_free
3 http://en.wikipedia.org/wiki/TANSTAAFL
4 http://www.nytimes.com/2003/11/23/business/yourmoney/23free.html
5 http://www.freesoftwaremagazine.com/columns/save_the_internet_before_it_s_too_late
6 http://whydoeseverythingsuck.com/2008/04/free-is-killing-us-blame-vcs.html
7 http://pseudosavant.com/blog/2008/08/06/the-problem-of-free-why-charging-for-xbox-live-is-good/
8 Sheryl Crow, zitiert in der *New York Times* vom 27. Januar 2008: http://www.nytimes.com/2008/01/27/magazine/27wwln-Q4-t.html
9 Bill Gates in einem Interview im Jahr 2005: http://news.cnet.com/Gates-taking-a-seat-in-your-den/2008-1041_3-5514121.html?part=rss&tag=5514121&subj=news.1041.5
10 Donald Shoup: *The High Cost of Free Parking*. Planners Press 2005.
11 http://www.techdirt.com/articles/20061115/020157.shtml
12 http://alexiskold.wordpress.com/2008/01/16/freeconomics-the-danger-of-free/
13 Jack Valenti, im Mai 2003 zitiert in *PCWorld*: http://www.pcworld.com/article/110698/three_minutes_with_jack_valenti.html
14 http://stevenpoole.net/blog/free-your-mind/
15 Zu Coelhos Experiment mit kostenlosen Büchern siehe: http://en.sevenload.com/videos/bIjFXZD-DLD08-Day1-Creating-universes
16 Paulo Coelho, interviewt von TorrentFreak: http://torrentfreak.com/best-selling-author-turns-piracy-into-profit-080512/
17 http://vator.tv/news/show/2008-07-12-free-is-good
18 Andrew Keen, zitiert von journalism.co.uk: http://www.journalism.co.uk/2/articles/531521.php

Freemium-Taktiken: Wie Sie das richtige Freemium-Modell finden

1 http://nabeel.typepad.com/brinking/2008/09/theres-been-som.html
2 Gupta, Sunil und Carl F. Mela. »What Is a Free Customer Worth?«, in: *Harvard Business Review* 86, Nr. 11 (November 2008).
3 Eine Diskussion zu Gupta und Mela findet sich auf http://www.longtail.com/the_long_tail/2008/11/whats-a-free-cu.html

Register